21世纪普通高等教育规划教材

# 管理信息系统

## （第二版）

主　编　周继雄　张　洪

副主编　刘爱君　熊小芬　梅宜军

上海财经大学出版社

**图书在版编目(CIP)数据**

管理信息系统/周继雄,张洪主编.－2版.－上海:上海财经大学出版社,2012.1
(21世纪普通高等教育规划教材)
ISBN 978-7-5642-1242-1/F·1242

Ⅰ.①管… Ⅱ.①周…②张… Ⅲ.①管理信息系统-高等学校-教材
Ⅳ.①C931.6

中国版本图书馆 CIP 数据核字(2011)第 236003 号

□ 责任编辑 温 涌
□ 封面设计 上艺设计
□ 责任校对 卓 妍 胡 芸

GUANLI XINXI XITONG
## 管理信息系统
### (第二版)

主 编 周继雄 张 洪
副主编 刘爱君 熊小芬 梅宜军

上海财经大学出版社出版发行
(上海市武东路 321 号乙 邮编 200434)
网 址:http://www.sufep.com
电子邮箱:webmaster @ sufep.com
全国新华书店经营
上海华教印务有限公司印刷装订
2012 年 1 月第 2 版 2012 年 1 月第 1 次印刷

787mm×960mm 1/16 15.75 印张 344 千字
(习题集 4 印张 87 千字)
印数:16 001－21 000 定价:36.00 元

(本教材免费赠送配套习题集,请直接向售书单位索取)

**21世纪普通高等教育规划教材**
21 SHI JI PU TONG GAO DENG JIAO YU GUI HUA JIAO CAI

# 编委会

**BIAN WEI HUI**

# 前　言

　　管理信息系统在管理现代化中起着举足轻重的作用,它不仅是实现管理现代化的有效途径,也促进了企业管理现代化进程。在现代化管理中,管理信息系统已经成为企业管理不可缺少的帮手。该课程的教学任务和教学目的是通过讲授管理信息系统的概念、应用、建设和管理方面的相关内容,培养学生对管理信息系统的整体认识,即从管理视角了解管理信息系统的概念及其对管理的影响,从应用视角认识管理信息系统的技术基础和主要应用,从建设视角了解管理信息系统的建设过程和信息系统的管理。通过实践,促使学生综合运用所学知识,具备开发管理信息系统的能力,培养信息组织、信息分析研究、信息传播、开发与利用的基本能力。

　　对于信息管理与信息系统专业的学生来说,"管理信息系统"课程是管理学类专业的基础课。该课程介绍管理信息系统的学科基础知识,使学生具备信息时代利用信息技术创造企业竞争力的能力,合理利用和规划企业信息资源。重点培养学生的信息意识,使学生掌握现代企业管理理论以及信息技术、信息资源管理及信息系统开发的理论知识,成为综合素质较高的应用型信息系统开发和信息管理人才。对于其他管理类专业,该课程的培养目标是使学生能够全面掌握管理信息系统的基本理论、基本方法、基本内容和主要应用领域,了解管理信息系统发展的最新动态和前沿问题,掌握如何利用信息技术解决企业/组织的管理问题,掌握企业信息管理的基本原理、系统建模的基本原理和方法,培养学生的信息素养和信息能力,使之成为综合素质较高的应用型经济管理人才。

　　本书详尽讲述了管理信息系统的基本原理、开发方法与开发步骤,即解决管理信息系统"做什么"和"怎么做"的问题。全书突出理论与案例相结合,配备电子教学课件和习题集。综合第一版的教学实践和教育教学多元化的需要,突出理论性及应用性,我们组织对《管理信息系统》一书进行了改版。在第一版的基础上,从时效性出发,对第一章~第八章内容做了增减,并增加新的一章介绍 UML 建模语言的内容。本书共分九章:第一章、第三章及相应习题由刘爱君编写;第二章、第六章、第七章及相应习题由熊小芬编写;第四章、第五章及相应习题由张洪编写;第八章、第九章及相应习题由蔡葵编写。周继雄负责全书的总纂和统稿。

本书的顺利出版得到了上海财经大学出版社、湖北众邦文化传播有限公司的大力支持,在此一并表示感谢!

管理信息系统是一门综合性较强的学科,书中一定存在不足和欠妥之处,敬请各位同仁与读者批评指正。

**编 者**

2012 年 1 月

# 目 录

Management Information System

# 第一章
# 管理信息系统概述

## 【学习目的和要求】

- 了解管理信息系统的起源及发展阶段
- 掌握管理信息系统的概念和特点
- 了解管理信息系统的分类
- 掌握管理信息系统的几种结构

## [开篇案例]　　　　　　销售主管的一天

某公司销售主管李庆,经过两天的休息后,周一精神抖擞地准备去上班。他一般喜欢步行上班,在途中打开手机阅览订制的气象预报。进入公司大门时,他习惯性地将自己的公司身份卡在门禁的打卡机上刷了一下,李庆进入公司的时间立刻被人力资源管理系统记录在案了。

进入办公室后,李庆立刻打开办公桌上的计算机。他首先进入销售管理系统,打印销售报表,查看等待处理的电子邮件,其中两份是外地代理商要求增加发货的信函,李庆立刻将它们转发给成品库主管,同时利用系统的短信发送功能通知成品库主管,已发送邮件给他。他从销售报表上发现销售量比上一周下降了10%,于是让系统列出了上周销售下降的代理商名单,看到销售量下降最多的就是要求增加发货的两个代理商。李庆在去开会以前,要求秘书拟订一份应对销售量下降的报告。

李庆在会上进行汇报之后,公司生产经营副总经理召集了生产部、销售部和信息部等部门主管会议,讨论如何实现生产计划系统、销售系统、库房管理系统与采购系统的信息沟通问题。由于目前公司的销售系统便于销售人员在任何地方输入、查询客户资料和库存资料,可以很快汇总销售数据,能够满足销售部门的需要,因此,李庆对将销售系统与其他系统的集成并不感兴趣。

下班回家的路上,李庆用手机查看当天的一些重要新闻和已经收盘的股市情况,接着到超市购物,结账时,POS机直接从商品的条形码上读取了价格数据,汇总后,李庆用信用卡结了账。

**思考:**在李庆一天的工作和生活中,他遇到并使用了哪些管理信息系统?请通过这些系统的信息处理方式,分析它们有哪些特点。

# 第一节　管理信息系统的概念

## 一、信息与管理信息

随着人类社会的发展,在不同时期支配人类基本生活的要素也随之变化。在农业社会,物质是主要的生产元素,工业社会的能源要素决定着经济发展。信息社会大量地生产知识和信息,并用计算机技术和通信技术控制信息的流通、存储、加工处理、传递和利用,形成信息网络,信息成为主要的社会资源,从而对社会经济产生巨大的影响。

国家经济信息系统设计与应用标准化规范对信息进行了定义——信息是构成一定含义的一组数据。数据是用来反映客观世界而被记录下来的可以鉴别的符号,是信息的载体。数据和信息的关系可以通过图1-1来反映。

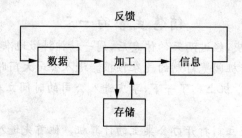

**图1-1　数据与信息**

对企业中管理信息的定义为:经过加工处理后对企业生产经营活动有影响的数据。管理中的数据除了数值数据,还包括非数值数据,如声音、各种特殊符号、图形、图像、表格和文字。管理信息是管理活动中的重要资源,从控制论的观点看,管理信息就是信息收集、加工、传递、判断、决策的过程。企业必须运用各种形式的经济信息,加强供、产、销的联系,管理信息是系统内外联系的纽带。

将数据转换为信息,并将这些信息及时、准确、适用和经济地提供给组织各级主管人员以及其他相关人员,这是一项艰巨且浩繁的任务。计算机管理信息系统的建立,为完成这一任务提供了强有力的手段。

## 二、管理信息系统的起源和发展

管理信息系统(Management Information Systems,MIS)的概念起源很早。早在20世纪30年代,柏德就写书强调了决策在组织管理中的作用。50年代,西蒙提出了管理依赖于信息和决策的概念。同一时代,维纳发表了控制论与管理,他把管理过程当成一个控制过程。50年代计算机已用于会计工作,1958年盖尔写道:"管理将以较低的成本得到及时准确的信息,做到较好的控制。"这时"数据处理"一词已经出现。

"管理信息系统"一词最早出现在1970年,由瓦尔特·T.肯尼万(Walter T. Kenne-van)给它下了一个定义:"以书面或口头形式,在合适的时间向经理、职员以及外界人员提供过去的、现在的、预测未来的有关企业内部及其环境的信息,以帮助他们进行决策。"很明显,这个定义是出自管理的,而不是出自计算机的。它强调了用信息支持决策,但没有强调一定要用计算机和数学模型。直到20世纪80年代,管理信息系统的创始人、明尼苏达大学卡尔森管理学院的著名教授高登·B.戴维斯(Gordon B. Davis)才给出管理信息系统一个较完整的定义:"它是一个利用计算机硬件和软件,手工作业,分析、计划、控制和决策模型以及数据库的用户——机器系统。它能提供信息,支持企业或组织的运行、管理和决策功能。"这个定义说明了管理信息系统的目标、功能和组成,而且反映了管理信息系统当时所能达到的水平。它说明了管理信息系统的目标是在高、中、低三个层次(即决策层、管理层和运行层)上支持管理活动。

"管理信息系统"一词在中国出现于20世纪70年代末、80年代初,根据中国的特点,最早从事管理信息系统工作的学者给管理信息系统下了一个定义,登载于《中国企业管理百科全书》上。该定义为:管理信息系统是"一个由人、计算机等组成的能进行信息的收集、传递、存储、加工、维护和使用的系统。管理信息系统能实测企业的各种运行情况;利用过去的数据预测未来;从企业全局出发辅助企业进行决策;利用信息控制企业的行为;帮助企业实现其规范化目标"。在朱镕基主编的《管理现代化》一书中,将管理信息系统定义为"一个由人、机械(计算机等)组成的系统,它从全局出发辅助企业进行决策,它利用信息控制企业的行为,以期达到企业长远目标"。这个定义纠正了当时中国许多人认为信息系统就是计算机应用的错误观念,再次强调了管理信息系统的功能和性质,以及计算机只是实现管理信息系统的一种工具。对于一个企业来说,即便没有计算机,也有管理信息系统,管理信息系统是任何企业不可或缺的系统。

### 三、管理信息系统的概念

管理信息系统是一个以人为主导、以科学的管理理论为前提,在科学的管理制度的基础上,利用计算机硬件、软件、网络通信设备以及其他办公设备进行信息的收集、传输、加工、储存、更新和维护,以提高企业的竞争优势、改善企业的效益和效率为目的,支持企业高层决策、中层控制、基层作业的集成化的人机系统。

这个定义说明,管理信息系统不仅仅是一个技术系统,而是把人包括在内的人机系统,因而它是一个管理系统、一个社会系统。

从技术角度可以将管理信息系统定义为:为了支持组织决策和管理而进行信息收集、处理、存储和传递的一组相互关联的部分组成的系统。除了支持决策、协调和管理,管理信息系统还可以帮助经理和员工们分析问题,观察复杂的事情和创造新产品。

管理信息系统的总体概念如图1—2所示。从图1—2中可以看出,管理信息系统是一个人机系统：机器包含计算机硬件及软件，软件包括业务信息系统、知识工作系统、决策支持系统和经理支持系统，硬件包括各种办公机械及通信设备；人员包括高层决策人员、中层职能人员和基层业务人员。由这些人和机器组成一个和谐的人机系统。

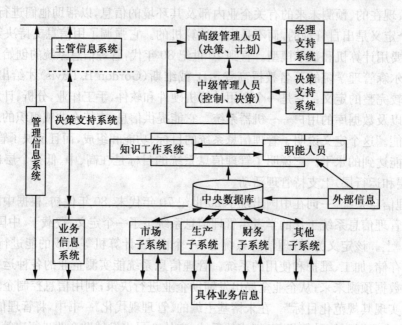

图1—2　管理信息系统的概念结构图

管理信息系统虽是一个人机系统，但机器并不一定是管理信息系统的必要条件。计算机的强大处理能力可以使管理信息系统更加有效。在实际中，把什么样的信息交给计算机处理？把什么工作交给管理人员？力求充分发挥人和机器各自的特长，才是管理和处理信息的目的。人机系统组成一个和谐有效的管理信息系统，是需要系统设计者认真考虑的事情。

管理信息系统应该从企业信息管理的总体出发，全面考虑，保证企业中各个职能部门之间共享数据，减少数据的冗余性，保证数据的兼容性和一致性。严格地说，只有信息集中统一，信息才能成为企业的资源。数据的一体化并不限制个别功能子系统可以保存自己专用的数据。为保证一体化，首先就要有一个全局的系统实现计划，每一个小系统的实现均要在这个总体计划的指导下进行；其次是通过标准、大纲和手续达到系统一体化。这样数据和程序就可以满足多个用户的要求，系统的设备也应当相互兼容，即使在分布式系统和分布式数据库的情况下，保证数据的一致性也是十分重要的。

## 四、管理信息系统的特点

根据管理信息系统的定义，可看出其有以下特点：

### (一)面向管理决策

管理信息系统是继管理学的思想方法、管理与决策的行为理论之后的一个重要发展，它是一个为管理决策服务的信息系统，它必须能够根据管理的需要，及时提供所需要的信息，帮助决策者做出决策。

### (二)综合性

从广义上说，管理信息系统是一个对组织进行全面管理的综合系统。一个组织在建设管理信息系统时，可根据需要逐步应用个别领域的子系统，然后进行综合，最终达到应用管理信息系统进行综合管理的目标。管理信息系统综合的意义在于产生更高层次的管理信息，为管理决策服务。

### (三)人机系统

管理信息系统的目的在于辅助决策，而决策只能由人来做，因而管理信息系统必然是一个人机结合的系统。在管理信息系统中，各级管理人员既是系统的使用者，又是系统的组成部分。在管理信息系统开发过程中，要根据这一特点，正确界定人和计算机在系统中的地位和作用，充分发挥人和计算机各自的长处，使系统整体性能达到最优。

### (四)与现代管理方法和手段相结合的系统

如果只简单地采用计算机技术提高处理速度，而不采用先进的管理方法，管理信息系统的应用将收益甚微。如果仅仅是用计算机系统仿真原手工管理系统，充其量只是减轻了管理人员的劳动，管理信息系统作用的发挥将十分有限。管理信息系统要发挥其在管理中的作用，就必须与先进的管理手段和方法结合起来，在开发管理信息系统时，融进现代化的管理思想和方法，如图1—3所示。

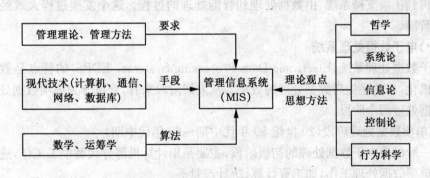

**图1—3　现代管理方法和手段相结合**

### (五)多学科交叉的边缘科学

管理信息系统作为一门新的学科产生较晚，其理论体系尚处于发展和完善的过程中。研究者从计算机科学与技术、应用数学、管理理论、决策理论、运筹学等相关学科中抽取相应的理论，构成管理信息系统的理论基础，使其成为一门具有鲜明特色的边缘科学，如

图1—4所示。

**图1—4 多学科交叉的边缘科学**

# 第二节　管理信息系统的类型

## 一、管理信息系统的发展阶段

计算机在管理中的应用发展与计算机技术、通信技术和管理科学的发展紧密相关。虽然信息系统和信息处理在人类文明开始就已存在,但直到计算机问世、信息技术飞跃发展以及现代社会对信息需求迅速增长时,才迅速发展起来。第一台计算机于1946年问世,60多年来,信息系统经历了由单机到网络、由低级到高级、由电子数据处理到管理信息系统再到决策支持系统、由数据处理到智能处理的过程。这个发展过程大致经历了以下几个阶段。

### (一)电子数据处理系统

电子数据处理系统(Electronic Data Processing Systems, EDPS)的特点是数据处理的计算机化,目的是提高数据处理的效率。从发展阶段来看,它可分为单项数据处理和综合式数据处理两个阶段。

1. 单项数据处理阶段(20世纪50年代中期~60年代中期)

这一阶段是电子数据处理的初级阶段,主要是用计算机部分代替手工工作,进行一些简单的单项数据处理工作,如工资计算、统计产量等。

2. 综合式数据处理阶段(20世纪60年代中期~70年代初期)

这一时期的计算机技术有了很大发展,出现了大容量直接存取的内存。此外一台计算机能够带动若干终端机,可以对多个程序的有关业务数据进行综合式处理。这时,各类信息系统应运而生。

信息报告系统是管理信息系统的雏形,其特点是按事先规定的要求提供各类状态报告,主要包括生产状态报告、服务状态报告、研究状态报告三类。

生产状态报告:如 IBM 公司在生产计算机时,由状态报告系统监视每一个组件生产的进度,它大大加快了计划调度的速度,减少了库存。

服务状态报告:如能反映库存数量的库存状态报告。

研究状态报告:如美国的国家技术信息服务系统(NTIS)能提供技术问题简介、有关研究人员和著作出版等情况。

### (二)管理信息系统

20 世纪 70 年代初,随着数据库技术、网络技术和管理科学的发展,计算机在管理上的应用日益广泛,管理信息系统逐渐成熟起来。

管理信息系统最大的特点是高度集中,能将组织中的数据和信息集中起来进行快速处理,统一使用。计算机技术进入了第二代,在管理应用方面最显著的成果是发展了联机系统,如航空公司预订机票系统、宾馆预订房间系统以及股票市场行情系统等。第二代计算机对组织的影响主要是开始改变中层事务管理的方式,原有大量的核算、记账、查找、统计报表等工作逐步交由计算机来完成。但业务人员并未因此而大量减少,反而增加了更多的业务人员,如系统分析人员、程序设计人员、数据录入员和计算机维护人员等。

### (三)决策支持系统

20 世纪 70 年代,国际上展开了 MIS 为什么失败的讨论。人们认为,早期 MIS 的失败,并非由于系统不能提供信息。实际上 MIS 能够提供大量报告,但经理很少去看,大部分被丢进废纸堆,原因是这些信息并非经理决策所需。当时,美国的迈克尔斯·斯科特·马特(Michaels Scott Marton)在《管理决策系统》一书中首次提出了"决策支持系统"(Decision Support Systems,DSS)的概念。决策支持系统不同于传统的管理信息系统,早期的管理信息系统主要为管理者提供预定的报告,而决策支持系统则是在人机互动的过程中,帮助决策者分析可行的方案,为管理者提供决策所需的信息。

决策支持系统以支持管理决策的信息为基础,是管理信息系统在功能上的扩展。可以认为决策支持系统是 MIS 发展的新阶段,它是把数据库处理与企业管理数学模型的优化、计算综合起来,具有管理、辅助决策和预测功能的管理信息系统。

综上所述,电子信息处理系统、管理信息系统和决策支持系统,各自代表了信息系统发展过程中的某一阶段,但至今它们仍不断地发展着。电子数据处理系统是业务的信息系统,管理信息系统是面向管理的信息系统,决策支持系统则是导向决策的信息系统。决策支持系统在组织中可能是一个独立的系统,也可能是管理信息系统的一个高层子系统。

## 二、管理信息系统的分类

管理信息系统是一个广泛的概念,其分类方法有很多。从系统的功能和服务对象,可分为国家经济信息系统、企业管理信息系统、事务型管理信息系统、行政机关办公型管理信息系统和专业型管理信息系统等。

根据我国管理信息系统应用的实际情况和管理信息系统服务对象的不同,分别介绍如下:

**(一)国家经济信息系统**

国家经济信息系统是一个包含各综合统计部门在内的国家级信息系统。这个系统纵向联系各省、地市、县直至重点企业的经济信息系统,横向联系外贸、能源、交通等各行业信息系统,形成一个纵横交错、覆盖全国的综合经济信息系统。国家经济信息系统由国家经济信息中心主持,在"统一领导、统一规划、统一信息标准"的原则下,按"审慎论证、积极试点、分批实施、逐步完善"的十六字方针边建设,边发挥效益。

**(二)企业管理信息系统**

企业管理信息系统面向工厂、企业,主要进行管理信息的加工处理。这是一类最复杂的管理信息系统,一般具备对工厂生产监控、预测和决策支持的功能。企业复杂的管理活动给管理信息系统提供了典型的应用环境和广阔的应用舞台,大型企业的管理信息系统都很大,"人、财、物"、"产、供、销"以及质量、技术应有尽有,同时技术要求也很复杂,因而常被作为典型的管理信息系统进行研究,从而有力地促进了管理信息系统的发展。

**(三)事务型管理信息系统**

事务型管理信息系统面向事业单位,主要进行日常事务的处理,如医院管理信息系统、饭店管理信息系统、学校管理信息系统等。由于不同应用单位处理的事务不同,这些管理信息系统逻辑模型也不尽相同,但基本处理对象都是管理事务信息,决策工作相对较少,因而要求系统具有很高的实时性和数据处理能力。

**(四)行政机关办公型管理信息系统**

办公管理系统的特点是办公自动化和无纸化,其特点与其他各类管理信息系统有很大不同。在行政机关办公服务系统中,主要应用局域网、打印、传真、印刷、缩微等办公自动化技术,以提高办公事务效率。行政机关办公型管理信息系统对下要与各部门下级行政机关信息系统互联,对上要与行政首脑决策服务系统整合,为行政首脑提供决策支持信息。

**(五)专业型管理信息系统**

专业型管理信息系统是指从事特定行业或领域管理的信息系统,如人口管理信息系统、材料管理信息系统、科技人才管理信息系统、房地产管理信息系统等。这类信息系统专业性很强,信息相对专业,主要功能是收集、存储、加工、预测等,技术相对简单,规模一般较大。另一类专业性很强的管理信息系统如铁路运输管理信息系统、电力建设管理信息系统、银行信息系统、民航信息系统、邮电信息系统等,其特点是综合性很强,包含了上述各种管理信息系统的特点,也称为"综合型"信息系统。

管理信息系统的分类还有许多其他形式,这里不再赘述。

# 第三节　管理信息系统的结构

管理信息系统的结构是指各部件的构成框架。由于管理信息系统的内部组织方式不同,对其结构的理解也有所不同。其中,最重要的是基本结构、层次结构、功能结构和硬件结构。

## 一、管理信息系统的基本结构

在实际的管理信息系统中,由于每个企业都具有不同的组织形式和信息处理规律,因此结构也不尽相同,但是最终都可以归并为图1-5所示的基本结构模型。可以看到,管理信息系统的基本组成部件有四个,即信息源、信息处理器、信息用户和信息管理者。

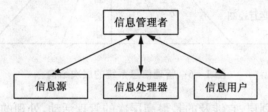

图1-5　管理信息系统的基本结构

信息源是指原始数据产生地。根据原始数据的产生地不同,可以把信息源分为内信息源和外信息源。内信息源主要指组织内部管理活动所产生的数据,例如生产、财务、销售和人事等方面的信息;而外信息源则是指来自企业外部环境的数据,如国家的政策、经济形势、市场状况等。信息处理器是能完成信息的管理存储、加工处理、传递、显示及提供应用等功能的计算机软件与硬件设备,它把原始数据加工成有用信息后传输给信息用户。信息用户是信息的使用者,通过分析和应用信息进行决策;信息管理者负责信息系统的设计和实现,并负责信息系统的维护和协调,保证管理信息系统的正常运行和使用。

## 二、管理信息系统的层次结构

一般的组织管理均是分层次的,不同的管理层次需要不同的信息服务,为它们提供的管理信息系统就可以按照这些管理层次进行相应的划分,每个层次负责一种信息处理的功能,每一层次所需的数据来源和所提供的信息都是完全不同的。

根据管理学知识可知,有两种极端的层次结构不利于组织的管理工作。一种是层次结构过于"扁平",即管理幅度过宽,这种状况势必会给高层的管理工作带来极大的不便,高层管理者无法对下层实施有效的控制,导致下层机构各自为政。另一种是层次结构过于陡峭,即管理幅度过窄、层次过多。在这种状况下,信息在各个层次之间的传递往往比较缓慢,大大降低了管理的效率,结果使机构僵化、反应迟钝。因此,在对企业管理信息系统进行层次划分时,需要分析系统的实际业务状况,从而确定管理幅度与层次。一般来说,如果系统强调的是严格控制,则每一层次的管理幅度不宜太大;如果系统需要充分发挥下层自主性,则可适当放宽管理幅度。

在实际应用中,一般根据处理的内容和决策的层次把企业管理活动分为三个不同的层次:战略计划层、管理控制层和运行控制层。一般来说,下层系统的处理量比较大,上层系统的处理量相对小一些,所以就形成了一个金字塔式的结构,如图1-6所示。

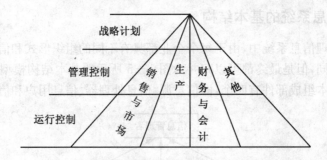

图1-6 管理信息系统的层次结构

第一层是战略计划层,它涉及的是最高层次的管理活动,处理的是长期的和全局性的问题,主要关注于企业的总体目标和长远发展规划,如企业长期开发战略的制定、企业组织机构和人事政策的确定。它的主要活动是做出决策,在这一层次的决策应当是非结构化和半结构化的决策。它所需要的数据一般是从各种不同渠道获得并进行处理过的综合数据,同时还需要大量来自外部信息源的数据。

第二层是管理控制层,属于企业的中层管理。它的主要任务是实现管理控制和制订战术计划。它的功能具有两重性,既有数据处理功能,又有决策功能。由于它的活动特点是解决基层工作产生的问题,协调各部门的工作,所以这些活动均具有决策的性质。但该层次的决策是结构化的决策,是战术性的常规化决策。此决策诸如总成本最小化决策、产品定价决策等,通常可以用数学模型来表示,也可以用程序来解决。在做出决策的同时,该层次又将下层活动的情况总结、归纳、判断后报告给企业最高层次。

第三层是运行控制层,属于企业的基层管理。它由支持日常运行和控制的信息源组成,按照中层管理活动所制订的计划与进度表,具体组织人力、物力去完成计划中的任务。它的作用是确保现有设备和资源的充分有效的利用,以求在允许的范围内充分有效地完成各项业务活动。它所用到的数据或信息主要来自事务内部数据构成的数据库系统。因此,运行控制级的管理信息系统处理过程都是比较稳定的,可以按照预先设计好的程序和规则进行相应的信息处理。

这三个层次之间经常会信息交换,是互相关联的。例如,战略计划层向管理控制层下达目标和政策,管理控制层则向战略计划层报告监督所得的计划执行情况及其所需要调整的问题；同样，管理控制层要向下层下达资源分配及工作进度，而从下层得到详细的执行情况。

### 三、管理信息系统的功能结构

管理信息系统不是一个孤立的事物，它是为解决具体的管理问题而存在，因此它必须和具体的管理内容相联系。从使用者的角度来看，管理信息系统总有一定的目标，具有多种功能，如有效管理库存、控制成本、控制生产等。而各种功能之间又有各种信息联系，构成了一个有机结合的整体，即由一个个功能子系统形成一个功能结构。图1—7描述的就是管理信息系统的功能结构图，其中，图中每一行表示一个管理层次（战略计划层、管理控制层、运行控制层），每一列代表一种功能或职能，功能的划分没有标准的分法，因组织不同而异。本图中列举了7种职能，如市场营销、生产管理、后勤等。每一个功能和管理的层次交叉就形成信息系统的一个应用领域，如基于市场营销管理的决策支持系统，基于人力资源管理控制的人力资源MIS等。下面分别介绍这些子系统的功能。

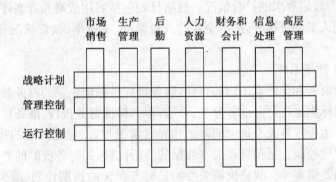

图1—7　管理信息系统的功能结构

#### 1. 市场销售子系统

该系统包括销售和推销。在运行控制方面，包括雇用和训练销售人员、销售和推销的日常调度，还包括按区域、产品、顾客对销售数量的定期分析等。在管理控制方面，包含总体成果和市场计划的比较，分析偏差原因，采取措施保证计划的完成。它所用的信息有顾客、竞争者、竞争产品和销售力量要求等。在战略计划方面，包含新市场的开发和新市场的战略，它使用的信息包含顾客分析、竞争者分析、顾客评价、收入预测、人口预测和技术预测等。

#### 2. 生产管理子系统

该系统包括产品设计、生产设备计划、生产设备的调度和运行、生产人员的雇用和训练、质量控制和检查等。典型的业务处理是生产订货（即将成品订货展开为部件需求）、装配订货、成品票、废品票、工时票等。运行控制要求把实际进度与计划相比较，发现瓶颈。

管理控制要求进行总进度、单位成本和单位工时消耗的计划比较。战略计划要考虑加工方法和自动化的方法。

### 3. 后勤子系统

该系统包括采购、收货、库存控制和分发。典型的业务包括采购的征收、采购订货、制造订货、收货报告、库存票、运输票和装货票、脱库项目、超库项目、库营业额报告、卖主性能总结、运输单位性能分析等。管理控制包括每一后勤工作的实际与计划的比较,如库存水平、采购成本、出库项目和库存营业额等。战略分析包括新的分配战略分析,以及对卖主的新政策、新技术信息、分配方案等的分析。

### 4. 人力资源子系统

该系统包括雇用、培训、考核记录、工资和解雇等。其典型的业务有雇用需求的说明、工作岗位责任说明、培训说明、人员基本情况数据(学历、技术专长、经历等)、工资变化、工作小时和离职说明等。运行控制关心的是雇用、培训、终止、变化工资率、产生效果。管理控制主要进行实情与计划的比较,包括雇用数、招募费用、技术库存成分、培训费用、支付工资、工资分配与政府要求的符合情况。战略计划包括雇用战略和方案评价、工资、训练、收益以及对留用人员的分析等,把本企业的人员流动、工资率、教育情况和同行业的情况进行比较。

### 5. 财务和会计子系统

按原理划分财务和会计有不同的目标,财务目标是保证企业的财务要求,使其花费尽可能低。会计目标则是把财务业务分类、总结,填入标准财务报告,准备预算、成本数据的分析与分类等。运行控制关心每天的差错和异常情况报告、延迟处理的报告和未处理业务的报告等。管理控制包括预算和成本数据的分析比较,如财务资源的实际成本、处理会计数据的成本和差错率等。战略决策关心的是财务保证的长期计划、减少税收影响的长期计划、成本会计和预算系统的计划。

### 6. 信息处理子系统

该系统的作用是保证企业的信息需要。典型的任务是处理请求、收集数据、改变数据和程序的请求、报告硬件和软件的故障,以及规划建议等。运行控制的内容包括日常任务调度、差错率、设备故障。对于新项目的开发还应当包括程序员的进展和调试时间。管理控制关心计划和实际的比较,如设备成本、全体程序员的水平、新项目的进度和计划的对比等。战略计划关心功能的组织是分散还是集中、信息系统总体计划、硬件软件的总体结构。

### 7. 高层管理子系统

每个组织均有一个最高领导层,如公司总经理和各职能域的副总经理组成的委员会,这个子系统主要为他们服务。其业务包括查询信息和支持决策、编写文件和信件便笺、向公司其他部门发送指令。运行控制层的内容包括会议进度、控制文件、联系文件。管理控制层要求各功能子系统执行计划的总结和计划的比较等。战略计划层关心公司的发展方向和必要的资源计划。高层战略计划要求广泛、综合的外部信息和内部信息,这里可能包括数据检索和分析以及决策支持系统。它所需要的外部信息可能包括竞争者的信息、区域经济指数、顾客喜好、提供的服务质量。

### 四、管理信息系统的硬件结构

管理信息系统的硬件结构是指系统的硬件组成部分、物理性能、连接方式。构成一个管理信息系统的硬件一般有计算机设备、通信设备和与计算机相连接的其他外部设备。

计算机设备包括主机和终端:主机是整个系统的核心硬件部分,它管理和控制各个子系统的信息处理与传输;终端是分布在各个业务部门从事信息处理的设备。主机和终端使用通信设备连接,在网络化的管理信息系统中,通信设备包括通信线路、集线器、网卡等设备。

其他外部设备包括打印机、摄像机、传真机、绘图仪等。这些硬件设备在构成网络系统时有星形、环形和总线三种形式。

硬件的物理特性决定了信息处理的能力,如处理和传输信息速度,实时、分时和批处理都取决于硬件的性能。

### ▍本章小结

管理信息系统是一个以人为主导,以科学的管理理论为前提,在科学的管理制度的基础上,利用计算机硬件、软件、网络通信设备以及其他办公设备进行信息的收集、传输、加工、储存、更新和维护,以提高企业的竞争优势、改善企业的效益和效率为目的,支持企业高层决策、中层控制、基层作业的集成化的人机系统。管理信息系统对管理的支持体现在对管理职能中的计划、组织、领导和控制等方面的支持,同时在组织战略管理、企业决策支持方面发挥着重要作用。

本章分析了管理信息系统的概念、特点,阐述了管理信息系统的发展和演变,探讨了管理信息系统的几种结构:基本结构、层次结构、功能结构、硬件结构等。本章的重点在于理解管理信息系统的概念和内涵。

### ▍关键概念

管理信息系统(Management Information Systems,MIS)

信息(Information)

数据(Data)

决策支持系统(Decision Support Systems,DSS)

电子数据处理系统(Electronic Data Processing Systems,EDPS)

## 复习思考题

1. 简述管理信息系统的概念。
2. 试结合实际,列举生活中常见的信息系统,并说明这些信息系统可实现哪些功能。
3. 如何理解信息和数据的关系?
4. 管理信息系统有哪些特点?
5. 管理信息系统的结构可以分为哪几种? 请对每一种的内容进行简述。
6. 管理信息系统的发展经历了哪三个阶段? 各阶段的特点如何?
7. 举例说明企业利用管理信息系统获得的竞争优势。

## 本章案例

### 不用排队的医院

在 IT 系统的支持下,福州总医院颠覆了传统医院的就诊流程,每年的门诊量都高速增长。

福州总医院的药房能高效率地方便患者取药。上午 10 点,正是看病的高峰期,南京军区福州总医院的门诊大厅却井然有序,没有任何患者排队,全然不像其他大型医院那般拥挤。并不是福州总医院人气不旺,这家大型综合性三甲医院拥有 53 个专业学科,床位超过 2 000 张,是福州市最大的医院,每天都吸引了大量患者从省内外赶来看病。与别的大型综合性三甲医院不同的是,福州总医院连挂号窗口都没有,患者们不用挂号,取药不用划价,甚至每一次要服的药都设想周到地装在一个密封小袋子里,患者只需要每次打开一袋服用即可,这对于那些眼花的老年人来说非常方便。

医院用 IT 颠覆了传统医院的流程,使更多的患者能方便就医。2005 年落成投入使用的福州总医院门诊大楼,起初设计的年门诊量是 80 万人次,而实际上 2008 年门诊量已达 120 万人次以上。而高效率的流程令患者的就诊等候时间减少 23 倍。

**被颠覆的流程:**

● 电脑、刷卡机和打印机几乎就是福州总医院每位医生桌面上的全部物品。以往的医生桌面上堆满的红红绿绿的处方早已经销声匿迹。就连医生的笔也只有一个用途——处方打印出来之后用作签名,医生根本不用像以往那样长篇累牍地反复填写每个病人的处方单、病历。医生轻敲键盘,直接在系统里开处方,性别、年龄等基本信息根本不用重复输入,开药时医生只要点击专科常用的药品字典,其名称、用法等就能立即显示出来,系统还提供了历史处方可以转存并修改为当前处方的功能,大大节省了医生开药时间。

● 福州总医院令挂号与开处方几乎同时进行。挂号直到病人见到医生才发生,直接合并到看病的流程中,挂号的流程不再单独存在,流程的颠覆再造也让倒卖专家号的黄牛党在福州总医院无法生根。

● 就医卡在第一次办理时,患者的姓名、年龄、性别、ID 号、医保或自费类别就已被记录在案。医生一刷卡,就实现了挂号,并且患者的基本情况、以往看病的处方、开药记录都一目了然,最大限度地精简门诊中的非医疗流程。

● 电脑上开好处方,选择打印,医生把打印出的处方单贴在病人的病历上——门诊医生看病流程就此结束。与此同时,病人处方上开出的药品信息也流转到药房那里,门诊自动摆药机从系统中接收到由医生传输的处方后开始自动摆药。以往需要 10 多名药师和护士送药、分药的流程也被精简,只需要 1～2 名护士照看自动摆药机。

● 病人不用再像以前那样跑上跑下地划价、交费、拿药,这几个流程全部省略成为一个流程——直接去门诊大厅等待叫号取药,大大缩短了病人的就诊时间,甚至可能病人还没走到门诊大厅,药已经由自动摆药机准备好了。

原来看病是"三长一短":挂号时间长,取药时间长,收费时间长,看病时间短。而现在,首先,流程精简后取消了挂号,刷卡就直接挂号了;其次,就医卡预存费的收费模式也不存在收费问题,因为在各个发生费用的点收费,发生费用时就直接记下,也不存在排队的问题;第三,看完病信息直接流转到药房,取药自然就发生了。信息化简化了福州总医院的看病流程,把"三长"的问题基本解决掉,而给看病腾出了更多的时间。

**案例讨论:**

通过阅读案例,谈谈福州总医院进行了哪些改革? 其中,管理信息系统起到了什么作用?

# 第二章
# 管理信息系统的技术基础

**【学习目的和要求】**

- 了解信息技术的相关概念及内容
- 了解管理信息系统的数据管理技术
- 了解与信息系统相关的计算机网络技术

信息技术是管理信息系统的基础，只有把信息技术与管理结合起来，才能真正发挥管理信息系统的作用。本章将重点介绍管理信息系统所涉及的信息技术。

## 第一节　信息技术概述

信息技术（Information Technology，IT）是一个外延很广的概念，它已经渗透到各行各业，乃至人们的家庭生活和社会生活的方方面面。下面给出两个关于信息技术的定义：

（1）信息技术是使用计算机和微电子技术对信息进行加工、存储和通信的技术。

（2）凡是可以延长或扩展人的信息功能的技术，都称为信息技术。

就信息技术的主体而言，其主要内容包括传感技术、通信技术和计算机技术。这三种技术的划分是相对的，没有绝对的界限。其中，传感技术通常被认为是人的信息感受器官功能的扩展，主要包括信息识别、信息获取、信息变换以及某些信息处理技术；通信技术则是人的信息传输系统（即神经系统）功能的扩展，包括信息的检测、变换、处理、传递、存储以及控制和调节技术；计算机技术是人的信息处理器官（即大脑）功能的延伸，包括信息加工、存储、检索、分析和描述等。这三种技术相辅相成、互相结合，构成一个有机的整体。

支持管理信息系统开发及运行的信息技术包括计算机硬件技术、计算机软件技术和数据通信技术。

### 一、计算机硬件技术

完整的计算机系统包括两大部分，即硬件系统和软件系统。所谓硬件，是指构成计算机的物理设备，就是常说的计算机。

虽然不同类型、不同机种和不同型号的计算机在硬件配置上的差别很大，但其绝大多数都是根据冯·诺依曼计算机体系结构来设计的,即具有五大配件:运算器、控制器、存储器、输入设备和输出设备。常见的冯·诺依曼计算机系统的组成如图 2—1 所示。

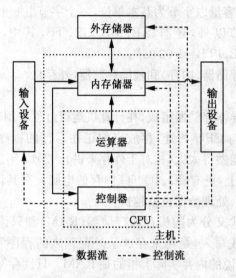

图 2—1 计算机组成原理框图

### (一)中央处理器

中央处理器(CPU)是计算机系统最主要的部件,其运算速度是决定计算机系统性能的重要指标。CPU 由运算器和控制器组成,常组装在一个主板上,合称为主机。有三种总线用来连接 CPU、主存储器和计算机系统的其他设备,它们分别是:数据总线为主存储器传送数据;地址总线为主存储器中一个分配的地址传送数据;控制总线传输信号以阐明是否读写或写数据到一个分配的主存储器地址或输入设备、输出设备,以及通过它们读或写数据。

运算器是计算机的运算单元,主要用于完成对数据的算术运算和逻辑运算。算术运算包括加、减、乘、除以及它们的复合运算。逻辑运算包括一般的逻辑判断和比较,如比较、位移、逻辑加、逻辑乘、逻辑反等操作。控制器是计算机的神经中枢,按照主频的节拍发出各种控制信息,控制计算机各部分自动协调地工作,完成对指令的解释和执行。它每次从存储器读取一条指令,经分析译码,产生一串操作命令发向各个部件,控制各部件动作,实现该指令的功能;然后再取下一条指令,继续分析、执行,直至程序结束,从而使整个机器能连续、有序地工作。

### (二)存储器

存储器是计算机的记忆装置,它的主要功能是存放程序和数据。程序是计算机操作的依据;数据是计算机操作的对象。不管是程序还是数据,在存储器中都是用二进制的形式来表示的,统称为信息。

在计算机中,位(Bit)是最小的数据单位,只能存放一个二进制的"0"或者"1",字节(Byte,简称 B)是一组长度固定为 8 的二进制位的集合,一般一个字节可以存放一个字符。在计算机中,存储器容量以字节为基本单位,一个字节由 8 个二进制位组成。存储容量的表示单位除了字节以外,还有 KB、MB、GB、TB,其中,1KB = 1 024B,1MB = 1 024KB,1GB=1 024MB,1TB=1 024GB。

存储器一般分为主存储器(内存)和辅助存储器(外存)。

### 1. 主存储器(内存)

主存储器主要由半导体存储器组成,在计算机运行过程中用来存储数据和程序指令。计算机的主存储器直接与 CPU 相连,存放当前正在运行的程序和有关数据,存取速度快,但价格较贵,容量不能做得太大(相对于外存来讲)。2011 年前后,电脑内存的配置越来越大,一般都在 1G 以上,更有 2G、4G、6G 内存的电脑。在其他配置相同的条件下,内存越大,机器性能就越高,处理数据也就越快。

主存储器按工作方式又分为随机存取存储器(RAM)和只读存储器(ROM)。RAM 中的数据可随机地读出或写入,是用来存放从外存调入的程序和有关数据以及从 CPU 送出的数据,人们通常所说的内存实际上指的是 RAM。只读存储器 ROM 只占主存储器很小的一部分,在通常情况下 CPU 对其只取不存,它一般用来存放固定的、专用的程序或数据。

### 2. 辅助存储器(外存)

外存用来存放计算机暂时不用的程序和数据(需要时才调入内存),存取速度相对较慢,但价格比较便宜,停电也不丢失信息,容量可以做得很大。例如,现在的硬盘存储容量通常为几百 GB,甚至为几个 TB。

辅助存储器一般包括硬盘、软盘、光盘、移动硬盘、磁盘(带)、闪存(USB FLASH 盘,又称优盘和闪盘)等。

对于内存和外存的区别,可以这样理解,内存就是暂时存储程序和数据的地方,例如,当我们在使用 WORD 处理文稿时,当你在键盘上敲入字符时,它就被存入内存中,当你选择存盘时,内存中的数据才会被存入硬盘(外存)。

### (三)输入/输出设备

输入设备是外部向计算机传送信息的装置,其功能是将数据、程序及其他信息从人们熟悉的形式转换成计算机能接受的信息的形式,输入到计算机内部。常见的输入设备有键盘、鼠标、光笔、纸带输入机、模/数转换器、声音识别输入设备、图文扫描仪、条形码阅读器、触摸屏、手写体输入设备等。

输出设备的功能是将计算机内部二进制形式的信息转换成人们所需要的或其他设备能接受和识别的信息形式。常见的输出设备有打印机、显示器、绘图仪、数/模转换器、声音合成输出设备等。

有的设备兼有输入、输出两种功能,如磁盘机、磁带机等。

## 二、计算机软件技术

计算机的硬件只有在软件的支持下才能发挥作用,也才能扮演好企业信息技术基础建设的角色。计算机的软件是根据解决问题的方法、思想和过程而编写的程序的有序集合。一台计算机中全部程序的集合统称为这台计算机的软件系统。软件按其功能可分为系统软件和应用软件。

### (一)系统软件

系统软件是用于计算机的管理、维护、控制和运行以及对运行程序进行翻译、注解、装卸等服务工作的程序的总称。系统软件主要由操作系统、语言编译系统、实用程序(常用的例行服务程序)和数据库管理系统组成。

1. 操作系统

操作系统(OS)是控制和管理计算机各种资源、自动调度用户作业程序、处理各种终端的软件。操作系统具备两大功能:

(1)系统资源的管理者。操作系统的首要功能是通过 CPU 管理、存储管理、设备管理、文件管理及作业管理对各种资源进行合理的调度与分配,改善资源的共享和利用状况,最大限度地提高计算机在单位时间内处理工作的能力。

(2)用户与计算机之间的接口。使用未配置操作系统的计算机("裸机"),用户要面对的是难懂的机器指令,配上 OS 后用户面对的是操作方便、服务周到的操作系统软件,从而明显地提高用户的工作效率。

目前常用的操作系统可分为单用户、单任务操作系统,如 DOS 操作系统;单用户、多任务操作系统,如 Windows XP;以作业为处理对象的批处理操作系统;能够使多个用户在各自的终端上联机使用同一台计算机的分时操作系统,如 UNIX 系统,这种系统中的CPU 按时间片轮流为各用户服务,由于 CPU 速度很高,各用户都觉得自己独占了这台计算机;强调对随时发生的事件作出及时响应和处理的实时操作系统;为计算机网络配置的网络操作系统,负责网络管理、网络通信、资源共享和系统安全,如 Novell 公司的 Netware、Microsoft 公司的 Windows NT;用于分布式计算机系统的分布式操作系统等。

2. 语言编译系统

计算机能识别的语言有很多,如汇编、Basic、Fortran、Pascal 与 C 语言等,它们各自都规定了一套基本符号和语法规则。用这些语言编制的程序称为源程序。用"0"或者"1"的机器代码按一定的规则组成的语言,称为机器语言。用机器语言编写的程序,称为目标程序。将源程序翻译成目标程序的任务是由语言处理程序来完成的,如图 2—2 所示。

语言处理程序有汇编程序、编译程序、解释程序等。汇编程序也称为汇编器,其功能是把用汇编语言编写的源程序翻译成机器语言的目标程序,其翻译过程称为"汇编过程",简称汇编。解释程序对源程序的翻译采用边解释边执行的方法,并不生成目标程序,称为解释执行,如 Basic 语言。编译程序则先将源程序翻译成目标程序后才能开始执行,称为

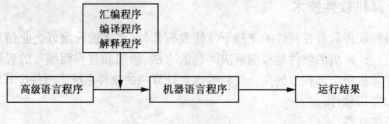

**图 2—2　语言编译系统**

编译执行,如 Pascal 语言、C 语言等。

计算机指令是用程序设计语言编写的,而程序设计语言是人与计算机进行交流的工具。管理者应该了解哪些程序设计语言与软件工具适合组织的目标,下面介绍几种常用的程序设计语言。

(1)机器语言。机器语言是一种能够直接在计算机上执行的二进制代码指令,用二进制代码"0"和"1"的信息串表示。它能被 CPU 直接识别,直接执行,无须编译。用这种语言编制的程序称为机器语言程序,既难写又难懂,一般不用它编写程序。任何计算机语言最终要变换成机器语言才能被 CPU 执行。

(2)汇编语言。汇编语言被称为第二代语言,它用便于人们记忆的助记符作为操作指令,是一种十分接近机器语言的符号语言。汇编语言的每条指令对应一条机器语言代码,CPU 不能直接识别和执行汇编语言编写的程序,必须由汇编程序汇编成机器语言才能被执行。

汇编语言执行速度快、代码紧凑、效率高,主要用于系统软件的编程,很适合于编写直接控制机器操作的低层程序,比如自动控制程序、查毒杀毒程序等。由于汇编语言与机器密切相关且编程难度较大,所以对程序人员的硬件知识有一定的要求。

(3)高级语言。高级语言采用英语词汇作为指令关键字,按照规定的语义和语法结构要求来编写程序。高级语言中每一条语句的功能相当于汇编语言的多条指令的功能。高级语言程序需要经过翻译转换成机器语言才能被 CPU 执行。高级语言程序容易理解、容易维护,成为人们常用的程序语言,也被称为第三代语言(3GL)。

(4)第四代语言(4GL)。第四代语言是为降低程序开发难度和提高程度开发效率而设计的通用语言,包括多种软件工具,例如,某些数据库系统的查询语句和应用软件包的宏语言就具有第四代语言的特征。第四代语言从面向最终用户及信息系统专家的程度来划分,可分为以下几类:

● 个人计算机软件工具:专为个人计算机设计的一般用途的应用软件包,如 Microsoft Word、Internet Explore 等。

● 查询语句:用来存取数据库或文件中数据的语言,并能支持非事先定义好的信息查询要求,如 SQL。

● 报表生成器：能从文件或数据中取出数据，并制作各种由信息系统例行生成表格的定制化报表。

● 图形化语言：能从文件或数据库中取出数据，以图形的方式表现。一些图形化软件包也能够进行算术运算或逻辑运算，如 SAS Graph。

● 应用程序生成器：它用预先程序化的模块产生整个应用程序，可加快应用程序的开发速度，使用者只需指定工作，应用程序生成器便能够创造出对应的程序代码，进行输入、输出、验证、更新、处理以及报表制作等工作，如 Microsoft FrontPage、PowerBuilder 等。

● 应用软件包：由厂商提供销售或出租的软件，免除用户特别编写内容软件的需要，如 SAP/3、U8 等。

● 高级程序设计语言：以比 Cobol 和 Fortran 更少的指令来产生程序代码的程序设计语言，主要是为专业程序设计师提供更高的编写效率，如 APL。

（5）面向对象的程序设计语言。面向对象的程序设计语言是 20 世纪 80 年代后新发展的程序设计语言，它将数据和操作合成为对象，对象可以重用，从而大大提高了编程效率，如 C++。面向对象的程序设计语言孕育出另一种新的程序设计——可视化程序设计，利用可视化程序设计，设计师可以不必编写程序代码。

（6）标记语言。由于互联网的广泛应用，标记语言也开始引起人们的注意。HTML 是 Web 的通用语言，是用来创造网页之类的超文本或超媒体文档的网页描述语言；XML 是可扩展标记语言。HTML 只描述文字和图形如何显示在网页文档中，文件格式的标签集是固定的；而 XML 则表示文档中数据的意义，侧重于数据本身，它的标签集不是固定的。

3. 实用程序

实用程序（Utility）是针对操作系统的不足而编制的程序，它帮助用户进一步管理好自己的计算机。常用的实用程序包括磁盘备份、复制一组文件、磁盘格式化、磁盘整理、内存优化、文件压缩、键盘锁定、计算机故障诊断及修复、对已被破坏的文件的修复、病毒的检测与清除等。将实用程序纳入操作系统是操作系统不断更新的一个重要原因。

4. 数据库管理系统

数据库管理系统（DataBase Management Systems，DBMS）是 20 世纪 60 年代后期产生并发展起来的，它是计算机科学中发展最快的领域之一。数据库管理系统是一系列软件程序的集合，它以规范、一致的方式存储数据，以规范、一致的方式将数据组织成记录，并允许用规范、一致的方式存取记录。

在数据库管理系统中，应用程序不能直接从存储介质获得所需的数据，它必须先将请求提交给 DBMS，由 DBMS 负责从存储介质检索数据并提供给应用程序使用。因此，一个数据库管理系统就是应用程序与数据间的接口。

**（二）应用软件**

应用软件是用户为解决某种应用问题而编制的程序，如科学计算程序、自动控制程序、工程设计程序、数据处理程序、情报检索程序等。随着计算机的广泛应用,应用软件的种类和数量将越来越多,应用软件一般可分为通用应用软件(如文字处理软件 Microsoft Word 等)和专用应用软件(如企业的财务管理系统、人事管理系统等)。

通用软件是某些具有通用信息处理功能的商品化软件,是指事先写好、有完整的程序代码,并且可以在市场中购买的一组程序。它的特点是通用性,因此可以被许多有类似应用需求的用户所使用。比较典型的通用软件有文字处理软件、表格处理软件、数值统计分析软件、财务核算软件、数据管理软件、集成包软件、电子邮件、网络浏览器与群件等。

专用软件是满足用户特定要求的应用软件。在用户对数据处理的功能需求存在很大差异性、通用软件不能满足要求时,需要专业人士采取单独开发的方法,为用户开发具有特定要求的专门应用软件,如为某公司定制的人力资源管理信息系统。

### 三、数据通信技术

通信技术是信息技术的另一个重要组成部分。数据通信是 20 世纪 50 年代后期随着电子计算机的广泛应用而发展起来的。数据通信系统是以计算机为中心,结合分散在远程的终端装置或其他计算机,通过通信线路彼此连接起来,进行数据的传输、交换、存储和处理的设备总称。数据通信系统模型如图 2—3 所示。

**图 2—3　数据通信系统模型**

# 第二节　数据管理技术

## 一、数据描述及层次组织

信息系统中的信息是从客观事物出发,经过人的综合归纳,抽象成计算机能够接受的信息,流经数据库,通过控制决策机构,最后用来指导客观事物。数据描述是数据处理中的一个重要环节,从事物的特性到计算机中的具体指示,信息实际上经历了几个领域:现实世界、信息世界和计算机世界。在这三个领域中对信息的描述采用不同的术语,三个领域的关系如图 2—4 和图 2—5 所示。

在不同的世界中使用的概念和术语是不同的,但它们在转换过程中都有一一对应的关系,如表 2—1 所示。

图 2—4　现实世界、信息世界和计算机世界(一)

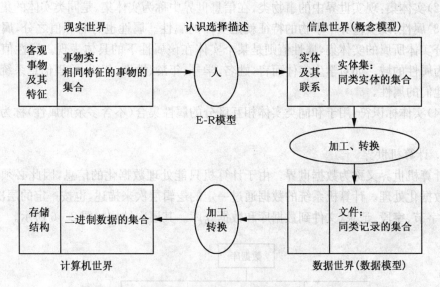

图 2—5　现实世界、信息世界和计算机世界(二)

表 2—1　　　　　　　　　三个不同世界的术语对照

| 现实世界 | 信息世界(概念世界) | 计算机世界 |
| --- | --- | --- |
| 事物及其联系 | 实体及其联系(概念模型) | 数据库(数据模型) |
| 事物类(总体) | 实体集 | 文件 |
| 事物(对象、个体) | 实体 | 记录 |
| 特征(性质) | 属性 | 数据项 |

1. 现实世界

现实世界是存在于人们头脑之外的客观世界,由客观事物及其相互联系组成。其使用的术语有:

(1)客观事物:实际存在的人和事物,如学校、各教学单位、教师、学生等;也可以是事物与事物之间的联系,如教师和学生、教学管理等。

(2)事物特征:每一个事物都具有特性,事物通过自身特性与其他事物相区别。例如,教师的特征有姓名、性别、学历、职称等。事物特征有名和值之分,具有相同特性的事物属于同一个事物类。

2. 信息世界

信息世界中的信息是客观世界中实体的特性在人们头脑中的反映,用一种人为的文字、符号、标记来表示。其使用的术语有:

(1)实体:现实世界中客观存在并相互区别的事物称为实体。它可以指物,也可以指人;可以指实际的东西,也可以指概念性的东西。

(2)实体集:现实世界中的事物类,在信息世界中称为实体集,是同类实体的集合。

(3)属性:现实世界中事物的特征就是实体的属性。属性也有名和值之分,属性名用来划分实体所属的实体集,属性值则是某个实体在该属性下的具体表现。属性值的集合统称为属性的域。如对学生实体而言,姓名、学号、年龄、性别、年级、管理信息系统成绩等都是他们的属性。

(4)实体标识符:用于和同类实体相互区分的属性集合(不含多余的属性)称为实体标识符。

3. 计算机世界

计算机世界又称为数据世界。由于计算机只能处理数据化的信息,因此必须对信息进行数据化处理。计算机系统的数据通过一定的逻辑层次来描述,也按一定的层次组织,从位、字节、字段、记录、文件到数据库和数据仓库。其层次结构如图 2—6 所示。

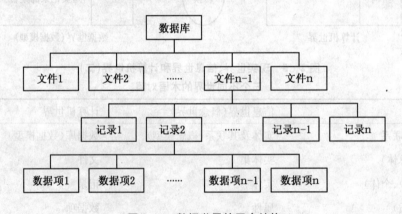

图 2—6　数据世界的层次结构

(1)字段:标记实体属性的命名单位称为字段(Field)或数据项,是组成数据系统的有意义的最小基本单位。例如,产品有产品名、材质、产品数量、价格等字段;学生有学号、姓名、性别、年龄、院系、专业等字段。

(2)记录:字段的有序集合称为记录(相当于前面提到的数据元素)。一般用一个记录描述一个实体。例如,一个学生记录由有序的字段集组成:20090101、张三、男、19、管理学院、工商管理。能唯一标识文件中每个记录的字段集称为文件的主键,如学生学号。

(3)文件:同一类记录的集合称为文件。文件是描述实体集的,例如,所有学生记录组成了一个学生文件。

(4)数据库:按一定方式组织起来的逻辑相关的文件集合形成数据库。数据库技术的出现,把数据的组织推向了顶峰,它改进了文件组织形式的不足,形成一个综合的集成化的数据集合。所以,数据组织的层次由低到高依次为:字段—记录—文件—数据库。

如图 2—5 所示,概念模型是现实世界到计算机世界的一个中间层次。现实世界的事物反映到人的大脑中,人们把这些事物抽象为一种既不依赖于具体的计算机系统又不为某一数据库管理系统支持的概念模型,概念模型的表示方法有很多,最常用的是实体—联系方法,该方法用 E—R 模型来描述现实世界的概念模型。E—R 模型提供了表示实体、属性和联系的方法:

● 实体:用矩形表示,矩形框内写明实体名。
● 属性:用椭圆形表示,并用无向边将其与相应的实体连接起来。
● 联系:用菱形表示,菱形框内写明联系名,并用无向边分别与有关实体连接起来,同时在无向边旁标上联系的类型($1:1$、$1:n$ 或 $m:n$)。

一个记录描述一个实体。一个实体可以指一个事物,也可以指"事物"与"事物"之间的联系。每个实体具有的某种或若干种特性或特征称为一个属性。例如,订货号、订货日期、订货数量是订货实体中的各个属性。

现实世界中,事物是相互联系的,这种联系必然在信息世界中体现出来,即实体是相互联系的。两个不同实体间的联系有以下三种情形:

(1)一对一联系,记为 $1:1$。例如,班级与班长之间、工厂与厂长之间、科研任务与科研组组长之间等都是 $1:1$ 的联系。

(2)一对多联系,记为 $1:n$。例如,一个学校有若干学生,而每个学生都在一个学校学习,学校与学生之间是一对多的联系。

(3)多对多联系,记为 $m:n$。例如,商店与商品、课程与学生之间,一个学生可选多门课程,而每一门课程可有多个学生选修,课程与学生之间是多对多的联系。

图 2—7 是一个学生管理系统中学生选课管理子系统概念模型的 E—R 模型图。有关 E—R 模型的其他相关知识将在第六章的数据库设计中进行详细讲解,请读者参考。

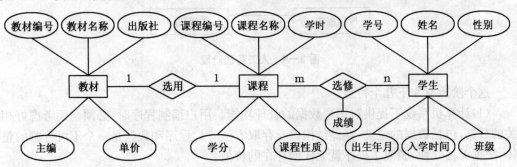

图 2—7 学生选课管理子系统的 E—R 模型

### 二、数据管理技术的发展过程

一个有效的管理信息系统能够及时准确地提供相关信息，而这些信息是存储在计算机文件中的。只有当文件被适当地安排和维护时，用户才能很容易地访问和检索他们所需要的信息。如果在图书馆查找相关资料时曾使用过索引卡片，你就会发现文件管理的重要性。同样，对于组织来说，也需要好的文件组织和管理，否则会导致信息处理混乱、费用大，而且效益也会不好。即使用了优良的硬件和软件，如果没有文件管理，一些机构的信息系统也不会起到相应的作用。

为了保证信息的及时性、准确性、完整性和可靠性，需要用科学的方法和先进的技术来管理信息和数据。怎样把各种数据组织起来，使计算机能有效而方便地处理加工，是数据管理技术要解决的问题。随着计算机硬件技术、软件技术的发展，数据库技术的发展也由低级到高级、由简单到逐步完善。数据管理技术的发展可归纳为三个阶段：人工管理、文件系统和数据库管理系统。

#### （一）人工管理（20 世纪 50 年代中期以前）

这一阶段计算机主要用于科学计算，数据量不大，一般不需要将数据长期保存，只在输入程序的同时输入数据；外部存储器只有磁带、卡片和纸带等；由于还没有操作系统，也没有数据管理方面的软件，程序员在设计程序时不仅要规定软件的逻辑结构，而且还要设计其物理结构，使得程序与数据相互依赖，一旦数据的存储方式稍有改变，就必须修改相应程序；只有汇编语言的数据处理方式基本是批处理。人工管理阶段的工作原理如图 2—8 所示。

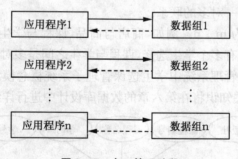

**图 2—8　人工管理阶段**

这个阶段有如下几个特点：

（1）计算机系统不提供对用户数据的管理功能。用户编制程序时，必须全面考虑好相关的数据，包括数据的定义、存储结构以及存取方法等。程序和数据是一个不可分割的整体，数据无独立性，脱离了程序就无任何存在的价值。

（2）数据不能共享。不同的程序均有各自的数据，这些数据对不同的程序通常是不相同的，不可共享。即使不同的程序使用了相同的一组数据，这些数据也不能共享，程序中仍然需要各自加入这组数据。由于这组数据的不可共享性，必然导致程序与程序之间存在大量的重复数据，浪费了存储空间。

（3）不单独保存数据。由于数据与程序是一个整体，数据只为本程序所使用，数据只有与相应的程序一起保存才有价值，否则就毫无用处，所以，所有程序的数据均不单独保存。

早期的计算机上没有完善的操作系统，数据的一切组织管理完全依靠人工完成，难以处理复杂的数据处理任务。显然，由人工在繁杂的案卷中查找和使用数据是相当费时和麻烦的事，于是很快就被先进的文件系统所代替。

**（二）文件系统（20 世纪 50 年代后期到 60 年代中期）**

在这一阶段，计算机不仅用于科学计算，还应用于信息管理方面。随着数据量的增加，数据的存储、检索和维护成为紧迫的需要，数据结构和数据管理技术迅速发展起来。此时，外部存储器已有磁盘、磁鼓等直接存取的存储设备，软件领域也出现了操作系统和高级软件。文件管理系统对文件进行统一管理，它提供各种例行程序对文件进行查询、修改、插入、删除等操作。程序员可以集中精力研究算法，而不必过多地考虑数据存储的物理细节。文件系统的工作原理如图 2—9 所示。

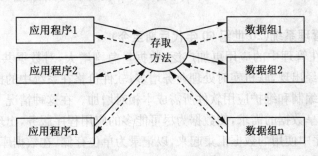

**图 2—9　文件系统阶段**

通常文件具有逻辑结构和物理结构。文件的逻辑结构描述文件中各记录之间的相互关系，或每个记录在文件中的位置。一个具有逻辑结构的文件，其每个记录在文件中都有确定的位置。文件的物理结构是为体现逻辑结构服务的，从用户的角度看，每个文件的逻辑结构呈现出一定的形式，第一个位置上是什么记录、第二个位置上是什么记录……这些只是虚拟概念，但是任何虚拟最终都要用实体来体现，怎样存储这些记录来体现文件的记录之间的位置关系呢？这就用到了物理结构。当你有了一个逻辑上的文件后，计算机为这个文件分配磁盘，并将其存入磁盘，这种分配方式，要保证从磁盘上将文件读出来后，仍具有逻辑上的一致性。这就是说，文件在外存上存储时，分配方式要保证文件在逻辑上一致。所以物理结构就是指逻辑文件在这些分配方式下所形成的文件结构。

用文件的组织方式管理数据，文件的逻辑结构与物理结构分开，使程序与数据具有一定的独立性，即数据的处理与数据的物理存储无关。但随着数据管理规模的扩大，数据量

急剧增加,文件系统也显露出一些缺陷:

(1)数据冗余。文件由记录组成,记录是数据存取的基本单位。一个文件对应一个或几个程序,如果一个程序想用几个文件中的数据产生一个新的报表,则必须重新编写程序。由于各个应用程序各自建立自己的数据文件,因此各个文件之间不可避免地会出现重复项,造成数据冗余。

(2)不一致。这往往是由于数据冗余造成的。在进行更新操作时,稍不谨慎,就可能使同样的数据在不同的文件中不一样。例如,银行中商业贷款、业务交易、存款业务可能会收集同样客户的信息。因为客户信息在不同部门被收集和维护,所以同一个数据项在不同部门组织中有不同的意义。

(3)数据联系弱。由于不同文件中信息在不同部门之间是不能相互联系的,文件之间相互独立,缺乏联系,灵活性差。文件系统经过全面设计后可以提供日常事务的处理,但是对于特别报告或非预期的信息需求,系统则不能及时处理。

文件系统阶段是数据管理技术发展中的一个重要阶段。由于有了直接存取设备,文件类型已经多样化,有了索引文件、链接文件、直接存取文件等,而且能对排序文件进行多码检索。在这一阶段中,数据结构和算法丰富了计算机科学,为数据管理技术的进一步发展打下了基础。

**(三)数据库管理系统(20 世纪 60 年代后期至今)**

随着计算机在管理中的应用更加广泛,数据量急剧增大,对数据共享的要求越发迫切;大容量磁盘已经出现,联机实时处理业务增多;软件价格在系统中的比重日益上升,硬件价格大幅下降,编制和维护应用软件所需成本相对增加。在这种情况下,为了解决多用户、多应用程序共享数据的需求,使数据为尽可能多的应用程序服务,出现了数据库系统。它把所有应用程序中使用的数据汇集起来,以记录为单位存储,在数据库管理系统的监督和管理下使用。因此,数据库中的数据是集成的,每个用户享用其中的一部分,克服了文件系统的缺陷,提供了对数据更高级、更有效的管理。数据库系统的原理如图 2—10 所示。

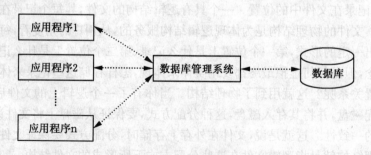

**图 2—10  数据库系统阶段**

概括起来,数据库系统阶段的数据管理具有以下特点:

(1)面向全组织的复杂数据结构。数据库中的数据结构不仅描述了数据本身,而且描述了整个组织数据之间的联系,实现了整个组织数据的结构化。

(2)数据冗余度小,易于扩充。由于数据库从组织的整体来看待数据,数据不再是面向某一特定的应用,而是面向整个系统,减少了数据冗余和数据之间不一致的现象。在数据库系统下,可以根据不同的应用需求,选择相应的数据加以使用,使系统易于扩充。

(3)数据与程序独立。数据库系统不仅提供了数据的存储结构与逻辑结构之间的映射功能,而且提供了数据的总体逻辑结构与局部逻辑结构之间的映射功能,从而使得当数据的存储结构改变时,逻辑结构保持不变,或者当总体逻辑结构改变时,局部逻辑结构可以保持不变,从而实现了数据的物理独立性和逻辑独立性,把数据的定义和描述与应用程序完全分离开。

(4)统一的数据控制功能。数据库系统提供了数据的安全性控制(Security)和完整性控制(Integrity),允许多个用户同时使用数据库资源。数据库的上述特点,使得信息系统的研制从围绕加工数据的以程序为中心转移到围绕共享的数据库来进行,实现了数据的集中管理,提高了数据的利用率和一致性,从而能更好地为决策服务。因此,数据库技术在信息系统应用中正起着越来越重要的作用。

## 三、数据库技术

数据库技术应用中,经常用到的基本概念有:数据库(DB)、数据库管理系统(DBMS)、数据库系统(DBS)、数据库技术及数据模型。

### (一)数据库概述

1. 数据库

数据库是以一定的方式存储在计算机内有组织的、统一管理的相关数据的集合。从完整意义上讲,数据库是表、视图和链接等的集合。数据库能为各种用户共享,冗余小,数据间联系紧密而且有较高的独立性。

2. 数据库系统

数据库系统是实现有组织地、动态地存储大量关联数据,方便多用户访问的计算机软硬件和数据资源组成的系统,即它是采用数据库技术的计算机系统。数据库系统的组成部分包括计算机系统、数据库、数据库管理系统和有关人员。

(1)计算机系统。计算机系统是指用于数据库管理的计算机硬软件系统。数据库需要大容量的主存用以存放和运行操作系统、数据库管理系统程序、应用程序以及数据库、目录、系统缓冲区等,辅存方面则需要大容量的直接存取设备。此外,系统应具有较高的网络功能。

(2)数据库。数据库既有存放实际数据的物理数据库,也有存放数据逻辑结构的描述数据库。

（3）数据库管理系统。数据库管理系统是一组对数据库进行管理的软件，通常包括数据定义语言及其编译程序、数据操纵语言及其编译程序以及数据管理例行程序。

（4）人员。开发、管理和使用数据库系统的人员主要有：数据库管理员（DBA）、系统分析员和数据库设计人员、应用程序员和最终用户。不同的人员涉及不同的数据抽象级别，具有不同的数据视图，其各自的职责分别是：

● 数据库管理员。为了保证数据库的完整性、正确性和安全性，必须有人来对数据库进行有效的控制。行使这种控制权的人叫数据库管理员，他负责建立和维护模式，提供数据的保护措施和编写数据库文件。

● 系统分析员和数据库设计人员。系统分析员负责应用系统的需求分析和规范说明，要和用户及 DBA 相结合，确定系统的硬件软件配置，并参与数据库系统的概要设计。数据库设计人员负责数据库中数据的确定、数据库各级模式的设计。数据库设计人员必须参加用户需求调查和系统分析，然后进行数据库设计。在很多情况下，数据库设计人员就由数据库管理员担任。

● 应用程序员。负责编制和维护应用程序，如库存控制系统、工资核算系统等。

● 最终用户。最终用户通过应用程序的用户接口使用数据库。常用的接口方式有浏览器、菜单、表格操作、图形显示、报表书写等，给用户提供简明直观的数据表示。

3. 数据库管理系统

数据库管理系统是位于用户与操作系统之间的一层数据管理软件，它充当应用程序和物理数据文件的接口，为用户或应用程序提供访问数据库的方法，包括数据库的建立、查询、更新及各种数据控制等。例如，当应用程序需要一个数据项，DBMS 会在数据库中查找这一数据项，并把它提供给应用程序。

可以用图书管理来通俗地解释数据库管理系统。图书管理员在查找一本书时，首先要通过目录检索找到那本书的分类号和书号，然后在书库里找到那一类书的书架，并在那个书架上按书号的大小次序查找，这样很快就能找到借书人所需要的那本书。如果所有的书都不按规则，胡乱堆在各个书架上，那么借书的人就很难快速找到他们想要的书。数据库里的数据像图书馆里的图书一样，也要让人能够很方便地找到才行。人们将越来越多的资料存入计算机中，并通过一些编制好的计算机程序对这些资料进行管理，这些程序后来被称为"数据库管理系统"。它们可以管理输入到计算机中的大量数据，就像图书馆的管理员。

数据库管理系统由三个部分组成：数据定义语言、数据操纵语言和数据字典。

（1）数据定义语言是程序员用于确定数据库内容和结构的规范化语言。数据定义语言在数据被转换为应用程序所需要的格式前，定义了数据库中出现的每个数据元素。

（2）数据操纵语言。数据操纵语言结合一些传统的第三代或第四代程序语言去操纵数据库中的数据。它包含一些命令，允许终端用户和程序设计专家从数据库中获取数据来满足信息需求和开发应用系统，常用的如第四代程序设计语言：结构化查询语言

(SQL)。

(3)数据字典(DD)。数据字典中存放着对数据库体系结构的描述,是一种自动或人工文件。它存储数据元素的定义和数据特征,如数据元素的用法、所有权、授权和安全性。对于应用程序的操作,DBMS都要通过查阅数据字典进行。数据字典中还存放数据库运行时的统计信息,如记录个数、访问次数等。

数据库管理系统的功能包括如下几个方面:

(1)数据定义:DBMS提供数据定义语言(Data Definition Language,DDL),供用户定义数据库的三级模式结构、两级映像以及完整性约束和保密限制等约束。DDL主要用于建立、修改数据库的库结构。DDL所描述的库结构仅仅给出了数据库的框架,数据库的框架信息被存放在数据字典中。

(2)数据操作:DBMS提供数据操作语言(Data Manipulation Language,DML),供用户实现对数据的插入、删除、更新、查询等操作。

(3)数据库的运行管理:数据库的运行管理功能是DBMS的运行控制、管理功能,包括多用户环境下的并发控制、安全性检查和存取限制控制、完整性检查和执行、运行日志的组织管理、事务的管理和自动恢复,即保证事务的原子性。这些功能保证了数据库系统的正常运行。

(4)数据组织、存储与管理:DBMS要分类组织、存储和管理各种数据,包括数据字典、用户数据、存取路径等,需确定以何种文件结构和存取方式在存储器上组织这些数据,如何实现数据之间的联系。数据组织和存储的基本目标是提高存储空间利用率,选择合适的存取方法提高存取效率。

(5)数据库的保护:数据库中的数据是信息社会的战略资源,所以数据的保护至关重要。DBMS对数据库的保护通过4个方面来实现:数据库的恢复、并发控制、完整性控制和安全性控制。

● 数据库的恢复:在数据库破坏或数据不正确时,系统有能力把数据库恢复到正常状态。

● 数据库的并发控制:在多个用户同时对同一个数据进行操作时,系统应能加以控制,防止数据库被破坏,杜绝提供给用户不正确的数据。

● 数据库的完整性控制:系统保证数据库中的数据及语义的正确性和有效性,防止任何会对数据造成错误的操作。例如,预订同一班飞机的乘客不能超过飞机的定员数;订购货物中,库存量不能小于发货量。使用数据库管理系统提供的存取方法,设计一些完整性规则,对数据值之间的联系进行校验,可以保证数据库中数据的正确性。

● 数据库的安全性控制:系统能防止未经授权的用户存取数据库中的数据,以避免数据被泄露、更改或破坏。例如,在一个公民档案数据库中,只有被授权的访问者才可以读取数据,并进行修改,其他访问者的权限一般限于浏览特定的数据项,而不是全部数据。

(6)数据库的维护:这一部分包括数据库的数据载入、转换、转储、数据库的重组与重构以及性能监控等功能,这些功能分别由各个应用程序来完成。

(7)数据通信:DBMS 具有与操作系统的联机处理、分时系统及远程作业输入的相关接口,负责处理数据的传输。对网络环境下的数据库系统,还应该包括 DBMS 与网络中其他软件系统的通信功能以及数据库之间的互操作功能。

### (二)数据模型

数据模型是对客观事物及其联系的数据化描述。在数据库系统中,对现实世界中数据的抽象、描述以及处理等都是通过数据模型来实现的。数据模型是数据库系统设计中用于提供信息表示和操作手段的形式构架,是数据库系统实现的基础。目前,在实际数据库系统中支持的数据模型主要有三种:层次模型、网状模型和关系模型。

#### 1. 层次模型

层次模型是数据库系统中最早出现的数据模型,它用树形结构表示各类实体以及实体间的联系。层次模型数据库的典型代表是 IBM 公司的信息管理系统(Information Management System,IMS),这是一个曾经被广泛使用的数据库管理系统。如果用图来表示,层次模型是一棵倒立的树。这种树具有如下特征:

(1)树的最高位结点只有一个,称为根;

(2)根以外的其他结点只有一个父结点与它相连,同时还可能有一个或多个子结点与它相连;

(3)没有子结点的结点称为叶,它处于树的末端。

在现实世界中,许多实体之间本身就存在着一种自然的层次关系,如家族关系、行政关系等,图 2—11 表示某学院行政机构的层次模型。

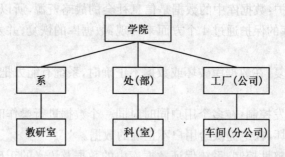

**图 2—11 某学院行政机构层次模型**

用层次模型来表示"1:1"和"1:m"的关系是简单清晰的。但是,想要用层次模型来表示"m:n"关系就比较复杂,首先必须设法将这种关系分解为"1:m"的关系,然后用层次模型来表示。

#### 2. 网状模型

网状模型是用网络来表示实体之间联系的模型。它与树型结构相比,具有如下特征:

(1)可以有一个以上的结点无父结点;

（2）至少有一个结点有多于一个的父结点。

显然，层次模型是网状模型的特殊形式，网状模型是层次模型的一般结构。图2—12表示网状模型的一般形式。

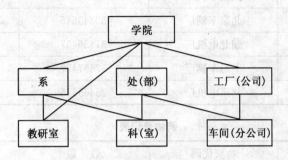

**图 2—12 网状模型的表示形式**

网状模型与层次模型的不同之处主要表现在：在层次模型中，从子结点到父结点的联系是唯一的；而在网状模型中，从子结点到父结点的联系不是唯一的。相对于描述"1：1"和"1：m"关系的层次模型，网状模型则能够描述"m：n"关系。网状模型的典型代表是CODASYL委员会下属的DBTG小组发表的DBTG报告。它于1968年提出，后经多次修改完善。在这个报告的指导下，很多计算机公司推出了基于网状模型的数据库管理系统。

3. 关系模型

关系模型是目前使用最广泛的一种模型。一般来说，用二维表格数据的形式来表示实体与实体之间联系的模型称为关系模型。它与人们日常生活中所接触到的表格是类似的。例如，在物资销售中常用到如表2—2、表2—3、表2—4所示的登记表。从表2—4可以看出，它解决了"用户"和"物资"之间"m：n"的关系。通过这个表，可以查出哪家单位购买了何种物资，何种物资被哪些单位购买。如果要想进一步了解某物资或某单位的详细资料，可以到表2—2和表2—3中去查找。

表 2—2　　　　　　　　　　　　　　　　物资登记表

| 物资代码 | 型　号 | 货　位 |
|---|---|---|
| A001 | ½5 | 02011209 |
| A002 | ½10 | 02011210 |
| B001 | @02 | 03011209 |
| B002 | @03 | 03011210 |
| D001 | ♯10 | 04011201 |

表 2—3 用户单位登记表

| 用户代码 | 名 称 | 电 话 | 联系人 |
|---|---|---|---|
| 00001 | 武汉车辆厂 | 36546664 | Hu |
| 00002 | 北京车辆厂 | 32343645 | Liu |
| 00003 | 湖北电机厂 | 31436457 | Xiong |
| 00004 | 上海车辆厂 | 57457457 | Zhang |
| 00005 | 北京电机厂 | 25465675 | Wang |

表 2—4 购物登记表

| 用户代码 | 物资代码 | 数 量 | 计量单位 |
|---|---|---|---|
| 00001 | A001 | 90 | T |
| 00001 | A002 | 80 | M |
| 00001 | B002 | 100 | Kg |
| 00002 | A001 | 65 | T |
| 00002 | B001 | 60 | M |
| 00003 | A002 | 55 | Kg |
| 00004 | A001 | 90 | T |
| 00005 | D001 | 120 | T |

值得注意的是,在层次模型和网状模型中,文件中存放的是实体数据,各个数据之间是通过指针来连接的,而在关系模型中,文件中存放有两类数据:一是实体本身的数据,二是实体间联系的数据。

关系模型把数据看成是二维表中的元素,一个表是一个关系,表中的每一行称为一个元组,它相当于一个记录值,表中的每一列是一个属性值集,属性的取值范围称为域,属性相当于数据项或字段。关系具有如下性质:

(1)关系中的每一列属性都是不能再分的;

(2)一个关系中的各列都被指定了相异的名字;

(3)各行相异,不允许重复;

(4)行、列的次序均无关;

(5)每个关系都有唯一一个标识各元组的主关键字,它可以是一个属性或属性的组合。

关系模型是三种数据模型中最重要的模型。20 世纪 80 年代以来,计算机系统商推出的数据库管理系统几乎全部是支持关系模型的。

关系模型是建立在数学概念的基础上的应用关系代数和关系演算等数学理论处理数据库系统的方法。应用这类方法进行数据处理,最早是从 1962 年 CODSYL 发表的"信息代数"开始的,其后,1968 年大卫·蔡尔德(David Child)在 7090 机上实现了"集合论的数据结构"(Set-theoretic Data Structure),但系统而严格地提出关系模型的是美国 IBM 公司的科德(E. F. Codd)。他从 1970 年起连续发表了多篇论文,奠定了关系数据库的理论基础。从用户的观点来看,在关系模型下,数据的逻辑结构是一张二维表。每一个关系为一张二维表,相当于一个文件。实体间的联系均通过关系进行描述。

关系模型中,用户对数据的检索和操作实际上是从原二维表中得到一个子集,该子集仍是一个二维表,因而易于理解,操作直接、方便,而且由于关系模型把存取路径向用户隐藏起来,用户只需指出"做什么",而不必关心"怎么做",从而大大提高了数据的独立性。

由于关系模型概念简单、清晰、易懂、易用,并有严密的数学基础以及在此基础上发展起来的关系数据理论,简化了程序开发及数据库建立的工作量,因而迅速获得了广泛的应用,并在数据库系统中占据了统治地位。

**(三)数据库设计**

数据库是信息系统的核心部分,数据库的设计在管理信息系统的开发中占有重要的地位。数据库设计的质量将影响信息系统的运行效率及用户对数据使用的满意度。创建数据库必须履行两种设计原则:概念设计和实体设计。概念设计是按企业观点来建立数据库中的抽象模型,实体设计则表示数据库是如何实际安装在直接存储设备中的。

数据库设计包含两方面的内容:一是数据模型与数据库结构的设计,二是应用程序的设计。在数据模型与数据库结构设计时,要汇总各用户的要求,尽量减少冗余,实现数据共享,设计出满足各用户的统一的数据模型。它可以分为需求分析、逻辑设计、物理设计、应用程序设计及测试、性能测试及企业确认、装配数据库等几个步骤。其中,需求分析部分是在对被设计对象进行调查研究的基础上提出的对系统的描述形式,它不依赖于任何形式的数据库管理系统。逻辑设计与物理设计部分是在需求分析的基础上,将系统描述形式转换成与选用的数据库管理系统相适应的数据模型。

数据库设计的步骤及过程将在第六章进行详细讲解。

# 第三节　计算机网络

计算机网络是管理信息系统运行的基础。由于一个企业或组织中的信息处理都是分布式的,把分布式信息按其本来面目由分布在不同位置的计算机进行处理,并通过通信网络把分布式信息集成起来,是管理信息系统的主要运行方式,因而,计算机网络是管理信息系统的基本技术。

## 一、计算机网络的概念与分类

### (一)计算机网络的概念及组成

计算机网络是用通信介质把分布在不同地理位置的计算机和其他网络设备连接起来,实现信息互通和资源共享的系统。计算机网络从逻辑功能上可分为两部分:通信子网和用户资源子网。前者负责数据通信,后者负责数据处理,两者之间通过网络协议进行有机结合,完成所承担的功能。计算机网络的一般组成结构形式如图 2—13 所示。

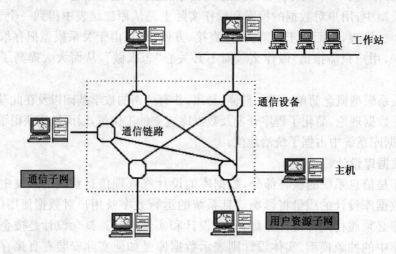

图 2—13　计算机网络的组成

通信子网是计算机网络的内层,它由通信结点和通信链路组成。通信结点通常是一台专用通信处理机,它的作用包括如下三个方面:

(1)作为用户资源子网的接口,负责收发本地计算机或终端用户的信息。

(2)转发其他结点或网络的信息。

(3)对网络信息流进行控制,避免出现网络拥挤现象。

通信链路是通信结点之间的通信通道,它通常是双绞线、同轴电缆、光缆等。

用户资源子网负责网络的数据处理工作,它通常包括主计算机、终端控制器、终端以及其他资源。主计算机存有大量数据处理资源和数据存储资源,供网络用户访问。终端控制器负责对多个终端实施控制,包括链路的管理和信息的装拆。终端是用户进入网络的设备,如键盘、CRT 显示器、电传打字机等。

### (二)计算机网络的分类

1. 根据网络规模和覆盖范围进行分类,可以把网络分为局域网、城域网和广域网

(1)局域网(Local Area Network,LAN)。局域网是指用高速通信线路将某建筑区域内或单位内的计算机连接在一起的专用网络,其作用范围一般只有几公里,工作速率大于

10Mbit/s,甚至可以达到 1Gbit/s。

LAN 可以使用各种通信介质,如传统的电话线、同轴电缆甚至无线系统来连接计算机工作站和计算机外围设备。大多数 LAN 使用一台带有大容量硬盘的高性能微机作为文件服务器,服务器上安装控制通信及网络资源使用的网络操作系统。LAN 的小范围分布和高速传输,使它很适合于一个部门内部的数据管理。如今,LAN 已经变成组织内办公室、部门及其群体提供网络通信能力的共享系统。

(2)城域网(Metropolitan Area Network,MAN)。城域网出现于 20 世纪 90 年代初。城域网可以认为是一种大型的 LAN,其作用范围在 100km 左右,能覆盖一个城市,其主干网的工作速率可达数百 Mbit/s。可将政府部门、事业单位、社会服务机构以及大型企业等重要机构进行联网,实现数字、声音、图像、视频和动画的信息交换。但城域网不同于局域网,它的服务范围不同:城域网作用于整个城市,在其建设过程中更多地集中在对通信子网的建设中,是本市用户连接世界的桥梁;而局域网则是服务于某个部门,其建设通常包括资源子网和通信子网两个部分。

(3)广域网(Wide Area Network,WAN)。广域网又称为远程网,它的作用范围通常是几十到几千公里,其工作速率可从 1.2Kbit/s 到上百个 Mbit/s。WAN 通信网络覆盖的范围相当广,如一个省、一个国家乃至全球。这种网络可称为信息载体,是政府部门以及终端用户日常生活、活动所必不可少的工具。因此,WAN 被制造业、银行、商业、运输业及政府部门用于传送和接收其雇员、顾客、供应商及其他组织、企业的信息。例如,中国教育科研网就是广域网。广域网的典型代表是 Internet,它是通过 TCP/IP 协议把不同国家和部门机构的内部网络连接起来的庞大的计算机网络。Internet 不仅把全球成千上万个组织和网络连接起来,而且还拥有极其丰富的信息资源,能提供多样化的、多领域的和多种形式的信息服务。

2. 按网络的应用范围进行分类,可以把网络分为公用网和专用网

(1)公用网。公用网是由政府出资建设、由电信部门统一管理和控制的网络。网络中的传输和交换装置可以租给任何部门使用,部门的局域网就可以通过公用网络连接到广域网上,实现信息的扩展。公用网又分为公用电话网(PSTN)、公用数据网(PDN)、数字数据网(DDN)和综合业务数据网(ISDN)等类型。公用网常采用分级结构,在首都、省会、各市和县分别成立交换中心,形成树形结构。

(2)专用网。专用网由一个单位或一个部门承建,属于该单位或部门,没有被授权的单位或部门无法使用。专用网也可以租用公用网的传输线路,其建设费用往往很高。我国的金融、军队和石油等部门均建立了自己的专用网。

3. 按网络传输介质进行分类,可以把网络分为有线网和无线网

有线网是通过电缆或光缆将主机连接在一起的,无线网是通过自然空间的电磁波连接在一起的。例如,在一个展览厅或交易厅里可用蜂窝式无线电话组成一个计算机网络,在 200~300m 的范围内传输速率在 1M~2Mbit/s;在轮船或火车上可使用便携式计算机

通过蜂窝式无线电话与 Internet 通信；另外，通过卫星和地面站也可组成无限广域网。

## 二、计算机网络的拓扑结构及网络介质、网络互联设备

### (一)计算机网络的拓扑结构

拓扑学是几何学的一个重要分支，它将实体抽象成为与其形状、大小无关的点，将物体之间的连接线路抽象成与距离无关的线，进而研究点、线、面之间的关系。连接在网络上的计算机、大容量磁盘、高速打印机等部件，均可看作网络上的一个节点。所谓网络拓扑结构，是指网络的链路和节点在地理上所形成的几何结构。局域网的拓扑结构主要有总线型、星型和环型等，图2—14显示了计算机网络的拓扑结构。

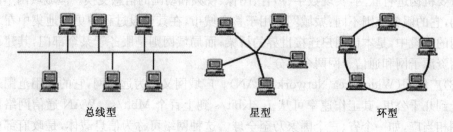

图2—14　网络拓扑结构图

1. 总线型

在总线型拓扑结构中，所有的工作站都连接在一条总线上，通过这条总线实现通信。总线结构是目前局域网采用最多的一种拓扑结构。在总线结构中，所有网上设备都通过相应的硬件接口直接连在总线上，任何一个节点的信息都可以沿着总线向两个方向传输扩散，并且能被总线上的任何一个节点所接收，整个网络上的通信处理分布在多个节点上，减轻了网络管理控制的负担。

其优点是：结构简单，非常便于扩充，设备量少，价格相对较低，安装使用方便。

其缺点是：一旦总线的某一点出现接触不良或断开，整个网络将陷于瘫痪，故障也难以定位和监控，实际安装时要特别处理好总线的各个接头。

2. 星型

星型结构布局是将所有的工作站都直接连接到一个中央节点上，当一个工作站要传输数据到另一个工作站时，都需要通过中央节点，它负责管理和控制所有的通信。中央节点执行集中式通信控制策略，相邻节点通信也要通过中央节点。星型结构是目前小型局域网中使用较为普遍的一种拓扑结构。基于交换机的网络普遍采用星型结构，以程控交换机为中央节点，其他交换机通过程控交换机进行通信。

其优点是：结构简单，系统稳定性好，增加新的工作站时成本低，一个工作站出现故障不会影响到其他工作站的正常工作，故障率低，易于管理。

其缺点是:中央节点不能出故障,必须具有较高的可靠性,一旦中央节点出现故障,整个网络就会瘫痪。

3. 环型

环型拓扑结构中每个节点连接形成一个闭合回路,数据可以沿环路单向传输,也可以设置两个环路实现双向通信。环型网也是局域网常用的拓扑结构之一,适合于信息处理系统和工厂自动化系统。

其优点是:信息在网络中沿固定方向流动,两个节点间有唯一的通路,大大简化了路径选择的控制,当某个节点出现故障时,可以自动旁路,可靠性高,时间固定,实时性强。

其缺点是:由于信息是串行穿过多个节点环路接口,当节点过多时影响传输效率,使网络响应时间变长。由于整个网络构成闭合环,故网络扩充起来不太方便。网络中一旦某个节点发生故障,可能导致整个网络停止工作。

**(二)网络的传输介质和互联设备**

1. 数据通信基础

数据通信是指通过数据通信系统,将数据以某种信号方式从一处安全、可靠地传输到另一处。数据通信包括数据传输和数据在传输前后的处理。

(1)数据。数据被定义为有意义的实体,有模拟数据和数字数据两种形式。模拟数据是指在某个区间产生的连续值,如声音和视频图像、温度和血压等都是连续变化的值;数字数据是指在某个区间产生的离散值,如文本信息和整数数列等。

(2)信号。信号是数据的表示形式,或称数据的电磁或电子编码。它使数据能以适当的形式在介质上传输。信号也有模拟信号和数字信号两种基本形式。模拟信号是一种连续变化的电信号,可以按照不同频率在不同介质上传输。数字信号是一种离散的脉冲序列,如计算机的输出、数字仪表的测量结果等。它用恒定的正负电压表示二进制的 1 和 0。这种脉冲序列可以按照不同的速率在有线介质上传输。

(3)传输。数据传输是指用电信号把数据从发送端传送到接收端的过程。一般来说,模拟数据是时间的连续函数,并且占有一定的频谱范围,典型的例子是模拟电话传输系统。数字数据也可以用模拟数据来表示,以便在模拟信道上进行传输。这要使用调制解调器,把数字数据调制成与模拟信道特性相匹配的模拟信号进行传输。调制解调器的作用是通过一个载波频率把二进制的电压脉冲序列调制转换成模拟信号,使这些数据能够适合在音频电话线路上传输。在线路的另一端,再由调制解调器把模拟信号解调还原成原来的数据。数字数据也可以直接表示成数字信号进行传输。

传输信道给数据信号传输提供了通路,又会引入噪声和干扰,使信号发生畸变,可能造成数据传输的差错。通常在传输一定距离之后,模拟信号都会衰减和畸变。为了实现长距离的传输,在模拟传输系统中使用放大器来增强信号的能量,但这同时也放大了信号中的噪声,其结果会导致信号发生畸变,严重时会导致传输错误。

为了延长传输距离,数字传输系统使用中继器来克服衰减和畸变。中继器将接收到的数字信号经过整形恢复后,再将信号以新的面目发送出去,从而克服了信号的畸变和衰减。

在局域网中,主要使用数字传输技术。在广域网中,过去以模拟传输为主。随着光纤通信技术的发展,广域网中越来越多地采用数字传输技术,它在传输质量和成本上都优于模拟传输。

(4)节点。节点(Node)可以分为两类,即转接节点和访问节点。转接节点的作用是支持网络的连接性能,它通过所连接的链路来转接信息。这类节点有集中器、多路转接器等。访问节点除了具有连接的链路以外,还包括计算机和终端设备。它可起到信源(发信点)和信宿(收信点)的作用。访问节点也称为端点(End Point)。

(5)终端。终端设备是用户进行网络操作时所使用的设备,它的种类很多,但根据其不同的用途和结构,大体上可以分成简易终端、智能终端和虚拟终端三类。

(6)主机。主机(Host,是指主计算机系统)在计算机网络中负责数据处理和网络控制,同时还要执行网络协议,和其他模块中的主机连接成网后构成网络中的主要资源。在硬件方面,主机要有足够的存储容量和处理速度,具有齐全的外部设备,特别是文件的外存储设备;在软件方面要求提供支持网络的操作系统,并有丰富的语言处理软件。

2. 网络传输介质

传输介质是网络中连接收发双方的物理通道,也是通信中实际传送信息的载体。网络中常用的传输介质有如下几种:

(1)双绞线。双绞线是最传统、应用最普遍的传输介质,如电话线。它由按规则螺旋结构排列的两根、四根或八根绝缘导线组成。一对线可以作为一条通信线路,各个线对螺旋排列的目的是为了使各对线之间的电磁干扰最小。局域网中所使用的双绞线分为两类:屏蔽双绞线(STP)和非屏蔽双绞线(UTP),可用于点对点连接,也可用于多点连接。双绞线用作远程中继线时,最大距离可达 15km;用于传输速率为 10Mbit/s 的局域网时,与集线器的最大距离为 100m。

双绞线的线路损失大,传输速率低,并且抗干扰能力较弱,但由于其价格便宜、易于安装以实现结构化布线,传输数字信号的距离可达几百米,因此在局域网中应用很普遍。双绞线的抗干扰性取决于一束线中相邻线对的扭曲长度及适当的屏蔽。

(2)同轴电缆。同轴电缆由内外两条导线组成,内导线是单股粗铜线或多股细铜线,外导线是一根网状空心圆柱导体,内外导线之间隔有一层绝缘材料,最外层是保护性塑料外皮。同轴介质的特性参数由内、外导体及绝缘层的电参数与机械尺寸决定。同轴电缆可以在较宽的频率范围内工作,抗干扰能力强,传输距离可达几公里,在早期计算机网络中被广泛采用。

(3)光纤。光纤电缆简称为光缆,是网络传输介质中性能最好、应用前途最广泛的一种。光纤是一种直径为 $50 \sim 100 \mu m$ 的柔软、能传导光波的介质,其中使用超高纯度石英玻璃纤维制作的光纤可以得到最低的传输损耗。在折射率较高的单根光纤外面,用折射率较低的包层包裹起来,就可以构成一条光纤通道;多条光纤组成一束,就构成一条光缆。其基本工作原理是:在发送端通过发光二极管,将电脉冲信号转换成光脉冲信号,在光纤中以全反射的方式传输,在接收端通过光电二极管将光脉冲信号转换还原成电脉冲信号。

由于光波的频率范围很广,所以光纤具有很宽的频带;光波在光纤中的传输几乎无损耗,可以在 6~8km 的距离内在不使用中继器的情况下实现高速率的数据传输。此外,由于是非电磁传输,无辐射,因此光纤的抗干扰能力很强,保密性好,误码率低。但光纤传输系统价格较贵,一般用作网络通信的主干线。

(4)无线传输。前面所讲述的三种介质都属于有线传输,但有线传输并不是在任何时候都能实现的。例如,通信线路要通过一些高山、岛屿,或者当公司临时在一个场地做宣传而需要联网时,这样就很难施工。即使是在城市中,挖开马路敷设电缆也不是一件容易的事。当通信距离很远时,敷设电缆既昂贵又费时。而且,我们的社会正处于一个信息时代,人们无论何时何地都需要及时的信息,这就不可避免地要用到无线传输。

可以在自由空间利用电磁波发送和接收信号进行通信就是无线传输。地球上的大气层为大部分无线传输提供了物理通道,这就是常说的无线传输介质。无线传输所使用的频段很广,人们现在已经利用了好几个波段进行通信。紫外线和更高的波段目前还不能用于通信。目前使用的无线通信的方法主要包括无线电短波、微波和卫星通信。

利用无线电短波电台进行数据通信是可行的。一般来说,短波的信号频率低于100MHz,它主要靠电离层的反射来实现通信,而电离层的不稳定所产生的衰落现象和电离层反射所产生的多径效应使得短波信道的通信质量较差。因此,当必须使用短波无线电台传输数据时,一般都是低速传输,速率为一个模拟话路每秒传几十至几百个比特。只有采用复杂的调制解调技术后,才能使数据的传输速率达到每秒几千比特。

微波通信在数据通信中占有重要地位。微波的频率范围为 300MHz~300GHz,但主要是使用 2~40GHz 的频率范围。由于微波在空间主要是直线传播,且穿透电离层而进入宇宙空间,因此它不像短波那样可以经电离层反射传播到地面上很远的地方。这样,微波通信就有两种主要的方式:地面微波接力通信和卫星通信。

由于微波在空间是直线传输,而地球表面是个曲面,因此其传输距离受到限制,一般只有 50km 左右。但若采用 100m 的天线塔,则距离可增大至 100km。为了实现远距离通信,必须在一条无线电通信信道的两个终端之间建立若干中继站。中继站把前一站送来的信号经过放大后再送到下一站,故称为“接力”。

微波接力通信可传输电话、电报、图像、数据等信息,其主要特点是:

● 微波波段频率很高,其频段范围也很宽,因此其通信信道的容量很大;

● 因为工业干扰和天气干扰的主要频谱成分比微波频率低得多,对微波通信的危害比对短波通信的危害小得多,因而微波传输质量较高;

● 微波接力信道能够通过有线线路难以通过或不易架设的地区(如高山、水面等),故有较大的灵活性,抗自然灾害的能力也较强,因而可靠性较高;

- 相邻站之间必须直视,不能有障碍物;
- 隐蔽性和保密性较差。

卫星通信是在地球站之间利用位于36 000km 高空的人造同步地球卫星作为中继器的一种微波接力通信。通信卫星发出的电磁波覆盖范围广,跨度可达18 000km,覆盖了地球表面三分之一的面积,三个这样的通信卫星就可以覆盖地球上的全部通信区域,这样地球各地面站之间就可以任意通信。

在卫星上可以安装多个转发装置,它以一种频率范围接收地面发来的信号,以另一种频率范围向地面站发出,其数据传输率约为 50Mbps。国际上常用的频段为 6/4GHz,也就是分别用(3.7~4.2)GHz 和(5.925~6.425)GHz 作为远程通信卫星向地面发送(下行)和地面站向上发送(上行)的频段,其频宽都是 500MHz。由于这个频段已非常拥挤,因此现在也使用频率更高些的 14/12GHz 频段。每一路卫星信道的容量约等于 10 万条话频线路,可以将它看成大容量的电缆,且和发送站与接收站之间的距离无关。由于通信卫星是在太空的无人值守的微波通信中继站,因而其主要特点与地面微波通信类似,但有较大的传播延迟。

此外,也可使用红外线、毫米波或光波进行通信,但它们频率太高,波长太短,不能穿透固体物体,且很大程度上受天气的影响,因而只能在室内和近距离使用。

3. 网络互联设备

网络互联的目的是使一个网络上的某一主机能够与另一网络上的主机进行通信,即使一个网络上的用户能访问其他网络上的资源,实现相互通信和交换信息。下面着重介绍管理信息系统建设中经常涉及的一些网络互联设备。

(1)中继器(Repeater)。中继器是计算机网络中最简单的设备,可以使相互联接的两个局域网间进行双向通信,扩展了网络电缆的长度。它的作用是清除噪声,放大整型信号,增加网段以延长网络距离。例如,总线型拓扑结构的局域网经常用中继器延长网段。

(2)集线器(Hub)。集线器相当于一个多口的中继器。它可以将局域网中的多台设备连接起来。

(3)网桥(Bridge)。网桥用于连接不同网络拓扑结构的网段。它可以进行协议转换,隔离网段,减少网络信息堵塞,使互联起来的局域网变成单一的逻辑网络,并具有自选路径的能力。

(4)路由器(Router)。路由器是比网桥更复杂的端口设备。它用于拓扑结构较复杂的网络互联。由于路由器工作在网络层,所以原则上它只能连接相同协议的网络,或者能在网络层互操作的网络。它对异构网的互联能力较强,既可用于广域网互联,也可用于局域网互联。路由器工作在网络层,它根据路由表传送信息。

(5)网关(Gateway)。网关又称为协议转换器,是最复杂的网络互联设备,用于在不兼容的协议之间进行信息转换。和路由器一样,网关既可用于广域网互联,也可用于局域网互联。但网关一般难以安装和维护,只有在没有其他选择时(处理根本不兼容的协议)

才选用。一般用一台高档微机作为网关。比较典型的是用于银行专用网和 Internet 之间的支付网关。

### 三、计算机网络环境中的信息系统模式

#### (一)单机结构模式

早期开发的事务处理系统一般采用单机结构模式。这种模式下,系统内的多台计算机各自运行自己的信息系统和数据,独立使用。计算机之间不能进行通信和资源共享,效率低,实时性差,系统靠磁盘备份完成不同机器之间的数据传输。但是,单机系统具有很好的安全性和易操作性。

由于组织的各个部门拥有各自的单机信息处理系统,而没有联合构成一个统一的信息系统,这就形成了一个个的"信息孤岛"。组织各部门不能利用计算机来进行协调与合作,因此这种模式已经被淘汰。

#### (二)主机/终端模式

主机/终端模式是由一台"好机器"担任主机,下挂若干台字符终端,各终端共享主机的内存、外存、CPU、输入输出设备等。主机对各终端用户传来的数据进行分时处理,使每个终端用户感觉像拥有一台自己的大型计算机一样。这种模式的结构如图 2-15 所示。

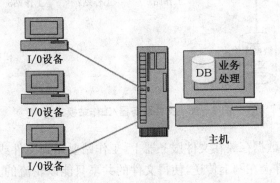

**图 2-15 主机/终端模式**

这种模式由于将数据集中起来进行处理,提高了信息处理的效率,易于管理控制,也能够保证数据的安全性和一致性。但程序运行和文件存取都在主机上,用户完全依赖于主机,一旦主机出现故障,就会使所有用户受到影响。所以,系统的性能主要取决于主机的性能和通信设备的速度。一般采用大型机或高档配置的计算机作为主机。

这种模式当终端过多时,速度明显下降,可靠性不高,不便于用户的灵活应用,并且由于硬件选择有限、硬件投资得不到保证而面临被逐渐淘汰。但另一方面,这种模式在业务处理比较单一、需多点实时处理数据、输入输出操作简单且无须在本地保存数据、每个点

的数据处理量较小的应用领域,如订票系统、银行储蓄系统、出纳系统、登记查询系统等,依然有其特殊的应用价值。组织中具有以上特点的某些部门,如柜台、查询台、仓库等可考虑部分地采用这种模式。

### (三)文件服务器/工作站模式

20 世纪 60～80 年代,网络应用主要是集中式的,采用主机/终端模式,数据处理和数据库应用全部集中在主机上,终端没有处理能力,这样,当终端用户增多时,主机负担过重,处理性能显著下降,造成"主机瓶颈"。80 年代以后,文件服务器/工作站模式(W/S)的微机网络开始流行起来,这种结构把 DBMS 安装在文件服务器上,而数据处理和应用程序分布在工作站上,文件服务器仅提供对数据的共享访问和文件管理,没有协同处理能力。每一台工作站具有独立运算处理数据的能力,工作站间的文件传输、文件读取、消息传送等都需要通过服务器。这是典型的集中管理、分散处理的方式。图 2—16 是文件服务器/工作站模式的结构示意图。

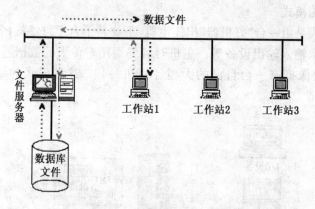

**图 2—16 文件服务器/工作站模式**

由于应用程序和数据存放在文件服务器上,工作站要用到文件或数据时需从服务器调用,因此大量的文件会在网上传送,使得文件的共享只能以轮流的方式来实现,多个用户间不能对相同数据做出同步更新,局域网负担过重,容易造成网络堵塞,从而限制了该模式的发展和应用。这种模式只适合于小规模的局域网,对于客户多、数据量大的情况会产生网络瓶颈。

### (四)客户机/服务器模式

随着计算机微型化的进一步发展,企业开始在整个组织中分布小型机和微型机,分布式处理逐渐取代分时处理而成为主流方式。20 世纪 80 年代末以来,客户机/服务器模式(Client/Server,C/S)为最流行的网络系统模式。客户机是利用微型计算机访问网络的用户,服务器是可以提供网络控制功能的任何规模的计算机。

这种模式与文件服务器/工作站模式的主要区别在于,对数据的处理分前台和后台,客户机运行应用程序,完成屏幕交互和输入输出等前台任务,服务器则运行 DBMS,完成大量的数据处理及存储管理等后台任务。图 2—17 是客户机/服务器模式的结构示意图。

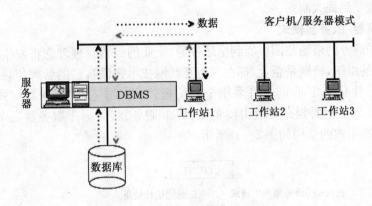

**图 2—17　客户机/服务器模式**

在这种模式下,客户机执行本地前端应用,而将数据库的操作交由服务器负责。客户机的运行过程是:客户机将请求传送给服务器,服务器回送处理结果,客户机据此进行分析,然后送给用户。数据库服务器是配有大容量磁盘的计算机,它保存着整个网络系统的公共的数据资源及其应用程序,让用户共享。网络上的用户不仅只是共享打印机、硬盘或数据文件,而且共享数据处理。由于后台处理的数据不需要在前台之间频繁传输,从而有效解决了文件服务器/工作站模式下的"传输瓶颈"问题,以合理均衡的事务处理,保证数据的完整性和一致性。

目前,基于 C/S 模式构建的企业信息系统结构也表现出越来越明显的局限性,暴露出了很多"胖客户机"带来的问题:

(1)管理较为困难。因为 C/S 模式属分布式方法,因此管理比集中式方法复杂。由于人员素质等各方面的原因,也容易造成这种内部网的"失效"现象。如果用户的计算机知识缺乏,网管人员将会把大量时间消耗在维修客户端硬件设备和客户端软件的安装上。

(2)开发和维护复杂。由于这种 C/S 模式采取开放式设计,允许运用不同厂商的技术,因此开发环境比集中式要困难得多。而且每个客户机都安装了相应的应用程序,所以维护复杂。

(3)维护成本高。由于这种 C/S 计算机模式下的网络设备需要不断升级,企业的客户端设备为了能够运行更新的软件,也不得不随之进行升级,使得企业的网络投资年复一年地不断扩大。

(4)网络安全性较差。这种模式下的 PC 有着强大的本地处理能力和高度的灵活性,因此客户端操作人员在一些无意识(或恶意)的操作下,都有可能将病毒从外部带入企业网,为企业带来巨大的损失。另一方面,企业的部分资料和数据也可能由于 PC 的存储能力而被人恶意盗用,造成企业不必要的损失。

另外,这种模式下的网络优势局限于企业内部,难以突破企业之间的组织边界,企业间的信息交流受到很大制约。

**(五)浏览器/服务器模式**

随着电子商务的市场范围扩展到全球各地,企业的经营管理理念将发生根本性的变化,越来越多的组织,特别是企业,都在利用互联网技术建设自己的管理信息系统。全球化、协作化、个性化决定了企业将采用全新的模式——浏览器/服务器模式(Browser/WebServer,B/S)。这种模式一般由浏览器、Web 服务器、数据库服务器三个层次组成,浏览器/服务器模式的结构如图 2-18 所示。

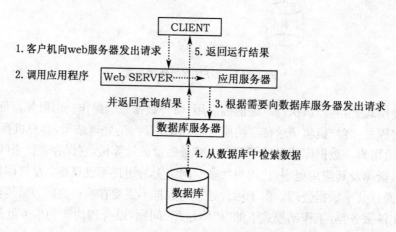

**图 2-18　浏览器/服务器模式**

这种模式下,客户端(Client)利用浏览器通过 Web 服务器去访问数据库以获取必要的信息。而 Web 服务器在线接受远程或本地的 HTTP 查询请求,根据查询的条件到数据库服务器获取相关数据,再将结果翻译成 HTML 和各种页面描述语言,传送到提出查询请求的浏览器。同样,浏览器也会将更改、删除、新增数据记录的请求申请至 Web 服务器,由后者与数据库联系完成这些工作。

这种方式下,Web 服务器既是浏览服务器,又是应用服务器,可以运行大量的应用程序,从而使客户端变得很简单。与 C/S 模式的应用体系结构相比,B/S 模式的应用体系结构具有更简单、成本更低、能提供更多信息等诸多优势。在具体使用中,前端用户只需通过任何标准的桌面浏览器,就可根据权限访问企业关键应用,完成包括报价、订单、支付、执行、服务等在内的企业业务过程的所有环节。而且,从建设投资方面看,采用 B/S模式的应用体系结构,企业还能在开展电子商务的同时有效削减 IT 基础设施的成本。

在 B/S 模式中,数据中心是企业生存和发展的最大核心因素,网络数据的重要性远远高于网络硬件产品本身,企业将从关注网络硬件组成向关注网络数据分布发展;可靠性、安全性、可管理性将在网络数据平台中占据重要的地位。如何保证信息系统和数据安全成为采用 B/S 模式开发信息系统需要解决的重大问题。

**(六)C/S 与 B/S 的混合模式**

C/S 模式主要由客户应用程序(Client)、服务器管理程序(Server)和中间件(Middleware)三个部件组成。客户应用程序是系统中用户与数据进行交互的部件。服务器程序负责有效地管理系统资源,如管理一个信息数据库,其主要工作是当多个客户并发地请求服务器上的相同资源时,对这些资源进行最优化管理。中间件负责联结客户应用程序与服务器管理程序,协同完成一个作业,以满足用户查询管理数据的要求。

B/S 模式是一种以 Web 技术为基础的新型的管理信息系统平台模式。把传统 C/S 模式中的服务器部分分解为一个数据库服务器与一个或多个应用服务器(Web 服务器),从而构成一个三层的结构体系:

第一层客户机是用户与整个系统的接口。客户的应用程序精简到一个通用的浏览器软件,如 Netscape Navigator、微软公司的 IE 等,浏览器将 HTML 代码转化成图文并茂的网页,网页还具备一定的交互功能,允许用户在网页提供的申请表上输入信息并提交给后台,提出处理请求,这个后台就是第二层的 Web 服务器。

第二层 Web 服务器将启动相应的进程来响应这一请求,并动态生成一串 HTML 代码,其中嵌入处理的结果,返回给客户机的浏览器。如果客户机提交的请求包括数据的存取,Web 服务器还需与数据库服务器协同完成这一处理工作。

第三层数据库服务器的任务类似于 C/S 模式,负责协调不同的 Web 服务器发出的请求,管理数据库。

B/S 模式的优势在于以下几个方面:

首先,它简化了客户端。它无须像 C/S 模式那样在不同的客户机上安装不同的客户应用程序,而只需安装通用的浏览器软件。这样不但可以节省客户机的硬盘空间与内存,而且使安装过程更加简便、网络结构更加灵活。假设一个企业的决策层要开一个讨论库存问题的会议,他们只需从会议室的计算机上直接通过浏览器查询数据,然后显示给大家看就可以了。甚至与会者还可以把笔记本电脑与会议室的网络插口相连,自己来查询相关的数据。

其次,它简化了系统的开发和维护。系统的开发者无须再为不同级别的用户设计开发不同的客户应用程序了,只需把所有的功能都实现在 Web 服务器上,并就不同的功能为各个组别的用户设置权限就可以了。各个用户通过 HTTP 请求在权限范围内调用 Web 服务器上不同的处理程序,从而完成对数据的查询或修改。现代企业面临着日新月异的竞争环境,对企业内部运作机制的更新与调整也变得逐渐频繁。相对于 C/S,B/S 的维护具有更大的灵活性。当形势变化时,它无须再为每一个现有的客户应用程序升级,而只需对 Web 服务器上的服务处理程序进行修订。这样不但可以提高公司的运作效率,还省去了维护和协调工作的不少麻烦。如果一家公司有上千台客户机,并且分布在不同的地点,那么便于维护将会显得更加重要。

再次,它使用户的操作变得更简单。对于 C/S 模式,客户应用程序有自己特定的规格,使用者需要接受专门培训。而采用 B/S 模式时,客户端只是一个简单易用的浏览器软件。无论是决策层还是操作层的人员都无须培训就可以直接使用。B/S 模式的这种特性,还使得管理信息系统维护的限制因素更少。

最后,B/S 特别适用于网上信息发布,使得传统的管理信息系统的功能有所扩展,这是 C/S 无法实现的,而这种新增的网上信息发布功能恰恰是现代企业所需的。这使得企业的大部分书面文件可以被电子文件取代,从而提高了企业的工作效率,使企业行政手续简化,节省人力和物力。

鉴于 B/S 相对于 C/S 的先进性,B/S 逐渐成为一种流行的 MIS 系统平台。各软件公司纷纷推出自己的 Internet 方案,基于 Web 的财务系统、基于 Web 的 ERP,一些企业已经领先一步开始使用它,并且收到了一定的成效。

B/S 模式的新颖与流行,以及在某些方面相对于 C/S 的巨大改进,使 B/S 成为管理信息系统平台的首选,也使人忽略了 B/S 不成熟的一面,以及 C/S 所固有的一些优点,下面让我们来看看 C/S 相对于 B/S 的一些优势:

首先,交互性强是 C/S 固有的一个优点。在 C/S 中,客户端有一套完整的应用程序,在出错提示、在线帮助等方面都有强大的功能,并且可以在子程序间自由切换。B/S 虽然也提供了一定的交互能力,但与 C/S 的一整套客户应用相比其作用太有限了。

其次,C/S 模式提供了更安全的存取模式。由于 C/S 是配对的点对点的结构模式,采用适用于局域网、安全性比较好的网络协议(如 NT 的 NetBEUI 协议),安全性可以得到较好的保证。而 B/S 采用点对多点、多点对多点这种开放的结构模式,并采用 TCP/IP 这一类运用于 Internet 的开放性协议,其安全性只能靠数据库服务器上管理密码的数据库来保证。现代企业需要有开放的信息环境,需要加强与外界的联系,有的还需要通过 Internet 发展网上营销业务,这使得大多数企业将他们的内部网与 Internet 相连。由于采用 TCP/IP,他们必须采用一系列的安全措施,如构筑防火墙,来防止 Internet 的用户对企业内部信息的窃取以及外界病毒的侵入。

再次,采用 C/S 模式将降低网络通信量。B/S 采用了逻辑上的三层结构,而在物理上的网络结构仍然是原来的以太网或环形网。这样,第一层与第二层结构之间的通信、第二层与第三层结构之间的通信都需占用同一条网络线路。而 C/S 只有两层结构,网络通信量只包括 Client 与 Server 之间的通信量。所以,C/S 处理大量信息的能力是 B/S 所无法比拟的。

最后,由于 C/S 在逻辑结构上比 B/S 少一层,对于相同的任务,C/S 完成的速度总比 B/S 快,使得 C/S 更利于处理大量数据。

B/S 模式的先进性和 C/S 模式的成熟性,使人们在现代企业 MIS 系统平台的选择上难以取舍。究竟应该选择哪种模式呢? 有没有两种平台相结合的模式呢? 答案是有的。

将 C/S 与 B/S 两种模式的优势结合起来，形成混合模式，也是企业信息系统的平台模式之一。对于面向大量用户的模块采用三层的 B/S 模式，在客户端计算机上安装运行浏览器软件，基础数据集中放在较高性能的数据库服务器上，中间建立一个 Web 服务器作为数据库服务器与客户机浏览器交互的连接通道。对于系统模块安全性要求高、交互性强、处理数据量大、数据查询灵活的地方则采用 C/S 模式。这样能充分发挥各自的优势，开发出安全可靠、灵活方便、效率高的软件系统。

在信息系统的开发过程中，系统分析员可以根据系统的特点，灵活地为不同的子功能采用不同的模式，将两种模式交叉并行使用。

## 本章小结

本章内容是介绍管理信息系统的技术基础，主要包括信息技术的相关知识、信息系统的数据管理技术，以及与信息系统相关的一些网络技术。考虑到管理信息系统应用的特点，重点讨论了信息系统的数据管理技术及网络技术的一些相关知识。

本章第一节讨论了计算机信息技术的基本知识，包括计算机硬件技术、计算机软件技术和数据通信技术的基本概念。

本章第二节讨论了信息系统的数据管理技术，内容包括数据的描述及层次、数据管理技术的发展过程、数据库技术，重点讨论了信息系统中非常重要的数据库技术。

本章第三节讨论了信息系统的网络技术，包括计算机网络的概念及分类、网络拓扑结构，对常用的网络传输介质及网络互联设备进行了简单介绍，然后重点介绍了计算机网络环境中的信息系统模式，包括主机模式、W/S 模式、B/S 模式、C/S 模式等。

## 关键概念

信息技术（Information Technology）　　　　操作系统（Operating System）

数据通信系统（Data Communication System）　　数据处理（Data Processing）

数据项（Item）　　　　　　　　　　　　记录（Record）

数据库系统（DataBase System）　　　　　数据模型（Data Model）

星型拓扑结构（Star Topology）　　　　　环型拓扑结构（Ring Topology）

树型拓扑结构（Hierarchical Topology）　　局域网（Local Area Network，LAN）

广域网（Wide Area Network，WAN）

## 复习思考题

1. 简述冯·诺依曼型计算机的组成及工作原理。
2. 简述数据管理技术的发展过程。
3. 简述数据模型的概念，指出常用的三种模型及各自的特点与应用。

4. 简述数据库系统的构成。

5. 简述网络的概念及组成。

6. 网络环境中信息系统有哪几种模式？各自的工作方式是什么？

 本章案例

### 思科千兆交换产品组建校园网解决方案

校园网是各种类型网络中一大分属，有着非常广泛的应用，它以局域网为主，但网络结构和性能要求却各有其特色，为此特在本例中对校园网作应用分析。

**一、应用特点及需求分析**

随着现代化教学活动的开展和与国内外教学机构交往的增多，对通过 Internet/Intranet 网络进行信息交流的需求越来越迫切，为促进教学、方便管理和进一步发挥学生的创造力，校园网络建设成为现代教育机构的必然选择。校园网大多属于中小型系统，以园区局域网为主，一个基本的校园网具有以下特点：

高速的局域网连接——校园网的核心为面向校园内部师生的网络，因此园区局域网是该系统的建设重点，由于参与网络应用的师生数量众多，而且信息中包含大量多媒体信息，故大容量、高速率的数据传输是网络的一项基本要求。

信息结构多样化——校园网应用分为电子教学（多媒体教室、电子图书馆等）、办公管理和远程通信（远程教学、互联网接入）三大部分内容：电子教学包含大量多媒体信息，办公管理以数据库为主，远程通信则多为 WWW 方式，因此数据成分复杂，不同类型数据对网络传输有不同的质量需求。

安全可靠——校园网中同样有大量关于教学和档案管理的重要数据，不论是被损坏、丢失还是被窃取，都将带来极大的损失。

操作方便，易于管理——校园网面向不同知识层次的教师、学生和办公人员，应用和管理应简便易行，界面友好，不宜太过专业化。

经济实用——学校对网络建设的投入有限，因此要求建成的网络应经济实用，具备很高的性能价格比。

陈经伦中学是北京市朝阳区乃至全市的一所知名学校，作为典型的基础教育学校，该校校园网建设同样具有上述要求和特点。针对陈经伦中学的具体情况，承接此项工程的思科高级认证代理商北京蓝波科技发展公司将该校园网分为三级结构：以位于图书馆楼内的校园网控制中心为核心；与校园内各建筑（校园内需要联网的建筑物共 10 座——3 座教学楼、2 座办公楼、1 座综合楼、1 座游泳馆、1 座图书馆楼和 2 座宿舍楼）互联形成园区主干；各建筑物内再扩展面向用户的局域网。园区主干连接为 100M/1 000Mbps，建筑物内部的用户局域网提供到桌面的 10/100Mbps 网络带宽。

**二、方案设计**

（一）拓扑结构

校园网整体拓扑结构如图 2—19 所示。

图 2—19 中，思科系统公司的千兆交换产品 Catalyst3508G XL（8 口千兆以太网）和 Catalyst 3548 XL（2 口千兆，48 口 10/100M）通过 GigaStack 千兆堆叠构成校园中心交换机和中心局域网（GigaStack 是思科公司独有的千兆堆叠技术，可以在两个或多个 3500 XL 系列交换机间用廉价的不超过 1 米的铜

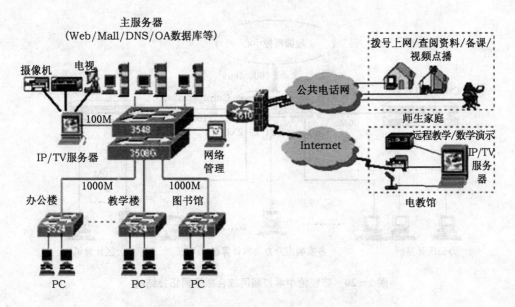

**图 2—19　陈经伦中学校园网整体拓扑结构**

线建立千兆高速堆叠,较光纤大大节省成本);各建筑物主交换机选择 Catalyst 3524 XL(2 口千兆,24 口10/100M),中心的 3508G 和 3548 堆叠之后还具有 8 口空余的千兆端口,可与 8 栋建筑楼的 3524 作千兆光纤连接,为此除网控中心所在的图书馆楼外,其他 9 栋建筑采用了 8 条千兆和 1 条百兆(1 栋办公楼)连接成网络主干;此外,中心 3548 和各楼 3524 交换机的 10/100M 局域网端口可为多台应用服务器提供高速网络连接。这种按需求设计带宽和架构的方式既节省经费,又能充分发挥设备优势,取得最优的整体性能价格比。

建筑物内各楼层交换机采用 Catalyst 2924 XL(24 口 10/100M),与本楼主交换机 Catalyst 3524 XL通过 100Base—TX 连接,再以 10M 或 100M 连接到用户桌面,必要时还可再下联低端交换机扩展用户数。以综合楼为例(如图 2—20 所示),楼内共 56 个主节点,采用 Catalyst 3524 XL 和 2924 XL、2912 XL(12 口 10/100M 交换机)级联能够满足端口数量需求;楼内各办公区则采用 Catalyst 1924(2 口 100M,24 口 10M),提供到桌面的 10M 交换带宽;考虑到各交换机都有多个 100M 端口,级联时可采用 Fast Etherchannel(快速以太网通道)技术,将两个交换机的 2—4 对 100M 或 10/100M 端口并行连接起来,使级联带宽成倍增加,同时提供线路冗余,其中任一条链路的断线不会妨碍其他链路继续传输数据,从而保障运行的可靠性。

在整体拓扑图中还可看到,为实现 Internet 接入和为在家办公、学习的远程用户提供拨号上网服务,校园网中还设立了位于网控中心内的 Internet 服务中心,采用 Cisco 2610 路由器(有 1 个 10M 以太网接口,2 个 WAN 接口卡和 1 个支持多种模块的网络插槽)作远程连接,其 10M 以太网端口与网控中心的局域网相连,另可选配一块具备 1 个 2M 广域网串口的接口卡通过 DDN 专线连接到 Internet;再选配一块 NM—16AM 网络模块,为远程用户提供 16 口拨号连接。

(二)网络安全及管理

在安全方面,学校采用了集成在路由器 2610 操作系统中的防火墙功能,将校园网分成内外两个部

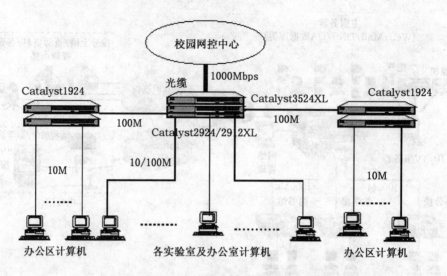

图 2—20 陈经伦中学校园网综合楼子网拓扑结构

分,内部用户可以通过认证访问外部网和 Internet;而未经授权的外部用户将不能穿过防火墙进入内部网,从而避免内部网上核心服务器受到侵害。

考虑到网络设备较多,结构较为复杂,学校还打算在二期工程中加装思科的网管系统 Cisco Works Windows 来对所有网络设备实施管理。由于整套系统均用到思科网络产品,那么采用同一厂商的网管能够对设备进行更为详尽细致的管理,它拥有思科全套产品的数据库,能够调出各种产品的直观视图,深入到每个物理端口去查询状态信息,其主要功能包括:自动发现和显示网络的拓扑结构和设备;生成和修改网络设备配置参数;网络状态监控;设备视图管理。Cisco Works Windows 基于流行的 Windows 操作平台,界面友好,易于掌握,能够满足校园网对网管的功能全面且方便操作的要求。

(三)网络多媒体应用

在这样一种基于 Cisco 产品的全交换校园网中,带宽充分,并且划分合理,控制有效,不仅传统的校园网服务能应用自如,更为多媒体网络应用打下了良好基础,尤其是可以提供电视会议、影像互动教学、视频点播等多种视频网络服务。

Cisco IP/TV 是 Cisco 公司隆重推出的一套基于 TCP/IP 协议传递 MPEG—I 格式的高质量全动态的视频图像、语音及数据的客户/服务器软件系统。该系统由内容管理服务器、内容服务器、客户端软件三大功能模块组成,拥有视频点播、定时广播、现场直播、多视频源广播等功能;它采用了先进的组内广播技术和磁盘优化读取技术,具有单机性能优异、网络传递高效、操作简明快捷、统计分析功能完备等特点,并完全遵从多媒体传输的国际标准 RTP/RTCP 和 RTSP,可运行于各种介质的 IP 网络之上。陈经伦中学的全交换、高带宽校园网,可以轻松地满足计算机网络上的电视会议、广播领导讲话、电视节目广播与点播、楼宇监控、网上教学、现场实况转播、校园课件点播和广播等多种高标准应用,并且完全可以满足学校提出的网络闭路电视系统的各项要求。

三、应用小结

按照以上方案建设的陈经伦中学校园网,在局域网中合理地选择交换产品设计带宽,体现了性能卓越而又经济实用的原则;路由器的加入提供了完善的 Internet 接入和远程访问服务功能;IP/TV 的应用则充分满足了信息多样化的需求；在基本功能实现的基础上，还用到了 Fast Etherchannel、集成防火墙、Cisco Works Windows 等技术和产品来保障网络的可靠性、安全性和易于管理性。

就已经建立校园网和正在建立校园网的学校而言，网络为教学管理和通信、数据资源共享带来的利益是显而易见的。各校园网的建设经验表明，网络基础设施的建设总是在一定程度上超前于网络资源建设。因此，无论设计何种规模、何种目的的网络，都应在资金允许的范围内，尽可能地设计并选用先进的网络设备、技术与方案。目前，陈经伦中学校园网是北京第一家全线基于 Cisco 产品架构的中学校园网，也是北京市最完整、最先进的中学校园网之一。

# 第三章
# 管理信息系统的开发方法

[开篇案例]　　　　　　信息系统的问题

　　某施工企业开发了一个总经理查询系统。当该系统被第一次演示给企业的高层领导时,其新颖的界面得到了领导的高度赞扬。但时隔不久,从领导那里得到新的反馈信息,该系统没有什么用。原因是系统给出的东西让人看不懂,而开发人员则分析不出原因。

　　某制造—分销型企业已经运行了多个 MIS 系统,如用于财务的、销售的、人力资源管理的、质量管理的。但是,该企业的总裁还是抱怨企业的信息多、杂、满、假、乱。每月底该总裁就收到来自各个管理职能部门的统计报表,如生产报表、物资供应报表、销售报表、财务报表等,报表厚度高达一尺。他平时没有时间看,就将报表锁在柜子里,若工作需要了,就将这些报表带回家,晚上自己输入计算机,进行整理分析。

　　思考:为什么有些管理信息系统的开发和应用失败了? 试分析可能的原因。

　　管理信息系统的开发是一项复杂的系统工程。它涉及计算机处理技术、系统理论、组织结构、管理功能、管理知识、信息安全以及工程方法等各个方面的问题。多学科性和综合性决定了管理信息系统的开发具有长期性、复杂性和风险性,需要有科学的方法论指导。实践表明,管理信息系统开发的效率、质量和成本的满意程度,很大程度上取决于是否有科学合理的方法来指导开发过程。在管理信息系统的长期开发实践中,已经出现了众多的开发方法和开发工具。常见的开发方法主要有三大类:生命周期法、原型法以及面向对象的开发方法。

## 第一节　生命周期法

　　生命周期法又称结构化生命周期法,或结构化系统开发方法(Structured System Analysis and Design,SSA&D),是西方工业发达国家在吸取以前信息系统开发的经验和教训的基础上,逐步发展起来的一种方法。该方法要求信息系统的开发工作划分阶段与步骤,规定每一阶段的工作任务与成果,按阶段提交文档,在各阶段按步骤完成开发任务。它是迄今为止信息系统开发方法中最成熟且应用最普遍、最广泛的一种系统开发方法。

## 一、生命周期法的基本思想

生命周期法的基本思想是:用系统工程的思想和工程化的方法,按用户至上的原则,结构化,模块化,自顶向下地对系统进行分析与设计。具体来说,就是先将整个信息系统开发过程划分为若干个独立的阶段,然后各阶段严格按步骤完成开发任务。

## 二、系统开发的生命周期

任何系统都会经历一个发生、发展、成熟、消亡、更新换代的过程,这个过程称为系统的生命周期。在结构化的系统开发方法中,管理信息系统的开发应用,也符合系统生命周期的规律。生命周期法的基本思想要求将信息系统的开发工作划分阶段与步骤,各阶段中按步骤完成开发任务,一般认为将整个开发过程分为五个首尾相接的工作阶段,称之为系统开发的生命周期,如图 3-1 所示。

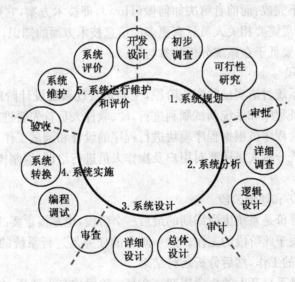

**图 3-1　系统开发的生命周期**

系统开发生命周期各阶段的主要工作有:

1. 系统规划阶段

系统规划阶段是根据用户的系统开发请求,系统开发人员进行初步调查,明确问题,确定系统目标和总体结构,确定分阶段实施进度,然后进行可行性研究。系统开发人员将组成专门的新系统开发领导小组,制订新系统开发的进度和计划,提交可行性分析报告。

该阶段虽不属于系统分析与设计的正式工作阶段,但是不可缺少的重要阶段,它决定了项目是否启动。

2. 系统分析阶段

系统分析阶段是新系统的逻辑设计阶段。系统分析员在对现行系统进行调查研究的基础上,使用一系列的图表工具进行系统的目标分析,分析业务流程,分析数据与数据流程,分析功能与数据之间的关系,划分子系统以及功能模块,构造出新系统的逻辑模型,确定其逻辑功能需求,交付新系统的逻辑设计说明书。系统分析也是新系统设计方案的优化过程。数据流程图是新系统逻辑模型的主要组成部分,它在逻辑上描述新系统的功能、输入、输出和数据存储等,从而摆脱了所有的物理内容。

3. 系统设计阶段

系统设计阶段又称为新系统的物理设计阶段。系统分析员根据新系统的逻辑模型进行物理模型的设计,具体选择一个物理的计算机信息处理系统。这个阶段的任务是总体结构设计、代码设计、输入/输出设计、模块设计,根据设计要求购置与安装一些设备,进行试验,最终给出设计方案。

系统设计与系统分析阶段的不同在于:后者指出要做什么(What),它并不关心在什么信息技术的支持下完成,而前者解决如何做(How),即技术方案,它要考虑采取什么信息技术,因此在该阶段需要相关人员具有更多的信息技术方面的知识,而不强调管理理论知识;用户参与程度要低于在系统分析的参与度。

4. 系统实施阶段

系统实施是新系统付诸实施的实践阶段,主要是实现系统设计阶段所完成的新系统物理模型。为了保证程序和系统调试顺利进行,硬、软件人员首先要进行计算机系统设备的安装和调试工作。程序员根据程序模块进行程序的设计和调试工作。为了帮助用户熟悉、使用新系统,系统分析人员还要对用户及操作人员进行培训,编制操作手册、使用手册和有关说明。

5. 系统运行维护和评价阶段

系统的维护和评价是系统生命周期的最后一个阶段,也是很重要的阶段,新系统是否有长久的生命力取决于此阶段的工作。这一阶段的任务是进行系统的日常运行管理、评价、建立审计三部分的工作,然后分析运行结果。

以上全过程就是系统开发的生命周期。在每一阶段均有小循环,在不满足要求时,修改或返回到起点。

## 三、生命周期法的特点

结构化系统开发方法主要强调以下特点:

### (一)"自上而下"整体性的分析与设计和"自下而上"逐步实施相结合

1."自上而下"的策略

"自上而下"的特点是"分而治之",基本出发点是从企业的高层管理着手,从企业战略目标出发,将企业看成一个整体,探索合理的信息流,确定系统方案,然后自上而下层层分解,确定需要哪些功能去保证目标的完成,从而划分相应的业务子系统。系统的功能和子系统的划分不受企业组织机构的限制。这种策略强调从整体上协调和规划,由全面到局部,由长远到近期,从探索合理的信息流出发来设计信息系统。

这种方法的步骤通常是:

(1)分析企业的目标、环境、资源和限制条件;

(2)确定企业的各种活动和组织职能;

(3)确定每一职能活动所需的信息及类型,进一步确定企业中的信息流模型;

(4)确定子系统及其所需信息,得到各子系统的分工、协调和接口;

(5)确定系统的数据结构,以及各子系统所需的信息输入、输出和数据存储。

"自上而下"方法的优点是,整体性好,逻辑性较强,条理清楚,层次分明,能把握总体,综合考虑系统的优化;主要缺点是,对于规模较大系统的开发,因工作量大而影响具体细节的考虑,开发难度大,周期较长,系统开销大,所冒风险较大。一旦失败,所造成的损失是巨大的。

"自上而下"方法是一种重要的开发策略,反映了系统整体性的特征,是信息系统的发展走向集成和成熟的要求。

2."自下而上"的策略

"自下而上"的方法,是从企业各个基层业务子系统(如财务会计、库存控制、物资供应、生产管理等)的日常业务数据处理出发,先实现一个个具体的业务功能,然后根据需要逐步增加有关管理控制和决策方面的功能,由低级到高级不断完善,从而构成整个管理信息系统并支持企业战略目标。

"自下而上"方法的优点是,符合人们由浅入深、由简到繁的认识事物的习惯,易于被接受和掌握。它以具体的业务处理为基础,根据需要而扩展,边实施边见效,容易开发,不会造成系统的浪费。主要缺点是,在实施具体的子系统时,由于缺乏对系统总体目标和功能的考虑,因而缺乏系统整体性和功能协调性,很难做到完整和周密,难以保证各子系统之间联系的合理性和有效性。各个子系统的独立开发,还容易造成它们之间数据的不一致性和数据的大量冗余,造成重复开发和返工。

通常,"自下而上"的方法适用于规模较小的系统开发,以及对开发工作缺乏经验的情况。

3."自上而下"整体性的分析与设计和"自下而上"的逐步实施

"自上而下"和"自下而上"的方法各有优缺点,在实际工作中究竟采用哪种方法,依赖于企业的规模、系统的现状以及企业管理制度的完善程度等。在实践中,通常把这两种方法结合起来应用,"自上而下"的方法用于总体方案的制定,根据企业目标确定管理信息系统目标,围绕系统目标大体划分子系统,确定各子系统间要共享和传递的信息及其类型。"自下而上"的方法则用于系统的设计实现,自下而上地逐步实现各系统的开发应用,从而实现整个系统设计。这也就是所谓的"自上而下地规划,自下而上地实现"的方法。

对于大型的信息系统的开发,应结合这两种方法,首先自上而下地进行项目的整体规划,再自下而上地逐步实现各子系统的应用开发。

生命周期法强调自顶向下整体性的分析和设计与自底向上的逐步实施相结合。在系统规划、分析和设计阶段,坚持自顶向下地对系统进行结构化划分。在系统调查和理顺管理业务时,应从宏观整体考虑入手,先考虑系统整体的优化,然后考虑局部的优化问题。在系统实施阶段,则应坚持自底向上的逐步实施,也就是说,组织人力从最基层的模块做起(编程),然后按照系统设计的结构,将模块一个个拼接到一起进行调试,自底向上、逐渐地构成整体系统。

**(二)用户至上的原则**

信息系统的最终目的是为用户服务的,系统是要交付给管理人员来使用的。系统的成功与否取决于系统是否符合用户的需要。管理人员的要求是研制工作的出发点和归宿。用户对系统开发的成败是至关重要的,所以在系统开发过程中要面向用户,充分了解用户的需求和愿望,开发过程中始终与用户保持接触,加强联系,并不断让用户了解系统研制的进展情况,核准研制工作方向。

**(三)加强调查研究和系统分析**

在系统开发的全过程中,要以用户的需求为系统设计的出发点,而不是以设计人员的主观想象为依据,所以,充分的调查研究是必要的。

在设计系统之前,必须深入实际单位,详细地调查研究,努力弄清实际业务处理过程,然后根据调查研究得出的用户需求来进行系统分析,减少开发的盲目性。需求的预先严格定义成为结构化方法的主要特征。

**(四)严格区分工作阶段**

生命周期法把管理信息系统的开发过程划分为若干个工作阶段,每个工作阶段都有其明确的任务和工作目标。在实际开发过程中,要求严格按照划分的工作阶段,一步步展开工作。前一阶段的工作是后一阶段工作的依据和基础,后一阶段的工作是前一阶段工作的细化和深入。工作阶段的划分可以保证系统有条不紊地顺利进行,避免重复和返工,同时也能提高系统的效率,体现系统的思想。混淆工作阶段常常是导致系统开发失败的原因,前面的错误在后期会被扩大。

**(五)充分预料可能发生的变化**

系统开发是一项耗费人力、财力、物力且周期很长的工作,一旦周围环境(组织的内部与外部环境、信息处理模式、用户需求等)发生变化,都会直接影响系统的开发工作,所以生命周期法强调在系统调查和分析时对将来可能发生的变化给予充分的重视,强调所设计的系统对环境的变化具有一定的适应能力。

**(六)工作文件标准化、文献化**

严格地说,文档是系统的生命线,一个没有文档或文档混乱的系统就是一个走到头的系统。工作文档的标准化可以使系统开发人员与用户有共同语言,避免不同理解造成混乱,便于工作的交流与将来的修改,保持工作的连续性,同时便于查阅(文献资料要编号存档)。

针对系统开发生命周期的每个工作阶段,都有相应的工作文件存档,如图 3—2 所示。

(1)系统规划阶段——可行性研究报告;

(2)系统分析阶段——系统分析报告;

(3)系统设计阶段——系统设计报告,系统开发报告,计算机硬件与软件配置方案;

(4)系统实施阶段——系统使用说明书,规章制度,源程序清单;

(5)系统运行维护和评价阶段——系统开发文档资料整理,系统评价报告。

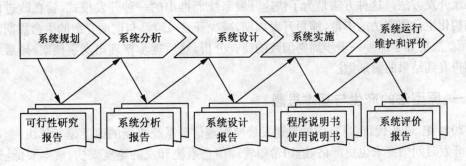

图 3—2　生命周期所对应的系统文档

## 四、生命周期法的优缺点

生命周期法是在对传统的自发的系统开发方法批判的基础上,通过很多学者的不断探索和努力而建立起来的一种系统化方法。这种方法的突出优点就是,它强调系统开发过程的整体性和全局性,强调在整体化的前提下来考虑具体的分析设计问题,即自顶向下的观点。它强调的另一个观点是严格区分开发阶段,强调一步一步地严格进行系统分析和设计,每一步工作都及时总结,发现问题及时反馈和纠正,从而避免了开发过程的混乱状态。它是一种目前被广泛采用的系统开发方法,适合大型信息系统的开发。

但是,随着时间的推移,这种开发方法也逐渐暴露出了很多缺点和不足。最突出的表现是它的起点太低,所使用的工具落后,致使系统开发周期过长,带来一系列的问题。另外,这种方法要求系统开发者在调查中就充分掌握用户需求、管理状况以及预见可能发生的变化,这不大符合人们循序渐进地认识事物的规律,不能较大范围地适应外部环境的变化。用生命周期法开发的系统只有到系统实施阶段才能让用户看到实实在在的系统,而在此之前的很长时间内,开发人员只能通过技术文档与用户交流,造成与用户的交流较为困难。

生命周期法是最成熟、应用最广泛的一种方法，主要适用于规模较大、结构化程度较高、用户需求非常清晰明确、用户业务流程相对稳定不变的系统的开发。因为银行系统是业务工作比较成熟、定型的系统，所以生命周期法被广泛地应用于银行管理信息系统的开发中，如作为银行管理信息系统信息采集的自助银行、企业银行、电话银行、销售点服务系统、多媒体查询系统等为客户提供金融服务、信息咨询的系统。

# 第二节　原型法

原型法是随着计算机软件技术的发展，特别是在关系数据库系统、第四代程序生成语言和各种系统开发生成环境形成的基础之上，提出的一种从设计思想、工具到手段都全新的系统开发方法。这种方法是为了快速开发系统而推出的一种开发模式，旨在改进传统的结构化生命周期法的不足，缩短开发周期，减少开发风险。与前面介绍的生命周期法相比，原型法扬弃了那种一步步周密细致的调查分析，然后逐步整理出文字档案，最后才能让用户看到结果的繁琐做法。

## 一、原型法的产生与基本思想

20 世纪 80 年代，信息技术的迅速发展使管理信息系统更新的速度越来越快，企业对系统开发时间的要求也更严格，迫切希望管理信息系统开发的速度要快、成本要低，这使得结构化生命周期法存在的缺陷日益突出。生命周期法的一个最大缺陷是，要求系统开发人员和用户在系统开发初期对整个系统的功能就要有全面、深刻的认识，并制定出每一阶段的计划和说明书。事实上，对于很多管理信息系统，用户要想在项目开发初期就非常清楚地陈述他们的需求几乎是不可能的，用户的需求随着对系统理解的加深会不断地完善与变化。用户需求定义方面的错误是管理信息系统开发中出现的后果最为严重的错误，因为错误形成得越早，对整个系统的影响也越严重。

在这种背景下，一种新的信息系统开发方法即原型法（Prototyping）产生了。这是一种具有全新的设计思想和开发工具的系统开发方法，它一开始就凭借着系统开发人员对用户要求的理解，在强有力的软件环境的支持下，迅速给出一个具备一定功能的、可运行的系统原型，通过与用户反复协商修改，最终形成实际系统。20 世纪 80 年代中期，原型法得到了广泛应用，成为一种流行的管理信息系统开发方法。

所谓原型，即可以逐步改进成可运行系统的模型，这个模型不是仅仅表示在纸面上的系统，而是一个实实在在的可以在计算机上运行、操作的工作模型，并具有最终系统的基本特征。

原型法是指系统开发人员在初步了解用户的基础上，借助功能强大的辅助系统开发工具，快速开发一个原型（初始模型），从而使用户尽早地看到一个真实的应用系统。在此

基础上,利用原型不断提炼用户需求,不断改进原型设计,直至使原型变成最终系统。原型法的基本思想是:

**1. 并非所有的需求在系统开发以前都能准确定义**

需求的预先定义虽然在某些情况下是可能的,但往往由于用户和项目参加者的个人原因导致在很多情况下难以实现。况且人与人之间的观点很难达到完全一致。用户与专业人员对计算机、具体业务的理解也有一定差距,用户很善于叙述其对象、方向和目标,但对于如何实现却不甚清楚或难以确定,只有看到一个具体的应用系统才能清楚地了解到自己的需要和系统存在的缺点,并能提出更具体的需求。

**2. 提供快速的系统建造工具**

在建造系统时,强调提供快速的原型建造工具,实现在工具的支持下迅速建立起原始系统,并能够方便地对原始系统进行修改、扩充、变更和完善。目前所谓应用生成器和第四代生成语言,都是原型法的有力支持工具。

由于原型法需要快速形成原型和不断修改演进,要求系统的可变性好、易于修改,因此,采用这种方法必须具有形成原型和修改原型的支撑工具,如系统分析和设计中各种图表的生成器、计算机数据字典和程序生成器等。这些支撑工具的发展对原型法的推广使用起着相辅相成的作用。

**3. 需要有实际的、可供用户参与的系统模型**

开发一个新的系统,提供一个能演示的模型比提供书面的文档和图表更直观、更生动、更具有说服力。原型法可以为人们提供一个生动的、动态的模型,并对在模型演示过程中暴露出来的问题进行迅速修改和完善。

文字和静态图形是一种比较好的通信工具,然而其最大的缺点是缺乏直观的、感性的特征,因而往往不易理解对象的全部含义。而实际系统能够提供一个生动活泼的动态模型,用户见到的是一个运行的系统,并且系统可以不断进行修改和完善。

**4. 系统开发中大量的反复修改是必要的和不可避免的**

用户的需求是多变的,这在预先定义需求的结构化方法中是难以接受和实现的。原型法则不同,它认为用户需求的反复多变是一种正常现象,是不可避免的。

随着初始系统的运行,用户不断积累经验,并充分发挥自己的想象,提出新的需求,因此,在确定用户最终的需求时,反复是完全需要的。只有这样,才能达到用户和系统间的良好匹配,而且所开发的系统也容易为用户所接受。

## 二、原型法的开发过程

原型法的开发过程是,首先建立一个能反映用户基本需求的原型,让用户实际看见新系统的概貌,以便判断哪些功能符合要求,哪些需要改进,通过对原型的反复修改,最终建立符合用户要求的新系统。原型法的开发流程是一个循环的、持续改善的流程,其开发流程如图3-3所示。

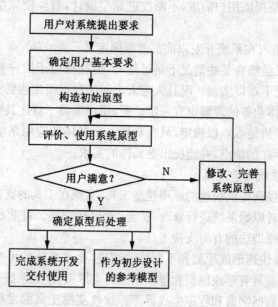

**图 3-3　原型法的开发过程**

原型法在建立新系统时可分为下述四个阶段:

1. 确定用户的基本需求

通过初步调查,确定用户的基本需求,这时的需求可能是不完全的、粗糙的,但也是最基本的,如系统功能、数据规格、结果格式、屏幕及选单等。系统开发人员与用户通过展示软件对话操作,讨论确定系统的基本信息需求、数据元素及其相关关系的说明,弄清用户的期望和估算研制原型的花费、定义需求,从而尽快开始构造原型。

这个阶段的主要任务是:讨论构造原型的过程;写出简明的骨架式说明性报告,反映用户的信息需求方面的基本看法和要求;列出数据元素和它们之间的关系;确定所需数据的可用性;概括出业务原型的任务并估计其成本;考虑业务原型的可能使用。

用户的基本责任是根据系统的输出来清晰地描述自己的基本需要。设计者和用户共同负责规定系统的范围,确定数据的可用性。设计者的基本责任是确定现实的用户期望,估计开发原型的成本。这一阶段的中心是,用户和设计者定义基本的信息需求,讨论的焦点是数据的提取、过程的模拟。

2. 开发初始原型

开发者根据用户基本需求开发一个应用系统软件的初始原型,初始原型不要求完全,只要求满足用户的基本需求,系统设计人员采用第四代语言环境进行开发,在开法的过程中可以忽略最终系统在某些细节上的要求,如安全性、健壮性、异常处理等。

开发初始原型,主要考虑原型系统应充分反映待评价系统的功能和特性,可暂时忽略一切次要的内容。例如,如果构造原型的目的是确定系统输入界面的形式,可以利用输入界面自动生成工具,由界面形式的描述和数据域的定义立即生成简单的输入模块,而暂时不考虑参数检查、值域检查和处理工作,从而尽快地把原型提供给用户使用。如果要利用原型确定系统的总体结构,则忽略转储、恢复等维护功能,使用户能够通过运行菜单来了解系统的总体结构。

初始原型的质量对于原型生存期的后续步骤的成败是至关重要的。如果它有明显的缺陷,会带给用户一种不好的思路;如果为追求完整而做得太大,就不容易修改。这时,会增加修改的工作量。因此,要有一个好的初始原型。

本阶段的主要任务是建立一个能运行的交互式应用系统来满足用户的基本信息需求。在这一阶段主要由系统分析和设计人员负责建立一个初始原型,其中包括与设计者的需求及能力相适应的对话,还包括收集用户对初始原型的反应的设施。

分析和设计人员的主要工作包括:编辑设计所需的数据库;构造数据变换或生成模块;开发和安装原型数据库;建立合适的菜单或语言对话来提高友好的用户输入/输出接口;装配或编写所需的应用程序模块;把初始原型交付给用户,并且演示如何工作,确定是否满足设计者的基本需求,解释接口和特点,确定用户是否能很舒适地使用系统等。

3. 对原型进行评估

让用户亲自使用原型,对原型进行检查、评价和测试,用户使用原型系统后,会很快发现原型存在的缺点和不足,提出改进的意见,同时在系统的启发下,还可能提出新的需求。这一步的目的主要在于让用户发现原型系统所存在的问题,它是加强用户和分析设计人员沟通、发现问题、消除误解的重要阶段。

4. 修正和改进原型

开发者根据用户试用及提出的问题,与用户共同研究确定修改原型的方案,经过修改和完善得到新的原型,然后试用、评估,再修改完善,反复进行多次直到形成一个用户满意的系统。

## 三、原型法的优缺点

### (一)原型法的特点

作为开发管理信息系统的一种方法,原型法从原理到流程都非常简单。无论是从方法论的角度,还是从实际应用的角度,原型法都备受推崇,在实际应用中也取得了巨大的成功。与结构化方法相比,原型法具有如下几个特点:

(1)原型法的循环反复、螺旋式上升的方法,更多地遵循人们认识事物的规律,因而更容易被人们掌握和接受。

(2)原型法强调用户的参与,将模拟手段引入系统分析的初期阶段,特别是对模拟的描述和系统运行功能的检验,都强调用户的主导作用。用户与开发者可以及时沟通,信息反馈及时且准确,潜在的问题能够尽早发现、及时解决,增加了系统的可靠性和实用性。

(3)原型法强调开发工具的使用,使得整个系统的开发过程摆脱了老一套的工作方法,时间、效率和质量等方面都大大提高,系统对内外界的适应能力也大大增加。

(4)原型法实际上是将传统的系统调查、系统分析和系统设计合而为一,使用户一开始就能看到系统开发后是什么样子。用户全过程参与系统开发,消除了心理负担,可以提高对系统功能的理解,有利于系统的移交、运行和维护。

**(二)原型法的优缺点**

1. 原型法的主要优点

(1)减少开发时间,提高系统开发效率。原型法减少了大量制作文档的时间,减少了用户培训时间,开发周期短,费用相对少。

(2)改进用户与系统开发人员的信息交流方式。信息系统设计中的问题在大多数情况下是设计人员对用户需求理解不准确造成的,这实际上是一种信息交流的问题。原型法将原型提供给用户,使用户在参与中直接发现问题,及时得到用户的反馈,这种方式改善了用户与系统开发人员的信息沟通状况,减少了设计错误。

(3)用户满意程度高。原型法使用户面对的不是难以理解的大量文档,而是一个活灵活现的原型系统,这不仅使得用户易于接受,而且能激发用户主动参与的积极性,减少用户的培训时间,从而提高用户的满意程度。

(4)应变能力强。原型法是在迭代中完善的,信息技术的进步、企业经营环境的变化,都能及时体现在系统中,这就使得所开发的系统能及时适应迅速变化的环境。

2. 原型法的缺点

对于大系统和复杂系统,不适合直接使用,开发过程管理困难,对系统过多的修改完善会使用户缺乏耐心。

原型法贯彻的是"从下到上"的开发策略,它更易被用户接受。但是,由于该方法在实施过程中缺乏对管理系统全面、系统的认识,因此,它不适用于开发大型的管理信息系统。该方法的另一个不足是,每次反复都要花费人力、物力,如果用户合作不好,盲目纠错,就会拖延开发过程。

## 四、原型法在应用中应注意的问题

原型法作为一种具体的开发方法,也有其局限性,使用时应注意以下几点:

1. 应当重视开发过程的控制

由于原型法缺乏统一规划和系统开发的分析设计,只是按照"构造原型—修改—再修改"等粗略过程反复迭代,用户可能提出过多的甚至无关紧要的新的修改意见,再加上又没有约束原型完成和资源分配的标准,从而使开发过程难以控制,项目的管理和系统的维护比较困难。为此,用户和开发者不仅需要达成一个具体的开发协议,规定一些开发的标准和目标,还要建立完整、准确的文字档案。特别在每次原型的改进、完善中必须做好相应的文档记录和整理,这是很容易被忽视但又不能被忽视的问题。

2. 应将原型法和生命周期法有机结合

在具体的开发中,为了得到有效的开发软件,在整体上仍可使用生命周期法来弥补原型法的不足。系统规划是管理信息系统开发的关键,开发应当做到完整、一致和准确。可把原型作为需求描述的补充和量化,以代替传统的审核与确认,提高需求描述的质量。此外,就是把系统分析设计和建造原型结合起来,在分析的同时考虑设计的要求和目标。系统原型能给用户和开发人员一个直观的对象,便于早期认识和评价系统,从而打破使用与开发的分割状态。

3. 应当充分了解原型法的使用环境和开发工具

原型法有很多长处和很大的推广价值。由于原型法需要快速形成原型和不断修改演进,要求系统的可变更性好,易于修改,对它的开发环境要求更高。开发环境包括软件环境、硬件环境和开发人员。原型法尤其需要能支持开发过程中主要步骤的工程化软件支撑环境,以解决原型的快速构造,以及从原型系统到最终系统形成的各种变换及这种变换的一致性。

采用原型法必须具有形成原型和修改原型的支撑工具,如系统开发和设计中各种图表的生成器、计算机数据字典、程序生成器等。这些支撑工具正在研制和完善中,其发展对原型法的推广使用起着相辅相成的作用。一般认为,原型法所需要的软件支持环境主要有:

(1)要有一个方便灵活的数据库管理系统,如 Visual Foxpro.、Informix、Oracle、Sybase 等。对需要的文件和数据模型化,适应数据的存储和查找要求,方便数据的存取。

(2)一个与数据库对应的方便灵活的数据字典,具有存储所有实体的功能。

(3)一套高级的软件工具(如第四代自动生成语言 4GL 或开发生成环境等)用以支持结构化程序,并且允许程序采用交互的方式迅速进行书写和维护,并产生任意程序语言模块。

(4)一套与数据库对应的快速查询语言,支持任意非过程化的组合条件查询。

(5)一个非过程化的报告/屏幕生成器,允许设计人员详细定义报告/屏幕样本以及生成内部联系。

4. 原型法的使用范围

原型法不是万能的,有其一定的适用范围和局限性。这主要表现在:

(1)对于一个大型的系统,如果不经系统分析而进行整体性划分,直接使用屏幕来一个一个模拟,这是很困难的。

(2)对于大量运算的逻辑性较强的程序模块,原型法很难构造出模型以供评价。因为这类问题没有那么多的交互方式(如果说有现成的数据或逻辑计算软件包,则情况例外),也不是三言两语就可以把问题说清楚的。

(3)对于原基础管理不善、信息处理过程混乱的问题,使用原型法有一定的困难。首先由于工作过程不清,构造原型有一定的困难;其次是由于基础管理不好,没有科学合理的方法,系统开发容易走上机械模拟原来手工系统的轨道。

对于一个批处理系统,其大部分是内部处理过程,这时用原型法有一定的困难。

# 第三节 面向对象的开发方法

20世纪70年代A.凯(A. Kay)在Smalltalk计算机语言中首次提出了面向对象的概念。80年代中期到90年代是面向对象语言走向繁荣的阶段，大批的面向对象编程语言开始涌现，如C++、Smalltalk－80等，这些语言的出现标志着面向对象的程序设计语言开始走向实用化，随后逐渐发展了面向对象的分析、面向对象的设计等系统开发的方法和技术。发展面向对象方法的目的是，改进软件系统的可重用性、扩充性和可维护性，使软件系统向通用性方向发展。

面向对象的开发方法是一种综合运用对象、类、继承、封装、聚合、消息传送、多态性等概念来构造系统的软件开发方法。

## 一、面向对象方法和主要概念

### (一)对象

对象就是客观世界中的任何事物在计算机程序世界里的抽象表示，或者说，是现实世界中个体的数据抽象模型。

面向对象方法认为，每种对象都有各自的内部状态和运动规律，不同对象之间的相互联系和相互作用构成了不同的系统。对象是一个封闭体，它是由一组数据和施加于这些数据上的一组操作构成的，对象的本质就是数据与操作的封装。对象由标识、数据、操作和接口四部分组成。

(1)标识：即对象的名称，用来在问题域中区分其他对象，如物资管理系统中的实体对象"物资"。

(2)数据：描述对象属性的存储或数据结构，它表明了对象的一种状态。

(3)操作：也称方法，即对象的行为，分为两类：一类是对象自身承受的操作，即操作结果修改了自身原有属性状态；另一类是施加于其他对象的操作，即把产生的输出结果作为消息发送的操作。

(4)接口：主要指对外接口，是指对象受理外部消息所制定操作的名称集合。

一般来说，现实世界中可以独立存在的、能够被区分的一切实体(事物)都是对象。例如，学生、教师、电视、汽车等都是对象。每个对象有其自身的数据，例如学生有学号、性别、年龄、年级、专业和成绩等。对象的数据值可因施加于该对象上的行为动作(即操作)而变更，如根据学生升留级的情况改变学生的年级数据。

我们所研究的对象，只是现实世界中实体或概念在计算机中一种抽象模型化的标识。在这种抽象事物中封装了数据和操作，通过定义属性和操作来描述其特征和功能，通过定义接口来描述其地位及与其他对象的相互关系，从而形成一个动态的对象模型。对象的本质就是数据与操作的封装。

在面向对象开发方法中,对象就是一些可重用部件,是面向对象程序设计的基本元素。

**(二)类**

类,又称为对象类,是具有相同或相似结构、操作和约束规则的对象组成的集合,是一组对象的属性和行为特征的抽象描述。或者说,是具有共同属性、共同操作方法(性质)的对象集合,包括标识、继承、数据结构、操作和接口。

(1)标识:是类的名称,用以区分其他类。

(2)继承:是描述子类承袭父类的名称,以及继承得到的结构与功能。

(3)数据结构:是对该类数据组织结构的描述。

(4)操作:指该类通用功能的具体实现方法。

(5)接口:指面向其他类的统一的外部通信协议。

类具有层次性。相对上层的是父类,相对下层的是子类。父类是高层次的类,表达共性;子类是低层次的类,表达个性。子类通过继承机制获得父类的属性和操作,同时还可以扩充定义自己的属性和操作。

例如,电视机、电话、计算机等都是电子产品,它们具有电子产品的公共特性,当定义电视机类、电话类和计算机类时,为避免它们公共特性的重复编码,可将这些电子产品的公共特性定义为电子产品类,将电视机、电话、计算机定义为它的子类。电子产品类具有型号、价格、颜色等属性,计算机类则可以通过继承获得这些属性,并扩充自己的属性,如内存大小、硬盘容量等属性。

**(三)消息**

客观世界的各种事物都不是孤立的,而是相互联系、相互作用的。实际问题中的每一个个体也是相互联系、相互作用的,个体之间的相互联系反映了问题的静态结构,相互作用则反映了问题的动态变化。为能够反映出对象或对象类之间的相互联系和作用,就需要在它们之间发布、传递消息,即向其他对象发出服务请求。

消息是为了完成某些操作而向对象发送的命令和命令说明。它作为对象之间相互作用、相互协作的一种机制,对象之间的相互操作、调用和应答是通过发送消息到对象的外部接口来实施的。

当一个消息发送给某个对象时,包含要求接受对象去执行某些活动的消息,接收到消息的对象经过解释,然后予以响应,这种通信机制叫做消息传递。

**(四)继承**

继承是指一个类因承袭而具有另一个类的能力和特征的机制或关系。父类具有通用性,而子类具有特殊性。子类可以从其父类甚至祖先那里继承方法和属性。利用继承,只要在原来类的基础上修改、增补、删减少量的数据和方法,就可以得到子类,然后生成不同的对象实例。

继承是面向对象描述类之间相似性的重要机制。在现实世界中,大量的实体都存在一定程度的相似性,不仅在对系统类进行管理的时候,在定义新的类的时候也希望通过利用这种相似性来简化工作,并重用以前的工作。继承的重要意义在于,它简化了人们对事物的认识和描述。例如,我们认识了汽车的特征以后,在考虑客车时,只要我们知道客车也是一种汽车并理所当然地具有汽车的全部特征,就只需把精力用于发现和描述客车独有的那些特征即可。

继承具有传递性,继承性使得相似的对象可以共享程序代码和数据结构,从而大大减少了程序中的冗余信息,使得对软件的修改比过去容易得多。继承性使得用户在开发新的应用系统时不必完全从零开始,可以继承原有的相似系统的功能或者从类库中选取需要的类,再派生出新的类以实现所需要的功能。所以,继承的机制主要是支持程序的重用和保证接口的一致性。

### (五)封装

封装,又称信息隐藏,是指把对象及对象的方法、操作的实现封闭在一起,对象的封装性是面向对象技术的一个重要的特征。这实际上是一种信息隐蔽技术,使对象的使用者只能看到封装界面上的信息,对象的内部是隐蔽的。

封装的标准是:具有一个清楚的边界,对象的所有私有数据、内部程序(成员函数)细节被固定在这个边界内;具有一个接口,用于描述对象之间的相互作用、请求和响应;对象内部的实现代码受封装壳的保护,其他对象不能直接修改本对象拥有的数据和代码。

继承和封装并不矛盾。封装指的是将属于某类的一个具体的对象封装起来,使其数据和操作成为一个整体;而继承是对类而言。从另一角度看,继承和封装机制还具有一定的相似性,它们都是一种共享代码的手段:继承是一种静态共享代码的手段,而封装机制所提供的是一种动态共享代码的手段。例如,录音机这个对象具有封装性,电子线路、机械部件等都被封装在录音机内部,而向外部提供了一些接口,如 Play 键(按下后可播放歌曲)、Stop 键(按下后音乐停止)。

### (六)多态

不同对象收到同一消息后可能产生完全不同的结果,这种现象称为多态。在使用多态时,用户可以发送一个通用消息,而实现的细节则由接受对象自行决定,这样同一消息就可以调用不同的方法。多态的实现受到继承性的支持。利用类继承的层次关系,把具有通用功能的消息存放在较高层次,而实现这一功能的不同行为放在较低层次,使得在这些低层次上生成的对象能够给通用消息以不同的响应。多态性的本质是一个同名称的操作可对多种数据类型实施操作的能力,即一种操作名称可被赋予多种操作的语义。

## 二、面向对象方法的开发过程

### (一)系统调查和需求分析

对系统将要面临的具体管理问题及用户对系统开发的需求进行调查研究,弄清要干什么。

### (二)面向对象分析(OOA)

在系统调查资料的基础上,从问题域中抽象地识别出对象及其行为、结构、属性、方法等,即分析问题的性质和求解问题。

面向对象分析所强调的是,在系统调查的基础上,针对面向对象方法所需要的素材进行的归类分析和整理,而不是对管理业务现状和方法的分析。它建立在对象及其属性、类及其成员、整体及其部分等概念之上,以对象及其交互关系为手段,将非形式化的需求说明表述为明确的软件系统需求。面向对象分析模型从对象模型、动态模型和功能模型三个侧面进行描述。

面向对象分析从信息模拟中抽取了属性、关系、结构以及对象作为问题域中某些事物和实体的表示方法等概念,从面向对象的程序设计语言中吸取了属性和方法的封装、属性和方法作为一个不可分割的整体以及分类结构和继承性等特点。

在用面向对象分析的方法具体分析一个事物时,大致上遵循如下五个基本步骤:

第一步,确定对象和类。对象是对数据及其处理方式的抽象,它反映了系统保存和处理现实世界中某些事物的信息的能力。类是多个对象的共同属性和方法集合的描述,它包括对如何在一个类中建立一个新对象的描述。

第二步,确定结构。这里的结构是指问题域的复杂性和连接关系。类成员结构反映了泛化—特殊关系,整体—部分结构反映整体和局部之间的关系。

第三步,确定主题。这里所说的主题是指事物的总体概貌和总体分析模型。

第四步,确定属性。这里所说的属性就是数据元素,可用来描述对象或分类结构的实例,在对象的存储中指定。

第五步,确定方法。这里所说的方法是在收到消息后必须进行的一些处理方法:方法要定义,并在对象的存储中指定。对于每个对象和结构来说,那些用来增加、修改、删除和选择的方法本身都是隐含的,而有些则是显示的。

### (三)面向对象设计(OOD)

对分析的结果作进一步抽象、归类、整理,并最终以范式的形式将它们确定下来,即整理问题。

面向对象设计的主要作用是,对面向对象分析的结果作进一步规范化整理,以便能够被面向对象编程直接接受。在面向对象设计过程中,要展开如下几项工作:

(1)对象定义规格的求精过程:对于面向对象分析所抽象出来的对象-&-类以及汇集的分析文档,面向对象设计需要有一个根据设计要求整理和求精的过程,使之更能符合面向对象编程的需求。这个整理和求精过程主要有两个方面:一是要根据面向对象的概念模型整理分析所确定的对象结构、属性、方法等内容,改正错误的内容,删去不必要的和重复的内容等;二是进行分类整理,以满足下一步数据库设计和程序处理模块设计的需要。

(2)数据模型和数据库设计:确定类-&-对象属性的内容、消息连接的方式、系统访问、数据模型的方法等。

（3）优化：面向对象设计的优化过程是从另一个角度对分析结构和处理业务过程的整理归纳、优化，包括对象和结构的优化、抽象、集成。

**（四）面向对象程序设计（OOP）**

用面向对象的程序设计语言将上一步的范式直接映射为应用程序软件，这个过程分为可视化设计和代码设计两个阶段。可视化设计阶段主要是进行用户界面设计，将系统所有功能与界面中的控制或菜单命令联系起来。代码设计阶段的主要任务是为对象编写所需要响应的事件代码，为对象发挥必要的功能，建立不同对象间的正确连接关系。

### 三、面向对象方法的优缺点

面向对象的开发方法以对象为基础，利用特定软件工具直接完成从对象客体的描述到软件结构之间的转换，其主要优点如下：

（1）采用面向对象思想，使得系统的描述及信息模型的表示与客观实体相对应，符合人类的思维习惯，有利于系统开发过程中用户与开发人员的交流沟通，缩短了开发周期，提高了系统开发的正确性和效率。

（2）系统开发基础统一于对象之上，各阶段工作平滑，避免了许多中间转换环节和多余的劳动，加快了系统的开发进程。

（3）面向对象技术中的各种概念和特性，如继承、封装、多态性和消息传递机制等，使软件的一致性、模块的独立性及继承性、代码的共享性和重用性大大提高，也与分布式处理、多机系统及网络通信等发展趋势相吻合，具有广阔的应用前景。

但是，面向对象的开发方法也存在明显的不足，首先，必须依靠一定的软件基础支持才可以应用，对分析设计人员要求也较高；对大型的系统可能会造成系统结构不合理、各部分关系失调等问题。客观世界的对象五花八门，在系统分析阶段用这种方法进行抽象是比较困难的。在某些情况下，纯面向对象的模型不能很好地满足软件系统的要求，其实用性受到影响。

# 第四节　开发方法与开发方式的取舍

## 一、原型法与生命周期法的比较

原型法和生命周期法各有所长。生命周期法的开发流程阶段清晰，每个阶段都有明确的标准化图表、文字说明等组成文件数据，便于在开发流程中管理和控制；其缺点是要求业务处理定型、规格，开始时就要对系统完全定义，冻结系统功能，严格按阶段进行开发，并且系统开发周期长。从计算机管理角度而言，生命周期法是比较理想的方法，但往往因开发周期过长，软件还未正式使用，就已因业务管理又提出新的目标而失去了使用价值。

原型法模糊了生命周期法中的需求定义阶段、总体设计阶段、详细设计阶段和实施阶段的界线。在生命周期法中,需求定义阶段主要关心"做什么",在详细设计阶段主要关心"如何做",而原型法则将二者融为一体。原型法的主要优点是开发周期短,见效快,业务管理人员可以较快地接触到计算机处理模式,根据模式提出修改意见;其缺点是初始原型设计比较困难,开发流程中缺少管理和控制方式,技术人员修改软件工作量较大。

表3-1对原型法和生命周期法进行了定性比较。

表3-1　　　　　　　　　　　　　　　原型法与生命周期法的比较

| 　　　　　　　　方　法　　内　容 | 原型法 | 生命周期法 |
|---|---|---|
| 开发路径 | 循环、迭代型 | 严格、顺序型 |
| 文档数量 | 较少 | 多 |
| 用户参与程度 | 高 | 低 |
| 开发过程的可见度 | 好 | 差 |
| 对功能需求或环境变化的适应性 | 较好 | 差 |
| 用户的信息反馈 | 早 | 迟 |
| 对开发环境、软件工具的要求 | 高 | 低 |
| 对开发过程的管理和控制 | 较困难 | 较容易 |

这两种方法经常可以综合使用,即采用结构化生命周期法的设计思想,在系统分析与系统初步设计时采用原型法做出原始模型,与用户反复交流达成共识后,继续按结构化生命周期法进行系统详细设计及系统实施与转换、系统维护与评价阶段的工作。综合使用的优点是兼顾了生命周期法开发过程控制性强的特点以及原型法开发周期短、见效快的特点。在管理信息系统的实际开发过程中,可针对不同的实际情况,合理、综合地使用生命周期法和原型法,使开发过程更具灵活性,往往会取得更好的开发效果。

## 二、面向对象法与生命周期法的比较

面向对象的开发方法的基本思想是将客观世界抽象地看作若干相互联系的对象,然后根据对象和方法的特性研制出一套软件工具,使之能够映射为计算机软件系统结构模型和进程,从而实现信息系统的开发。这种方法的主要思路是,所有开发工作都围绕着对象而展开,在分析中抽象地确定出对象以及其他相关属性,在设计中将对象等严格规范化,在实现时严格按对象的需要来研制软件工具,并由这个工具按设计的内容,直接产生应用软件系统。

与结构化生命周期法自顶向下的系统分解方法(如功能分解、数据流分解、数据模型化)相比,面向对象的开发方法是一种基于问题对象的自底向上的开发方法论。结构化生命周期法的功能分解软件开发方法通常被描述为从"做什么"到"怎么做",而面向对象的开发方法则从"用什么做"到"要做什么";前者强调从系统外部功能去模拟现实世界,后者则强调从系统的内部结构去模拟现实世界。如同其他的信息系统设计的方法一样,面向对象的开发方法给出现实世界问题域的一种表示形式,并将其映像为信息系统软件。与其他方法不同的是,面向对象方法是基于问题对象概念分解系统的软件开发方法,使信息和处理都模块化,从而在信息和处理之间建立一种映像关系。

### 三、开发方法的综合取舍

生命周期法是一个能够全面支持整个系统开发过程的方法,该方法基于结构化的设计思想,采用"自顶向下,逐步求精"的技术对系统进行划分。简单易懂,使用方便,获得了广泛应用。生命周期法是目前能够全面支持大、中型系统整个开发过程的方法,在系统开发中仍占主导地位。

原型法需要利用软件支撑工具快速形成原型,并不断地与用户讨论、修改,最终建立系统。它是一种基于 4GL 的快速模拟方法,通过系统模拟及对模拟后原型进行不断讨论和修改,最终建立系统。要想将这样一种方法应用于一个大型信息系统开发过程的所有环节存在很大的困难,因此,它大多用于小型的、灵活性高的系统开发。

面向对象法是以对象为基础,利用特定的软件工具直接完成从对象的描述到应用软件结构的转换,它是一种围绕对象来进行系统分析和系统设计,然后用面向对象的工具建立系统的方法。这种方法适用于各类信息系统开发。

这三种常用的系统开发方法各有所长,迄今为止还很难单纯地从应用角度来评价其优劣。虽然每种方法都是在前一种方法不足的基础上发展起来的,但就目前技术的发展来看,这种发展只是局部弥补了其不足,就整体而言很难完全替代。另外,这种发展和弥补是在一定技术基础之上的,没有基础一切都无从谈起。具体应用时应该根据实际环境,博采众法之长、避其之短,而不能生搬硬套。一般来说,系统的功能或要求预先难以确定,在开发过程中可能有重大变化,规模较小、结构不太复杂的系统适宜于用快速原型法或面向对象法。因为它们在设计系统的模型时,只需提出系统的基本要求,系统要求的扩充和完善可以在开发过程中逐步提出并实现,因而比较容易适应不断变化的环境,缩短系统开发的时间。在大型系统的开发中,常常不是采用一种开发方法,而是采用多种方法的组合。系统开发的方法随着系统开发工具的不断改进,正在逐渐完善。

综上所述,只有结构化系统开发方法与面向对象开发方法是真正能较全面支持整个系统开发过程的方法。其他几种方法尽管有很多优点,但都只能作为结构化系统开发方法与面向对象开发方法在局部开发环节上的补充,暂时都还不能替代其在系统开发过程中的主导地位,尤其是在占目前系统开发工作量最大的系统调查和系统分析这两个重要环节中。这里再一次强调这几种方法并不是相互独立的,它们经常是可以混合使用的。

## 四、系统开发方式

管理信息系统的开发方式主要有用户自行开发方式、委托开发方式、合作开发方式、购买商品化软件方式。

### 1. 用户自行开发方式

用户具有开发系统的基本必要条件，而且技术力量比较雄厚，可以采用自行开发的方式。这种方式需要有强有力的领导及应在专家咨询下进行。这种方法一般周期较长，但可以得到适合本单位满意的系统，并能培养和锻炼企业本身的开发队伍。但是，就我国企业目前的状况看，绝大多数企业尚不具备自行开发的能力，如果硬要自行开发，往往会走弯路，造成不应有的损失或返工。

### 2. 委托开发方式

用户对管理信息系统建设的规划、目标等方面的要求明确、突出，可以采用招标等方式委托开发单位，通过签订合同的方式来完成开发任务。在开发中应配备精通业务的人员参加，并进行监督、检查和协调。还应注意做好培训工作，为保证系统的正常运行和维护做好准备。这种方式的缺点是风险较大，对于开发单位需要进行深入的调查，所签订的开发合同的条款需要细致、明确。

### 3. 合作开发方式

由用户和开发单位共同完成系统建设任务。这种方式能够建成较准确反映企业需求的系统，其优点是双方取长补短，用户在此过程中培养了一支队伍，在开发过程中用户应充分明确自身的职责。

### 4. 购买商品化软件

目前，软件开发正在向专业化方向发展，出现了不少商品化软件包。因此为了避免重复开发，提高系统的经济效益，缩短系统建设周期，可以从市场上购买适合的软件。这种方式的优点是软件的质量可靠，技术资料齐备，维护可靠，但市场上的系统往往具有通用性，对于组织的特殊情况难以充分考虑，需要进行二次开发，而这往往具有一定的技术难度，没有相关产品供应商的协助是难以进行的。

总之，不同的开发方式各有不同的长处和短处，需要根据企业的实际情况进行选择，也可综合使用各种开发方式。表3—2对上述四种开发方式进行了简单的比较。

表 3—2　　　　　　　　　　　　　　四种开发方式的比较

| 特点＼方式 | 委托开发 | 自行开发 | 合作开发 | 购买商品化软件包 |
|---|---|---|---|---|
| 分析设计能力的要求 | 一般 | 较高 | 逐渐培养 | 较低 |
| 编程能力的要求 | 不需要 | 较高 | 需要 | 较低 |
| 系统维护难易程度 | 困难 | 容易 | 较容易 | 较困难 |

续表

| 方式<br>特点 | 委托开发 | 自行开发 | 合作开发 | 购买商品化软件包 |
|---|---|---|---|---|
| 开发费用 | 多 | 少 | 较少 | 较少 |
| 特点描述 | 最省事,开发费用高,必须配备精通业务的人员,需要经常进行监督、检查、协调 | 开发时间较长,但可得到适合本企业的系统,并培养自己的系统开发人员,该方式需要强有力的领导及进行一定的咨询 | 通常在具备一定编程力量的基础上进行联合开发,合作方有培训义务且成果共享。双方的沟通非常重要 | 要有鉴别与校验软件包功能及适应条件的能力,需编制一定的接口软件 |

## ■ 本章小结

　　管理信息系统的开发是一项复杂的系统工程,涉及的知识面广、部门多,不仅涉及技术,而且涉及组织业务和功能。本章探讨了几种典型的管理信息系统的开发方法,分别详细介绍了结构化生命周期法、原型法、面向对象的开发方法这三种主要的开发方法;探讨了在具体应用中几种开发方法的综合使用。最后论述了管理信息系统的三种开发方式及其利弊,并说明了各自的优缺点。通过本章的学习,读者应对目前常用的几种管理信息系统开发方法有一定了解,并重点理解和掌握结构化的生命周期法和原型法的特点和适用情况。

　　本章的重点是结构化生命周期法、原型法、面向对象的开发方法各自的基本思想、阶段划分、工作步骤、适用范围、图表工具。难点是面向对象的开发方法,要理解几个重要的概念:类、对象、继承、封装。这几种方法,无论哪一种都具有其各自的特点与不足,对于开发管理信息系统这样大型、复杂的系统,严格地按照某一种开发方法是不可取的。实践证明,由于企业的具体情况不同,选用开发方法时不能死搬硬套,必须综合使用,根据具体情况来选择。最好的开发方法都是在充分分析应用领域的本质特征、开发规律的基础上,综合各种开发方法的特点,在长期的工程实践中逐步形成和完善的。读者学习时不要死记硬背,要尽量融会贯通,才能在实际系统开发过程中做到对各种方法的灵活运用。

## ■ 关键概念

生命周期(Life Cycle)

原型法(Prototype Approach )

继承(Inheritance)

封装 (Encapsulation)

面向对象(Object Oriented,OO )

类(Class)

结构化系统开发(Structured System Analysis and Design,SSA&D)

面向对象分析(Object Oriented Analysis,OOA)

面向对象设计(Object Oriented Design,OOD)

面向对象编程(Object Oriented Programming,OOP)

## 复习思考题

1. 简述生命周期法的优缺点和适用范围。

2. 生命周期法分为哪几个工作阶段? 每个工作阶段有哪些工作内容?

3. 何谓原型法? 它有哪些主要特点?

4. 在原型法中,建立初始原型要遵循哪些基本原则?

5. 说明并理解面向对象的开发方法中的对象、类、封装、继承等概念。

6. 试述系统开发文档的作用。

7. 自上而下的开发策略和自下而上的开发策略有何优缺点? 请结合具体实例来分析。

8. 结合实际应用,分析在具体情况下该如何选择合适的开发方法来进行管理信息系统的开发。

## 本章案例

### 中海油的 MIS 开发方法的选择

中国海洋石油总公司是经国务院批准于 1982 年 2 月 15 日成立的国家石油公司。为降低成本、提高效益,公司一直在信息化建设上不遗余力。公司先后建设了海洋石油卫星通信网、广域网、局域网、海洋石油网络应用系统等。其中,有两个大型的 MIS 开发系统:勘探开发系统和财务管理系统。

1. 勘探开发系统

该系统从 1994 年自行组织力量开始建设,先后建立了勘探数据库、开发数据库、生产动态信息库。该系统已应用于公司的相关部门和所属分公司,主要服务于管理层和技术层。

2. 财务管理系统

该系统开发经历了多个阶段。20 世纪 80 年代后期公司曾组织过一次财务信息系统的开发,系统是在 DOS 环境下运行的单机版并在部分下属单位推广应用,尽管没有成功,却为公司的会计电算化打下了良好的技术基础。后来,公司又组织由财务人员和计算机技术人员参加的项目组,开发了一套在微机 UNIX 主机终端环境下运行的多用户版,这套软件经许多下属公司实施或二次开发后一直使用,提供了财务工作中大量的账务处理和报表功能。1996 年,在公司领导的主持下,财务管理系统完全外包给用友集团,包括今后的应用系统的维护工作。

公司有几个用结构化的系统开发方法开发的项目,由于时间拖得太长,适应不了企业组织和管理流程的变化而告失败。

中国海洋石油公司开发财务管理系统的目的在于,以自动化的手段来加速财务活动的处理速度和提高财务规划的准确度,而不是要从财务系统的开发中学到这类软件的开发技术。公司采用外部化,选择同用友集团合作,具有以下优点:

(1)避免公司内部的技术人员设计过多的技术细节,可以节省大量人力。

(2)避开自行开发可能会遇到的各种难题,使完成后的财务系统具有更强大的财务处理功能。

（3）能够大大节省需要投入项目调研和开发所需的时间，保证系统按时使用。

用友开发该系统时，用的是原型法，使系统的开发过程更加灵活，大幅度节省时间，保证了整个开发项目的如期完工。

**案例讨论：**

1. 通过阅读案例，请你谈谈中海油公司为什么对勘探开发系统、财务管理系统采用了不同的开发方式和开发方法？

2. 在什么时候应该采取什么样的开发方法？请发表你的看法。

3. 通过案例理解"几种开发方法并不是对立的，而是可以综合使用的"这句话的含义。

# 第四章
# 系统规划

## 【学习目的和要求】

- 掌握系统规划的内容,系统初步调查及可行性研究的范围
- 理解系统规划的定义及作用
- 掌握业务流程重组的内涵以及三种主要的系统规划方法

[开篇案例]　　　　　企业信息化建设的风险

福克斯·梅亚公司曾经是美国最大的分销商之一,年营业收入超过50亿美元。为了提高竞争地位,保持快速增长,这家公司决定采用国际上非常流行的企业资源计划(ERP)系统。简单地说,这一系统就是将公司内外原本根本没有联系的职能部门用计算机软件拼合在一起,以便使产品的装配和输送更加高效。

由于坚信ERP系统的潜在利益,在一家享有声誉的系统集成厂商的帮助下,梅亚公司成为了早期的ERP系统应用者。然而,到了1997年,在投入了两年半的时间和1亿美元之后,这家公司所达到的效果非常不理想,仅仅能够处理当天订单数的2.4%,而这一目标即使用最早时期的方法也能达到。况且,就是这点儿业务也常常遭遇到信息处理上的问题。最终,梅亚公司宣告破产,仅以8 000万美元被收购。它的托管方至今仍在控告那家ERP系统供应商,将公司破产的原因归结为采用了ERP系统。

福克斯·梅亚公司的例子告诉我们,企业应用信息技术实际上也蕴含着巨大的风险。特别是随着信息技术(IT)应用日益广泛和深入,系统日趋复杂,实施周期长,还涉及组织变革等方面,整个过程充满不确定性。国内外的调查研究表明,企业信息化建设中的风险主要表现在以下几个方面:

(1)企业在信息系统设计和实施时,往往没有对自己的企业为什么要采用信息技术、如何有效地应用信息技术进行必要的考虑,没有合理规划系统建设,所实施的信息系统不能支持组织战略,导致IT投资失败。

(2)信息系统的应用仅仅模仿手工业务流程,并没有进行业务流程的优化和重组,出现新技术迎合旧流程的现象,对管理与业务状况并无显著改善。

(3)在选用应用软件时,往往关心某种单一的核心应用,没有考虑到不同应用系统之间的关系,项目实施也各自为政,导致"信息孤岛"的产生。

(4)更为常见的是,随着信息化建设的深入,形成纷繁复杂的应用环境——互不兼容的系统、各式各样的设备,导致维护成本居高不下。而且,复杂的应用环境与多种应用系统之间的冲突正形成一个新的"IT 黑洞",出现新的"数据处理危机"问题。

企业的信息化建设具有综合性、系统性、变革性和持续性等特点,其对组织的影响不是一时一事性的。如何避免造成"信息孤岛",避免陷入"IT 黑洞",避免 IT 投资的失败?这就要求企业在进行信息化建设时,要从战略的高度出发,目光长远,面向组织的发展目标,科学地制订信息系统规划。

# 第一节　系统规划概述

系统规划是关于管理信息系统的长期规划,是系统开发的必要准备和总部署。

## 一、系统规划的定义

规划通常是指关于一个组织的发展方向、长期目标、重大政策与策略等方面的长远计划。任何组织的规划都在动态中发展,而且在不同时期,可能需要根据环境条件和政策策略进行调整。

信息系统规划(Information System Planning, ISP)是关于信息系统长远发展的规划,可以被看成是企业战略规划的一个重要组成部分,也可以看成是企业战略规划下的一个专门性规划。

信息系统规划是将组织目标、支持组织目标所必需的信息、提供这些必需信息的信息系统以及这些信息系统的实施等诸要素集成的信息系统方案,是面向组织中信息系统发展远景的系统开发计划。

## 二、系统规划的作用

现代企业用于信息系统的投资越来越多,例如宝钢投资已多达亿元。由于建设管理信息系统耗资大、历时长、技术复杂且涉及面广,在着手开发之前,必须认真地制订充分有效的管理信息系统总体规划。这项工作的好坏往往是管理信息系统建设成败的关键。如果没有进行 MIS 规划或规划不合理,不仅造成开发过程的直接损失,由此而引起的企业运行不好的间接损失更是难以估计。人们通常认为,假若一个操作错误可能损失几万元,那么一个设计错误就可能损失几十万元,一个计划错误就可能损失几百万元,而一个规划错误的损失则可能达到千万元,甚至上亿元。所以我们应克服那种"重硬、轻软"的片面性,把信息系统的规划摆到重要的战略位置上。

一个有效的系统规划可以使信息系统和用户有较好的关系,可以做到信息资源的合理分配和使用,从而可以节省信息系统的投资。一个有效的规划还可以促进信息系统应用的深化,例如 MRP II 的应用可以为企业创造更多的利润。一个好的规划还可以利用信息技术改变企业的业务处理过程,简化流程,变革组织结构,达到组织精简、效率提高的效果。

综上所述,系统规划的作用可以概括为:

(1)合理分配和利用信息资源,以节省信息系统的投资。

(2)通过制订规划,找出企业存在的问题。

(3)指导 MIS 系统开发,用规划作为将来考核系统开发工作的标准。

### 三、系统规划的内容

系统规划的主要内容包括以下五项:

(1)企业管理现状的调查,包括企业的总目标、各职能部门的目标、计算机软件及硬件情况以及开发费用的投入情况、业务流程的现状及存在的问题和不足、业务流程在新技术条件下的再造。

(2)用户需求调查与分析,包括管理信息系统的目标、约束以及计划指标的分析。

(3)新系统规划,主要指新系统的描述,包括确定新系统的目标、主要功能和结构、运行模式、新系统与外部系统的接口等,以及新系统的运行环境等。

(4)新系统的实施计划,包括开发进度安排、效益分析、系统人员组织和管理。

(5)可行性研究与分析。

# 第二节　系统初步调查和可行性研究

系统初步调查使系统开发人员对现行系统的运行方式有一个比较全面的了解,初步调查工作的目的就是明确系统总体目标,对企业的环境给出一个概括性的描述,以便进行系统的可行性分析。

可行性研究是任何大型项目在正式投入建设之前都必须进行的一项工作,这对于保证资源的合理使用、避免浪费是十分必要的,也是项目开始以后能顺利进行的必要保证。对于管理信息系统开发而言,可行性研究的目的是解决新系统开发"是否可能"和"有无必要"的问题,可行性研究是在对现行系统初步调查的基础上,根据组织当前的实际情况和环境条件,运用经济理论和技术方法,从各个方面对建立管理信息系统的必要性和可能性进行详细完整的分析讨论。

### 一、现行系统的初步调查

系统调查的目的是确定系统要开发什么,即完成问题获取的工作,是后期系统分析和设计的基础。具体来说,初步调查主要调查组织概况,组织目标,现行系统运行概况,企业的产品、产量、产值、体制及改革情况,人员基本情况,外部环境,组织的中长期计划及存在的主要困难等,使系统分析人员对组织的认识有一个初步轮廓。

在系统初步调查阶段采用的方法常常是阅读资料以及同企业组织领导和有关部门领

导进行面谈或座谈，也可根据情况设计各种调查表辅助调查。调查时所投入的人力不必太多，但要求这些人具有相当丰富的工作经验。

## 二、可行性研究

可行性（Feasibility）研究的任务是明确项目开发的必要性和可能性。其中，必要性来自对待开发系统的迫切性，而可能性则取决于实现系统的资源和条件是否具备。如果领导或管理人员对信息系统的需求很不迫切，或者资源和条件尚不具备，就是不可行。

具体来说，系统开发可行性研究包括如下几个方面：

### 1. 开发必要性

可行性并不等于可能性，还包括必要性。如果现行系统能够满足组织信息管理需求，或高层管理者觉得现行系统没有升级的必要，那么这个管理信息系统的开发工作就不具备可行性。所以，要根据现行信息系统的运行现状以及管理上对业务工作提出的要求，来分析和论证开发系统的必要性。

### 2. 目标和方案的可行性

目标和方案的可行性是指目标是否明确，方案是否切实可行，是否满足组织进一步发展的要求等。

### 3. 技术可行性

技术可行性分析是根据用户提出的系统功能、性能及实现系统的各项约束条件，从技术角度研究实现系统的可能性。

在技术可行性分析过程中，系统分析人员应采集系统性能、可靠性、可维护性方面的信息，分析实现系统功能和性能所需的各种设备、技术、方法和过程，分析项目开发在技术方面可能担负的风险，以及技术问题对开发成本的影响等。

### 4. 经济可行性

经济上的可行性研究，除了研究开发与维护新系统所需要的费用是否能够可靠提供外，主要研究新系统将带来的经济效益是否超过其开发与维护所需的费用，论证开发这样一个项目是否划算。这包括费用估计和经济效益估计两个方面。

所谓开发费用是指建立信息系统所需开支的经费总额，其中包括购置计算机软硬件的费用、研发费用、运行维护费用等。应特别指出，在经费预算时，不能只考虑硬件，而忽略软件及运行维护费用的预算。

经济效益应从两方面综合考虑：一部分是可以用金钱直接衡量的效益，如加快流动资金周转，减少资金积压等；另一部分是难以用金钱直接表示的间接效益，如提供更多的更高质量的信息，加快取得信息的速度，提高企业的形象和品牌等。这类收益虽然是确实存在的，但不容易用具体的金额来衡量。

费用和效益间的关系，除了比较大小外，还可用投资回收期来说明。设 $F$ 为费用，$N$ 为年利润增长额，$T$ 为投资回收期，则有公式：$T = F/N$。

回收期越短,说明收效越明显。回收期一般都要几年的时间,所以对系统开发和使用效果的评价,一般要经过几年实际工作才能最后确定,可行性研究只是作出初步估算,看看在经济上是否划算。

5. 社会可行性

社会可行性主要是指一些社会的或者人的因素对系统的影响。信息系统是在社会大环境中存在的。例如,与项目有直接关系的管理人员是否支持该项目,如果有各种误解甚至抱有抵触的态度,那应该说条件还不成熟,至少应该做好宣传解释工作,项目才能开展。又如,有的企业的管理制度正处在变动之中,这时信息系统的改善工作就应该作为整个管理制度改革的一个部分,在制定系统的总目标和总的管理方法之后,项目才能有根本变化。如果这时考虑大范围地使用某些较高文化水平的新技术,显然不现实。所有这些社会因素、人的因素均必须考虑在内。

### 三、可行性研究报告

可行性研究结束后,要写出一个书面文档,这就是可行性研究报告。它是系统开发人员对现行系统进行系统初步调查和研究之后的结论,反映了系统开发人员对新系统开发的看法和设想。可行性研究报告一般要提交到有企业决策者、部门领导及主要业务骨干参加的正式会议上讨论,报告一旦正式通过,并且经过有关领导审核批准,可行性研究即宣告结束。

一般可行性研究报告应包括以下内容:

1. 系统概述

简单地说明与系统开发有关的各种情况和因素,主要包括系统开发的背景、必要性和意义。

2. 拟建系统的方案

说明初步调查的全过程,提出拟建系统的候选方案,包括系统应达到的目标,系统的主要功能,系统的软、硬件配置,系统的大致投资,系统开发进度的安排。

3. 可行性论证

对管理信息系统建设方案的必要性和可行性分析进行论证,最后应写明论证的结论。

可行性分析的结论一般分为三种:结论一是条件成熟,可以立即进行新系统的研制开发工作;结论二是暂缓开发新系统,原因之一是需要追加投资资金或等到某些条件成熟后才能开始开发工作,原因之二是要对系统目标做某些修改后再进行系统开发;结论三是因条件不具备,或经济上不划算,或技术条件不成熟,或上级领导不支持,或现行系统还可以使用,而不能或没有必要进行新系统的开发工作。

# 第三节　业务流程重组

## 一、BPR 的内涵

业务流程重组(Business Process Reengineering，BPR)最早于 1993 年由美国麻省理工学院(MIT)的计算机教授迈克尔·汉默(Michael Hammer)和 CSC 管理顾问公司董事长詹姆斯·钱普(James Champy)提出。他们给 BPR 下的定义是：对企业过程进行根本的再思考和彻底的再设计，以求企业关键的性能指标获得巨大的提高，如成本、质量、服务和速度。这种巨大的增长是在原来线性增长基础上的一个非线性跳跃，是量变基础上的质变。抓住跃变点对 BPR 是十分关键的。

迈克尔·汉默和詹姆斯·钱普认为，传统的企业生产方式已经不适应现在的社会和企业。分工工作方式、金字塔形的职能组织机构、以提高企业的产品生产量为中心等传统的方法曾经是美国经济迅速发展的法宝，但是随着信息产业的发展和技术手段的引进，这些传统的法宝却变成了阻碍经济发展的绊脚石。他们认为：在今天的市场中，不容忽视的 3 种力量是 3C，即顾客(Customer)、竞争(Competition)、变化(Change)。为了适应这三种力量，企业要想发展，最重要的就是以工作流程为中心，重新组织工作。所谓"改造企业"，就是"彻底地抛弃原有的作业流程，针对顾客的需要，重新规划工作，提供最好的产品和一流的服务"。

实现 BPR 必须依靠 IT(信息技术)、组织、管理者共同来完成。BPR 之所以能得到巨大的提高，就在于充分发挥 IT 的潜能，即利用 IT 改变企业的过程，简化企业过程。另一个方法就是变革组织结构，达到组织精简、效率提高的效果。此外，企业领导的抱负、知识、意识和艺术也是非常重要的。领导的责任在于克服中层的阻力，改变旧的传统。领导只有给 BPR 营造一个好的环境，BPR 才能成功。

BPR 的主要技术在于简化和优化过程。总的来说，BPR 过程简化的主要思想是战略上精简分散的过程，职能上纠正错位的过程，执行上删除冗余的过程。

BPR 在利用 IT 技术简化过程上有一些原则，这些原则包括：

(1)横向集成，跨部门的工作按流程压缩，例如，大客户部的客户代表代替销售人员和客服人员的工作；

(2)纵向集成，权力下放，压缩层次；

(3)减少检查、校对和控制，变事后检查为事前管理；

(4)单点对待顾客，用入口信息代替中间信息；

(5)单库提供信息，建好统一共享信息库，把相互打交道变成对信息库打交道。

表 4-1 给出了一些运用信息技术对业务流程进行创新的实例，它们改变了企业的一些传统过程。

**表 4—1**           信息技术对传统流程的改变

| 传统流程 | 信息技术 | 新的选择 |
| --- | --- | --- |
| 信息只能在一个地方出现或只能出现一次 | 共享数据库 | 人们可在不同地方共享信息，共同完成一个项目 |
| 要经常查看库存状态以防止发生缺货 | 远距离通信网 EDI 技术 | 准时交货制与无库存供应 |
| 人工处理单据 | 自动化 | 取代或减轻手工处理任务 |
| 用固定分工和技能专业化来提高绩效 | 决策支持系统 | 支持灵活的工作任务，简化决策过程 |

## 二、BPR 应用案例

改进企业内部票据流程。企业的票据工作是企业管理的基础工作，对票据的简化及流程的改革是一项重要的工作。据国外报道，在处理票据流程中 90％的时间是在传递、审核、签字，可以说，预防措施极为严格，但问题仍层出不穷。票据及流程改革的要点是：先考察票据、报表、公文的走向，简化合并票据，将票据部门之间的接触点减少到最小限度，建立标准作业程序，减少工作环节，减少调整及纠错工作。在可能的情况下，采用自动化技术传递票据，缩短传递时间，加快流速。

福特汽车公司是美国三大汽车巨头之一，但是到了 20 世纪 80 年代初，福特像许多美国大企业一样面临着日本竞争对手的挑战，因而计划想方设法削减管理费用和各种行政开支。

位于北美的福特汽车公司 2/3 的汽车部件需要从外部供应商购进，为此需要相当多的雇员从事应付账款管理工作。当时，公司财会部有 500 多名员工，负责审核并签发供应商供货账单的应付款项。按照传统观念，这么大一家汽车公司，业务量如此之大，有 500 多名员工处理应付账款是合情合理的。

促使福特公司认真考虑"应付账款"工作的是日本马自达公司。这是一家福特公司占有 22％股份的公司，有 5 位职员负责应付账款工作。尽管两家公司在规模上存在一定的差距，但按公司规模进行数据调整后，福特公司仍多雇佣了 5 倍的员工，5：500 这个比例令福特公司的经理再也无法泰然处之了。福特公司决定对与应付账款相关的整个业务流程进行彻底重组。进行业务流程重组之前，管理人员计划通过业务流程重组和应用计算机系统，将员工裁减到最多不超过 400 人，实现裁员 20％的目标。

福特汽车公司原付款流程是：财会部门接受采购部门送来的采购订单副本、仓库的验货单和供应商的发票，然后将三张票据在一起进行核对，查看其中的 14 项数据是否相符，核对相符后，财会部门才予以付款。财会部门要花费大量的时间核对三张单据上 14 项数据是否相符。原付款业务处理流程如图 4—1 所示。

第一，采购部门向供货商发出订单，并将订单的副本送往应付款部门；第二，供货商发

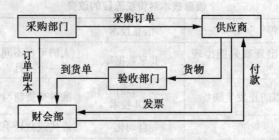

图 4—1 重组前的业务流程

货,福特的验收部门收检,并将验收报告送到财会部;第三,供货商同时将产品发票送至财会部。

针对上述流程进行重组后,财会部门不再需要发票,需要核实的数据项减为三项:零部件名称、数量和供应商代码。采购部门和仓库分别将采购订单和收货确认信息输入到计算机系统后,由计算机进行电子数据匹配。重组之后的业务流程如图 4—2 所示。

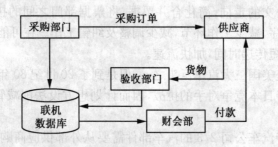

图 4—2 重组后的业务流程

新的流程中包含两个工作步骤:第一,采购部门发出订单,同时将订单内容输入联机数据库;第二,供货商发货,验收部门检查来货是否与数据库中的内容相符合,如果符合就收货,并在终端上按键通知数据库,计算机会自动生成付款单据。

业务流程重组的结果是:(1)以往财会部需在订单、验收报告和发票中核查 14 项内容,如今只需核查 3 项零件名称、数量和供货商代码;(2)有 125 位员工负责应付账款工作,财会部门减少了 75% 的人力资源,而不是计划的 20%;(3)简化了物料管理工作,提高了准确性。

# 第四节　系统规划的主要方法

用于管理信息系统规划的方法很多,主要有企业系统规划法(Business System Planning, BSP)、关键成功因素法(Critical Success Factors,CSF)和战略目标集转化法(Strategy Set Transformation，SST）。其他还有企业信息分析与集成技术（BIAIT）、产出/方法分析（E/MA）、投资回收法（ROI）、征费法（Chargeout）、零线预算法、阶石法等。用得最多的是前面三种，后面几种用于特殊情况，或者作为整体规划的一部分使用。

## 一、企业系统规划法（BSP）

20 世纪 60 年代中期，IBM 公司为了总结、吸取本公司及其他公司开发信息系统失败的教训，特地组织专门的机构和人员，对信息系统的开发方法进行研究和探索，BSP 法即为他们的研究成果。该方法能帮助企业形成信息系统的规划和控制机制，改善对信息需求和数据处理资源的使用，从而成为开发企业信息系统总体规划的有效方法之一。

BSP 法的基本思想：要求所建立的信息系统支持企业目标；表达所有管理层次的要求；向企业提供一致性信息；对组织机构的变革具备适应性。

BSP 法的主要目标是提供一个信息系统的总体规划，与企业计划相匹配，以支持企业短期的和长期的信息需要。BSP 的过程是首先自上而下识别系统目标，识别业务过程，识别数据，然后自下而上设计系统，以支持系统目标的实现（如图 4—3 所示）。

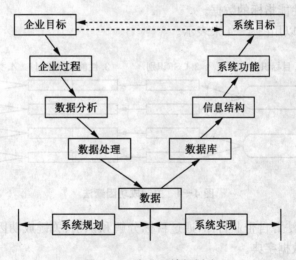

图 4—3　企业系统规划法

BSP 法是一种能够帮助规划人员根据企业目标制订出 MIS 战略规划的结构化方法。通过这种方法可以做到：

（1）确定未来信息系统的总体结构，明确系统中的子系统组成和开发子系统的先后顺序。

（2）对数据进行统一规划、管理和控制，明确各子系统之间的数据交换关系，保证信息的一致性。

BSP 法的优点在于，利用它能保证信息系统独立于企业的组织机构，使信息系统具有对环境变化的适应性。即使将来企业的组织机构或管理体制发生变化,信息系统的结构体系也不会受到太大的冲击。

## 二、关键成功因素法(CSF)

1970 年哈佛大学威廉姆·赞恩(William Zani)教授在 MIS 模型中用了关键成功变量,这些变量是确定 MIS 成败的因素。10 年后,麻省理工学院(MIT)的琼·罗卡特(Jone Rockart)教授将 CSF 提升成为一种 MIS 规划方法。该方法用来定义高层管理者的信息需求。

CSF 方法的基本思路:通过分析找出使企业成功的关键因素,围绕其确定系统需求,进行规划。

作为一个例子,有人把这种方法用于数据库的分析与建立,它包含以下几个步骤:

(1)了解企业目标;

(2)识别关键成功因素;

(3)识别各关键成功因素的性能指标和标准;

(4)识别测量性能指标的数据。

这四个步骤可以用图 4—4 来表示。

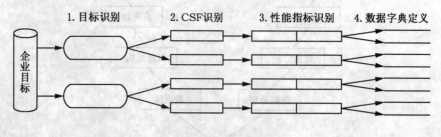

图 4—4 关键成功因素法

关键成功因素法源自企业目标,通过目标分解和识别、关键成功因素识别、性能指标识别,一直到产生数据字典。

关键成功因素就是要识别联系于系统目标的主要数据类及其关系,识别关键成功因素所用的工具是树枝因果图。如图 4—5 所示,某企业有一个提高产品竞争力的目标,可以用树枝图画出影响它的各种因素,以及影响这些因素的子因素。

如何评价这些因素中哪些因素是关键成功因素,不同的企业是不同的。对于一个习惯于高层人员个人决策的企业,主要由高层人员个人在此图中选择。对于习惯于群体决策的企业,可以用德尔斐法或其他方法把不同人设想的关键因素综合起来。关键成功因素法在高层应用的效果一般较好。

1. 关键成功因素的确定

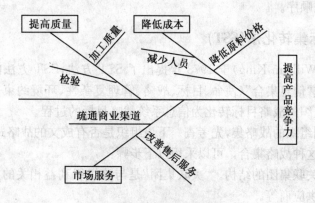

**图4-5 树枝图**

确定一个企业的关键成功因素,需要考虑以下几个方面:

(1)确保企业具有竞争能力的关键因素;

(2)不同类型的业务,有不同的关键成功因素;

(3)在不同的时期内,可能有不同的关键成功因素;

(4)外部环境变化,可能引起关键成功因素的改变;

(5)不同的高级管理人员,可能对企业的关键成功因素有不同的看法,等等。

关键成功因素应该成为最高层管理人员管理控制企业系统的基础。对一个行业来说,某些关键成功因素差不多是共同的。例如,汽车工业的燃料的节约、式样、高效的销售组织、生产成本的严格控制;软件公司的产品革新、国际市场和服务、产品的多用性;人寿保险公司的管理人事机构的开发、广告效果、工作的效率,等等。

应该注意的是,企业目标和关键成功因素是完全不同的两个概念。企业目标是指企业经营要达到的目标,在叙述上,可能包括这样的语句:"销售额每年增长30%","市场股份增加到40%",等等。关键成功因素为最高层管理人员管理控制企业系统提供了所必要的衡量标准。要想使企业获得成功,就必须对关键成功因素进行认真的和不断的检查与关注。

2. 关键成功因素的审查

关键成功因素的确定,不能通过一次调查就得出,特别是由于不同的高层管理人员对企业的关键成功因素可能有不同的看法,更不能简单从事。这就要求召开会议来审查所提出的关键成功因素初稿,使几方面的意见得到交流,争取达到一致的理解。

由于企业的发展和客观环境的变化,在不同时期,关键成功因素也会发生变化。为此,企业董事会或高层委员会应定期地复查企业的关键成功因素。决策者可以定期地审查什么是起决定性的成功因素,把主要精力集中在保证企业成功的一些关键问题上。

在进行信息系统总体规划时,如果注意到关键成功因素,就会突出重点,抓好与关键成功因素有关的业务过程与活动,从而使新系统逻辑模型更好地反映企业的目标,也有利于确定开发的优先顺序。

### 三、战略目标集转化法(SST)

威廉姆·肯(William King)于 1978 年提出了 SST 方法,SST 方法的基本思想是把整个战略目标看成"信息集合"(使命、目标、战略、管理复杂性、环境约束等),信息战略规划的过程就是把组织的战略目标转化为信息系统战略目标的过程。

第一步是识别组织的战略集,先考查一下该组织是否有成文的战略式长期计划,如果没有,就要去构造这种战略集合。可以采用以下步骤:

(1)描述组织关联集团的结构。"关联集团"是与该组织利益相关的人员,如客户、股东、雇员、管理者、供应商等。

(2)识别关联集团的目标。

(3)定义组织相对于每个关联集团的任务和战略。

第二步是将组织战略集转化成 MIS 战略,MIS 战略应包括系统目标、约束以及设计原则等。这个转化的过程是,先对组织战略集的每个元素识别对应的 MIS 战略约束,然后提出整个 MIS 的结构。最后,选出一个方案送至组织领导,如图 4-6 所示。

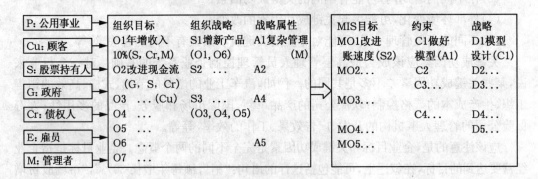

**图 4-6　战略目标集转化法**

由图 4-6 我们可以看出,这里的目标是由不同群体引出的。例如,组织目标 O1 由股票持有者 S、债权人 Cr 以及管理者 M 引出;组织战略 S1 由目标 O1 和 O6 引出,以此类推。这样就可以列出 MIS 的目标、约束以及设计战略。

不同的企业由于经营战略、企业规模和管理水平的不同,以及处在信息化建设的不同阶段,制定信息技术战略的出发点不同,可能会采取不同的方法,也可以综合运用几种方法。但是,不论采用哪种方法,都要从企业经营战略出发而不是从信息系统的需求出发,避免陷入脱离目标而进行盲目建设的困境,要着眼于引进现代管理理念、模式和方法,从经营管理的变革出发而不是从技术的变革出发,有利于充分利用企业的现有资源来满足关键需求,避免信息系统无法有效地支持组织的决策。

## 本章小结

　　系统规划是一个组织战略规划的重要组成部分,是关于 MIS 长远发展的规划。本章首先从整体上介绍了系统规划的定义、作用和主要内容,信息系统规划是将组织目标、支持组织目标所必需的信息、提供这些必需信息的信息系统以及这些信息系统的实施等诸要素集成的信息系统方案,是面向组织中信息系统发展远景的系统开发计划。一个有效的系统规划可以使信息系统和用户有较好的关系,可以做到信息资源的合理分配和使用,从而可以节省信息系统的投资;一个好的规划还可以利用信息技术解决组织中的管理问题,提高效率和效益;同时,一个好的规划可以指导 MIS 系统开发,用规划作为将来考核系统开发工作的标准。MIS 系统规划的主要内容包括:企业管理现状的调查、用户需求调查与分析、新系统规划、新系统的实施计划和可行性研究与分析。

　　本章还介绍了系统初步调查与可行性研究的内容,以及可行性研究报告组成;然后重点阐述了新系统规划中重要的一个环节——业务流程重组,包括业务流程重组的内涵和应用案例;最后详细介绍了BSP、CSF 和 SST 三种主要的系统规划方法。

　　本章的重点是系统规划的定义、作用及主要内容,系统初步调查的内容,可行性研究的内容和可行性研究报告的撰写,业务流程重组的内涵及应用,BSP、CSF 和 SST 三种主要系统规划方法的基本思想。难点是可行性研究报告的撰写、业务流程重组的内涵及应用。

## 关键概念

系统规划(System Planning)

信息系统规划(Information System Planning)

系统调查(System Investigation)

可行性研究(Feasibility Research)

业务流程重组(Business Process Reengineering)

企业系统规划法(Business System Planning,BSP)

关键成功因子法(Critical Success Factors,CSF)

## 复习思考题

1. 为什么要对信息系统的开发进行规划?

2. 系统规划的主要内容是什么?

3. 如何理解信息系统规划?

4. 系统调查的主要内容有哪些?

5. 可行性研究主要包括哪些方面?

6. 系统规划有哪些方法? 试比较它们的优缺点。

7. 什么是业务流程重组? 它与 MIS 之间有何关系?

8. 如何理解"IT(信息技术)和组织是 BPR 实现的两个使能器"？

## 本章案例

### 百货商店业务管理信息系统

百货商店业务管理信息系统的规模较小，但作为教材的案例仍是篇幅太大。因此，此处仅对系统分析和系统设计阶段的主要工作加以介绍。在管理信息系统的整个开发过程中，系统分析和系统设计是基础性的和难度较大的工作阶段，所以，加强对系统分析、系统设计的举例，对巩固和深化所学的知识会有较大的收益。

#### 一、系统概述

某百货商店是一个商业销售组织，该商店的主要业务是从批发或制造厂商处进货，然后再向顾客销售。按照有关规定，该百货商店每月必须向税务机关交纳一定的税款。该百货商店的全部数据处理都由人工操作。由于经营的商品品种丰富，每天营业额很大，因此业务人员的工作量十分艰巨。

最近，因百货商店大楼翻建后，营业面积扩大，从而经营品种、范围和数据处理的工作量大大增加，需要建立一个计算机管理信息系统，以减轻工作人员的劳动强度，提高业务管理水平，适应新的发展。

1. 现行系统的组织结构及工作任务

现行系统在商店经理的领导下，设有销售科、采购科和财务科，组织结构如图 4—7 所示。

销售科的任务是，接受顾客的订货单并进行校验，将不符合要求的订货单退还给顾客。如果是合格的订货单且仓库有存货，那么就给顾客开发货单，通知顾客到财务科交货款，并修改因顾客购买而改变的库存数据。如果是合格的订货单但缺货，那么先留底，然后向采购科发出缺货单。当采购科购买到货后，核对到货单和缺货单，再给顾客开发货单。

**图 4—7　现行系统组织机构**

采购科的任务是，将销售科提供的缺货单进行汇总，根据汇总情况和各厂商供货情况，向有关厂商发出订购单。当供货厂商发来供货单时，对照留底的订购单加以核对。如果正确，则建立进货账和应付款账，向销售科发到货通知单并修改库存记录；如果供货单与留底订购单不符，则把供货单退还给供货厂商。

财务科的任务是，接到顾客的货款时，给顾客开出收据及发票，通知销售科发货；根据税务局发来的税单建立付款账，并付税款；根据供货厂商发来的付款通知单和采购科记录的应付款明细账，建立付款明细账，同时向供货厂商付购货款。无论是收款还是付款之后，都要修改商店的财务总账。财务科在完成以上日常账务工作的同时，还要定期编制各种报表向经理汇报，以供经理了解有关情况并据此制订下阶段的业务计划。

2. 现行系统业务流程及概况

现行系统的业务流程情况如图 4—8 所示。各项业务数据的输入、处理、存储和输出概况见表 4—6所示。

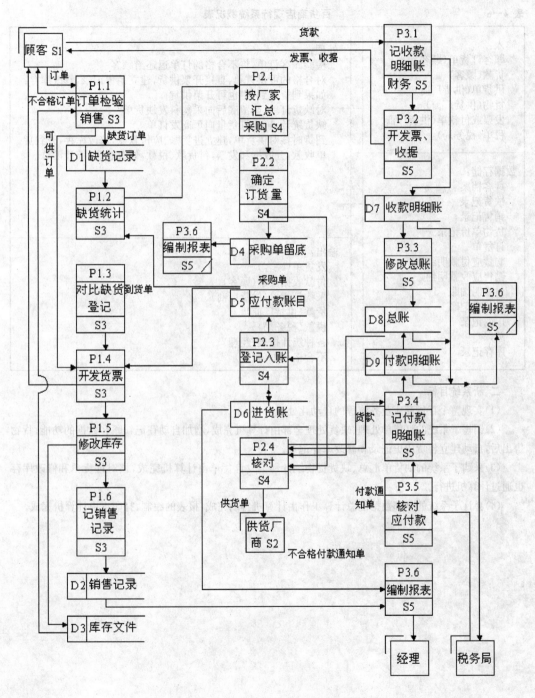

**图 4—8 现行系统的业务流程情况**

表 4—6　　　　　　　　　　　百货商店现行系统概况表

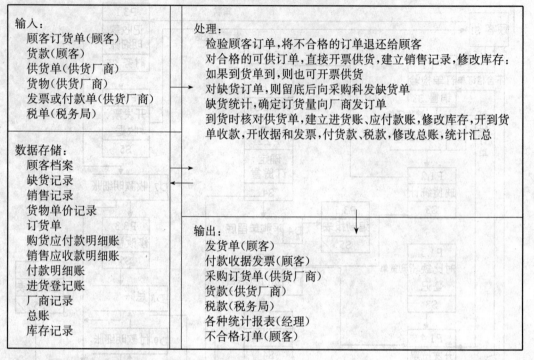

输入：
　　顾客订货单(顾客)
　　货款(顾客)
　　供货单(供货厂商)
　　货物(供货厂商)
　　发票或付款单(供货厂商)
　　税单(税务局)

数据存储：
　　顾客档案
　　缺货记录
　　销售记录
　　货物单价记录
　　订货单
　　购货应付款明细账
　　销售应收款明细账
　　付款明细账
　　进货登记账
　　厂商记录
　　总账
　　库存记录

处理：
　　检验顾客订单,将不合格的订单退还给顾客
　　对合格的可供订单,直接开票供货,建立销售记录,修改库存;
　　如果到货单到,则也可开票供货
　　对缺货订单,则留底后向采购科发缺货单
　　缺货统计,确定订货量向厂商发订单
　　到货时核对供货单,建立进货账、应付款账,修改库存,开到货
　　单收款,开收据和发票,付货款、税款,修改总账,统计汇总

输出：
　　发货单(顾客)
　　付款收据发票(顾客)
　　采购订货单(供货厂商)
　　货款(供货厂商)
　　税款(税务局)
　　各种统计报表(经理)
　　不合格订单(顾客)

**二、新系统目标**

(1)实现整个百货商店业务流程的自动化处理。

(2)销售子系统的订货单处理、缺货处理全部由计算机完成,增加自动登记新顾客数据的功能;货物售出后,自动建立售货历史记录和修改库存记录。

(3)采购子系统的缺货单汇总、缺货货物统计和编发订货单由计算机完成,核对订货单和修改库存也通过计算机进行。

(4)会计子系统的全部数据汇总计算工作由计算机自动完成,报表的编制、打印也由计算机完成。

# 第五章
# 系统分析

## 【学习目的和要求】

● 掌握系统分析阶段的主要任务和主要内容
● 掌握详细调查的范围与方式、组织结构与功能、业务流程的分析方法
● 了解详细调查的原则以及数据汇总分析
● 掌握数据流程图的绘制方法、数据字典的建立和处理逻辑的描述方法
● 掌握新系统逻辑方案和系统分析报告的主要内容

# 第一节　系统分析概述

## 一、系统分析的主要任务

在管理信息系统开发实践中,经过成功和失败的教训,使人们认识到,为了使开发出来的目标系统能满足实际需要,在着手编程之前,首先必须要花费一定的时间来认真考虑以下问题:系统所要求解决的问题是什么? 为解决该问题,系统应做些什么? 系统应该怎么去做?

在总体规划阶段,通过初步调查和可行性分析,建立了新系统的目标,已经回答了上面的第一个问题;而第二个问题的解决,正是系统分析的任务;第三个问题则由系统设计阶段解决。

要解决"系统应做些什么"的问题,系统分析人员必须与用户密切协商,这是系统分析工作的特点之一。根据现行信息系统与计算机信息系统各自的特点,认真调查和分析用户需求。所谓用户需求,是指新系统必须满足的所有性能和限制,通常包括功能要求、性能要求、可靠性要求、安全保密要求,以及开发费用、开发周期、可使用的资源等方面的限制。弄清哪些工作交由计算机完成,哪些工作仍由人工完成,以及计算机可以提供哪些新功能。这样就可以在逻辑上规定新系统目标的功能,而不涉及具体的物理实现,也就解决了"系统应做些什么"的问题。

系统分析报告是系统分析阶段的最后结果,它通过一组图表和文字说明描述了新系统的逻辑模型。逻辑模型包括数据流程图、数据字典、基本加工说明等。它们不仅在逻辑上表示新系统目标所具备的各种功能,而且还表明了输入、输出、数据存储、数据流程和系统环境等。逻辑模型只告诉人们目标系统要"做什么",而暂不考虑系统怎样来实现的问题。

简单来说,系统分析阶段是将新系统目标具体化为用户需求,再将用户需求转换为系统的逻辑模型,系统的逻辑模型是用户需求明确、详细的表示,它们之间的关系如图5-1所示。

图5-1 新系统目标、用户需求和新系统逻辑模型

## 二、系统分析的主要内容

### (一)详细调查、收集和分析用户需求

在总体规划时所做的初步调查只是为了总体规划和进行可行性分析的需要,相对来说是比较粗糙的。现在,则应在初步调查的基础上,进一步收集和了解、分析用户需求,调查用户的有关详细情况。详细调查现行系统的情况和具体结构,并用一定的工具对现行系统进行详尽的描述,这是系统分析最基本的任务。在充分了解现行系统现状的基础上,进一步发现其存在的薄弱环节,并提出改进设想,这是决定新系统功能强弱、质量高低的关键所在。

### (二)确定初步的逻辑模型

在详细调查和分析用户需求的基础上提出新系统的逻辑模型。逻辑模型是指仅在逻辑上确定的目标系统模型,而不涉及具体的物理实现,也就是要解决系统"做什么",而不是"如何做"的问题。逻辑模型由一组图表工具进行描述。用户可通过逻辑模型来了解未来目标系统,并进行讨论和改进。

### (三)编制系统分析报告

对上述采用图表描述的逻辑模型进行适当的文字说明,就组成了系统分析报告。它是系统分析阶段的主要成果。系统分析报告既是用户与开发人员达成的书面协议或合同,也是管理信息系统生命周期中的重要文档。

在系统分析阶段,应牢牢记住开发出来的新系统最终是要交付用户使用的,用户才是新系统的使用者,因此在系统分析过程中,一定要从用户的需求出发,做大量细致的工作。用户对开发的系统是否满意取决于系统是否满足用户的需求,因此,需求分析是系统分析阶段的一项非常重要的工作,是整个信息系统开发的基础。过去发生的大量实践表明,管理信息系统发生的许多错误都是由于需求定义不准确或者需求定义错误造成的。用户具备的是本企业经营管理和业务方面的知识,系统开发人员具备的则是信息系统开发技术方面的知识,两者之间存在着鸿沟,开发人员如果不重视用户的参与,在系统分析阶段对用户的需求理解不准确或理解错误,开发出来的系统就不能满足用户的需求,为修改这些错误将要付出昂贵的代价。系统分析深入的程度将是影响管理系统成败的关键问题,要深刻地理解和体会用户需求的途径就是与用户进行充分的交流,从很大程度上说,系统分析过程是一个系统开发人员与用户交流的过程,双方的交流是系统分析的一个重要组成部分。

分析阶段工作的质量是系统开发是否成功的关键阶段,因此,必须扎扎实实做好系统分析阶段的工作,为系统的开发打下良好的基础。

# 第二节 系统详细调查

系统的详细调查是在可行性研究的基础上对现行系统进行全面调查和分析,弄清楚现行系统的运行状况,发现其薄弱环节。初步调查只是在宏观上对现行系统进行调查,不是很细致,调查的目的是对新系统的开发进行可行性分析,论证企业是否有必要开发新系统,因此调查工作是一种概括的、粗略的调查,调查所掌握的资料不足以满足新系统逻辑设计的需要。系统分析阶段的详细调查,涉及企业各个部门的各个方面,是一项深入、细致、详尽的调查,必须从上而下、从粗到细、由表及里地对现行系统的基本功能和信息流程进行详细调查。详细调查的过程是大量原始素材的汇集过程,分析员通过对这些大量的材料进行整理、研究和分析,与用户进行反复讨论和研究,力求在短期内对现行系统有全面而详细的认识。

## 一、详细调查的范围及内容

详细调查的范围应该是围绕组织内部信息流所涉及领域的各个方面。但应该注意的是,信息流是通过物流而产生的,物流和信息流又都是在组织中流动的,因此我们所调查的范围就不能仅仅局限于信息和信息流,应该包括企业的生产、经营、管理等各个方面。

系统开发小组的分析员要向企业用户的各级领导、业务人员以及其他有关人员进行多种调查,调查大致从以下几个方面进行:

1. 组织目标和发展战略

系统功能的设定必须与组织目标和发展战略相一致。必须能为实现组织目标提供服务,并且在一定时间内能满足组织发展变化的需要。例如,组织目标之一是减少客户流失,在系统功能设定中就应该包括客户分析,设置"客户分类分析"、"客户跟进分析"、"新客户发展趋势"、"客户反馈分析"等功能。

2. 组织机构及其功能划分

了解组织机构中各部门的设置、部门与部门间的关系及各部门的业务职责,是进一步明确需求、确定系统功能的基础。

3. 数据与数据流程

了解组织中现有数据、数据与数据间的关系以及每个数据的处理过程。例如,财务管理中,涉及的数据有原始数据、凭证、账本、报表等,在手工系统中这些数据间的关系如图5—2所示。

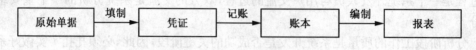

**图5—2 财务数据间的关系**

### 4. 业务流程与工作方式

在了解各部门具体业务的基础上,进一步了解业务与业务之间的关系以及每个业务的处理过程。

### 5. 管理方式及有关条例

企业的管理方式、方法与系统功能及结构的设置也有密切的联系。企业的管理方式、方法不同,企业的业务流程不同,所对应的信息的处理过程也不同。

### 6. 决策方式和决策过程

如果新系统将用于辅助企业决策,则应了解现行企业各管理层次的决策过程,以便新系统能提供与之相适应的辅助决策功能。

### 7. 可用资源和限制条件

新系统的设计原则之一就是充分利用企业现有资源,包括硬件资源、软件资源和人力资源。

新系统应充分利用现有的硬件资源,以免造成不必要的浪费;应尽可能地集成现有的软件资源,并使现有软件资源与新系统之间实现无缝衔接;应积极挖掘企业现有的人力资源,减少人员培训工作量,缩短人员培训时间。另一方面,充分了解企业内外环境对新系统的限制,这是新系统未来能否良好运行的保证。

### 8. 现存问题和改进意见

企业目前工作中的难点问题与瓶颈问题往往是新系统中要解决和改进的重点问题,也是系统分析工作的重点。在调查中,要注意收集用户的各种要求,善于发现问题并找到问题的关键所在。

## 二、详细调查的原则

在系统调查过程中应始终坚持正确的方法,遵循一定的原则,确保调查工作的高效率、正确性及客观性。系统调查工作应遵循如下原则:

### 1. 自顶向下全面展开

系统调查工作应严格按系统化的观点自顶向下全面展开,应从全局的角度出发,从决策层到执行层整体了解和规划新系统。

### 2. 采用工程化的工作方式

对于一个大型系统的调查,一般都是由多人同时进行的。因此,按工程化的方法进行调查可以避免一些工作中可能出现的问题。所谓工程化的方法,就是将开发中的每一步工作事先都做好计划,对多个人的工作方法和调查所用的图表都采取统一、规范化的标准和形式,使群体之间能方便地相互沟通和协调工作。另外,所有调查结果都进行规范化整理后归档,以便下一步工作时使用。

3. 全面铺开与重点调查相结合

如果是开发整个组织的综合性 MIS,开展全面的调查工作是必要的。如果近期内只需开发组织内某一局部的信息系统,这就必须坚持全面铺开与重点调查相结合的方法。全面铺开的目的是要了解企业的全貌,以便为新系统预留下功能扩充的接口。重点调查是针对目前即将开发的系统而言的。例如,根据企业的具体情况,近期内只开发用于提高客户满意度的客户关系管理系统,这时调查工作的重点是与客户直接接触的市场部门、销售部门和服务部门,但是也要了解企业内部其他部门(如财务部门)与这三个部门的关系。

4. 主动沟通和亲和友善的工作方式

系统调查是一项涉及组织内部管理工作的各个方面、各种不同类型的人的工作。所以,调查者主动与被调查者在业务上的沟通是十分重要的。而且,创造出一种积极、主动、友善的工作环境和人际关系是调查工作顺利开展的基础,一个好的人际关系可能导致调查和系统开发工作事半功倍,反之则有可能根本进行不下去。

## 三、系统调查的方法

系统调查是系统分析人员与用户进行广泛、深入的交流的一种活动。因此,在开始调查活动之前,应对企业中的各级管理人员、业务人员进行动员或培训,使企业中的有关人员对开发工作具有正确的认识,并得到他们积极的支持与配合。系统调查的方法通常包括:

**(一)面谈**

面谈是一种艺术,是系统分析员不断积累经验的结果。因此,在面谈的准备和进行过程中应注意以下几点:

(1)面谈应采取从上到下的过程,先了解企业决策者和各部门经理对新系统的设想和期望,再了解具体业务。

(2)面谈前应事先告知有关人员面谈的内容及目的,以便有关人员有所准备,减少遗漏。

(3)面谈时应创造出一种轻松、愉快的气氛,以便用户能轻松自如地谈出自己的想法和观点。

(4)面谈是一种交流,调查者应抱着虚心求教的态度,耐心倾听用户的讲述,避免与用户发生争论。

（5）面谈时系统分析员应具有清晰的思路、良好的归纳总结能力，能将用户讲述的内容用简洁、明确的方式复述出来，并得到用户的确认。

（6）面谈时调查者可适当提问，引导用户提供更多的信息、观点与想法。

面谈的优点是灵活、信息量大，易与用户建立良好的合作关系，挖掘用户的潜在观点与想法；主要缺点是用户介绍情况时容易遗漏需求。

## （二）阅读资料

阅读资料是查看企业现存的有关文件和表格，主要包括企业的规章制度、工作流程、操作规程、各种单据、表格和统计报表等。阅读资料的主要优点是了解的信息量大、客观、具体、详细。系统分析员可通过阅读工作流程文件，详细了解每个业务的具体工作过程；通过每种单据，了解这种单据中具体包括了哪些信息等。阅读资料的主要缺点是，现存的资料可能无法反映已经变化了的情况和用户潜在的观点和想法。

在阅读资料时，应注意在每个信息的处理过程中明确以下问题：每份单据和表格是由谁编制、审核，作用是什么？每种单据、表格中的原始数据来源于何处，计算公式有哪些？每种单据、表格一式几份，编制好后将传送到何处？各种单据、表格的编制周期、保存周期、信息量的大小等。

## （三）直接观察

直接观察可以获得一些用其他方法无法获得的信息。面谈是收集资料的一种间接方式，而阅读资料看不出实际的操作过程，直接观察能得到怎样进行各种业务活动的直接原始信息。直接观察的重点是考察信息的处理及转换过程，其主要缺点是周期长。

## （四）问卷调查

问卷调查是通过编制问卷和调查表来收集信息，是其他调查方法的补充。

调查的方法多种多样，其他还有抽样统计分析、专家调查、召开调查会、个别访问、由用户的管理人员向开发者介绍情况等方法，可以根据系统调查的具体需要确定调查方法。不管采用何种调查方法，都是以了解清楚企业现状为最终目标的。

# 第三节　组织结构与功能分析

组织结构与功能分析是整个系统分析工作中最简单的一环。组织结构与功能分析主要有三部分内容：组织结构分析、业务过程与组织结构之间的联系分析、业务功能一览表。其中，组织结构分析通常是通过组织结构图来实现的，是将调查中所了解的组织结构具体地描绘在图上，作为后续分析和设计的参考。业务过程与组织结构联系分析通常是通过业务与组织关系图来实现的，是利用系统调查中所掌握的资料着重反映管理业务过程与组织结构之间的关系，它是后续分析和设计新系统的基础。业务功能一览表是把组织内部各项管理业务功能都用一张表的方式罗列出来，它是今后进行功能/数据分析、确定新系统拟实现的管理功能和分析建立管理数据指标体系的基础。

# 一、组织结构图

组织结构图是用来描述组织的总体结构以及组织内部各职能部门及其相互间隶属关系的树状结构图。

要建立管理信息系统,就必须知道现行系统的组织机构设置情况和它们之间的隶属关系。当然,最关心的是那些与计算机管理有关的机构和关系。通常用组织结构图来描述现行系统组织机构的层次和隶属关系。用矩形框表示组织机构,用箭头表示领导关系。例如,图5-3是某企业的行政组织结构图,从图中可见,该企业的组织分为三层:企业领导决策层、业务管理层和业务执行层。企业领导决策层由正/副厂长、总工程师、总经济师和总会计师组成,主要职能是决定企业目标、确定经营方针、做出生产经营的具体决策。业务管理层包括计划科、财务科、生产科和销售科等机构,其主要职能是按照经营方针,在规定的职权范围内对各项业务进行管理。业务执行层由车间、班组等生产第一线的组织机构组成,完成日常的生产、业务和调度。

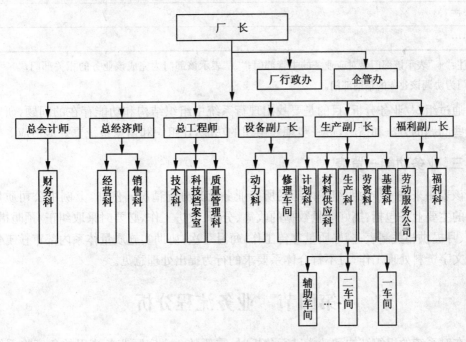

**图 5-3　某企业的行政组织结构**

# 二、组织/业务关系分析

组织结构图仅仅反映了组织内部的上下级关系,并没有反映出组织内部各部门之间业务上的联系,组织/业务分析则进一步指出组织内各职能部门与业务的关系及各部门之间发生的业务联系,如表5－1所示。我们以组织/业务关系表中的横向表示各组织名称,纵向表示业务过程名,中间栏填写组织在执行业务过程中的作用。

在对该矩阵进行分析时应考虑两个问题:

(1)该矩阵中每行有且仅有一个星号,即每个业务只能由一个部门主管。

(2)该矩阵中每列至少有一个星号,即每个部门至少要主管一个业务。

若系统分析后得到的矩阵不满足以上两点,则可能是该组织在管理职能的划分上有问题,是新系统中应调整的地方。

表5－1 某企业的组织/业务矩阵

| 业务部门 | 经营科 | 销售科 | 技术科 | 生产科 | 计划科 | 材料供应科 | …… |
|---|---|---|---|---|---|---|---|
| 计划 | × | × | | × | * | × | |
| 销售 | √ | * | √ | × | | × | |
| 供应 | | | × | √ | | * | |
| 生产 | × | × | √ | * | √ | √ | |
| …… | | | | | | | |

注:"＊"表示该部门是对应业务的主管部门;"√"表示该部门为完成该业务的相关部门;"×"表示该部门为协调该业务的辅助部门。

通过组织/业务分析,目的是要找出现行系统中组织结构和功能存在的问题,研究解决这些问题的方法和措施,进一步理顺组织的功能,让组织和信息系统更好地适应。

### 三、业务功能一览表

该表用来进一步说明组织内部的所有业务及其分配情况。例如,上例中公司质量管理科的主要业务包括:搞好质量数据的收集、分析、改进工作,必要时采取纠正/预防措施;每周、月提供相关制表;搞好质量宣传工作,每月一次;协助实施质量体系内部审核工作和其他文字资料处理工作;对不符合体系要求的行为提出处理意见。

## 第四节　业务流程分析

在对系统的组织结构和功能进行分析时,需要从一个实际业务流程的角度将系统调查中有关该业务流程的资料都串起来作进一步的分析。业务流程分析可以帮助我们了解该业务的具体处理过程,发现和处理系统调查工作中的错误和疏漏,修改和删除原系统的不合理部分,在新系统基础上优化业务处理流程。

前面已经将业务功能一一理出,而业务流程分析则是在业务功能的基础上将其细化,利用系统调查的资料将业务处理过程中的每一个步骤用一个完整的图形将其串起来。在绘制业务流程图的过程中发现问题,分析不足,优化业务处理过程。所以说,绘制业务流程图是分析业务流程的重要步骤。

## 一、业务流程图

业务流程图(Transaction Flow Diagram,TFD)就是用一些规定的符号及连线来表示某个具体业务处理过程。业务流程图的绘制是按照业务的实际处理步骤和过程进行的,它是系统分析员、管理人员、业务操作人员相互交流思想的工具,系统分析员可通过业务流程图分析业务流程的合理性,并可直接拟制出可以实现计算机处理的部分。因此,绘制业务流程图的过程是全面了解业务处理的过程,是进行系统分析的依据。

业务流程图的画法目前还没有统一的标准,但都大同小异,只是在一些具体的规定和所用的图形符号方面有所不同。不管采用什么标准和符号,目的都是为了明确地反映业务流程。在同一个系统开发过程中,要采用统一的图形符号和标准来描述系统业务处理的具体方法、规程与过程。业务流程图的基本符号如图5-4所示。

图5-4 业务流程图的基本符号

## 二、绘制举例

业务流程图的绘制是根据系统调查表中所得到的资料和问卷调查的结果,按业务实际处理过程将它们绘制在同一张图上。例如,开发人员在系统调查阶段了解到某企业的材料供应科主要负责这样几项工作:一是根据计划负责材料的采购工作;二是负责供应商的管理;三是负责材料的存储与保管。

根据上述描述可以绘制出该企业的采购业务流程图,如图5-5所示。

## 三、业务流程分析

对业务流程进行分析的目的是发现现行系统中存在的问题和不合理的地方,优化业务处理过程,以便在新系统建设中予以克服或改进。对业务流程进行分析是掌握现行系统状况、确立新系统逻辑模型所不可缺少的一个重要环节。

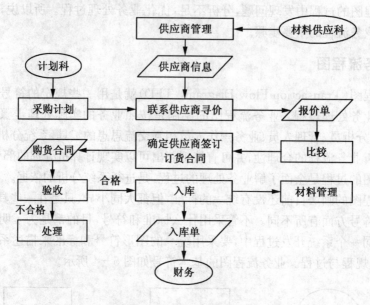

图 5-5　采购业务流程图

　　系统中存在问题的原因可能是管理思想和方法落后,也可能是因为在手工状态下或在原系统的技术水平下,业务流程虽不尽合理但只能这么处理。例如,银行在信息化建设之前,银行下属的各储蓄所之间没有联网,储户到储蓄所办理存钱业务,储蓄所给储户开户,办了个存折,那么,这个存折与储蓄所是一一对应的,即储户在哪个储蓄所办的存折,要用这个存折存钱或取钱就只能在那个储蓄所办理。这对储户来说当然很不方便,也很不利于银行开展各种金融服务,但在当时的条件下,业务流程只能这么运行。现在,各商业银行都建设了管理信息系统,不仅银行下属的各储蓄所之间联网,银行与银行之间也联网。储户不管在哪个银行的储蓄所开户,不仅可以在这个银行的各个储蓄所办理业务,还可以享受跨行服务。可见,计算机信息系统的建设为优化业务流程提供了可能性。在对业务流程进行分析的时候,不仅要找出原业务流程不合理的地方,还要充分考虑信息系统的建设为业务流程的优化带来的可能性,在对现有业务流程进行认真、细致分析的基础上进行业务流程重组,产生新的更为合理的业务流程。

　　业务流程分析过程包括以下内容:首先,对现行流程进行分析。对现行系统业务流程的各处理过程进行分析讨论,看看原有的业务流程是否合理,产生不合理的业务流程的历史原因是什么。其次,对现行业务流程进行优化。分析现行业务流程中哪些过程可以按计算机信息处理的要求进行优化,改进措施有哪些,改进会涉及哪些方面,流程的优化可以带来什么好处。最后,确定新的业务流程,也就是画出新系统的业务流程图。

# 第五节 数据与数据流程分析

数据是信息的载体,是今后系统要处理的主要对象。因此必须对系统调查中所收集的数据以及统计和处理数据的过程进行分析和整理。如果有没弄清楚的问题,应立刻返回去弄清楚。如果发现有数据不全、采集过程不合理、处理过程不畅、数据分析不深入等问题,应在分析过程中研究解决。数据与数据流程分析是今后建立数据库系统和设计功能模块过程的基础。

## 一、数据的汇总分析

在系统调查中我们曾收集了大量的数据载体(如报表、统计表文件格式等)和数据调查表,这些原始资料基本上是由每个调查人员按组织结构或业务过程收集的,它们往往只是局部反映了某项管理业务对数据的需求和现有的数据管理状况。对于这些数据资料必须加以汇总、整理和分析,使之协调一致,为以后在分布数据库内各子系统充分调用和共享数据资料奠定基础。

### (一)数据汇总

数据汇总是一项较为繁杂的工作,为使数据汇总顺利进行,通常将它分为如下几步:

(1)将系统调查中所收集到的数据资料,按业务过程进行分类编码,按处理过程的顺序排放在一起。

(2)按业务过程自顶向下地对数据项进行整理。例如,对于成本管理业务,应从最终成本报表开始,检查报表中每一栏数据的来源,然后检查该数据来源的来源……一直查到最终原始统计数据或原始单据。

(3)将所有原始数据和最终输出数据分类整理出来。原始数据是以后确定关系数据库基本表的主要内容,而最终输出数据则是反映管理业务所需求的主要数据指标。这两类数据对于后续工作来说是非常重要的,所以将它们单独列出来。

### (二)数据分析

数据汇总只是从某项业务的角度对数据进行了分类整理,还不能确定收集数据的具体形式以及整体数据的完备程度、一致程度和无冗余程度。因此,还需要对这些数据作进一步的分析。

1. 数据正确性分析

数据正确性分析的目的是进一步确定系统中整个数据的完备程度、一致性程度及无冗余程度,其分析工具可借用 U/C 矩阵来进行。

U/C 矩阵是通过一个普通的二维表来分析汇总数据。通常将表的纵坐标栏定义为数据类,横坐标栏定义为业务过程,数据与业务过程之间的关系通过使用(U,use)和建立(C,creat)来表示。

利用 U/C 矩阵进行数据分析的基本原则是"数据守恒原理",即每个数据有且只有一个产生源,每个数据至少有一个或多个使用源。具体落实到表 5—2 中可概括为以下三点:

(1)每列只有一个 C,即每个数据只能有一个产生源。如果没有 C,则可能是数据收集时有错。如果有多个 C,则有两种可能性:其一是数据汇总有错,误将其他几处引用数据的地方认为是数据源;其二,数据栏是一大类数据的总称,如果是这样,应将其细分,这样就保证了数据的一致性。

(2)每列至少有一个 U,即每个数据至少为一种业务提供服务。如果没有 U,则一定是调查数据或建立 U/C 矩阵时有误。这样就保证了数据的完整性。

(3)不能有空行和空列。如果出现空行或空列,则可能是下列情况:数据项或业务过程的划分出现冗余;在调查或建立 U/C 矩阵过程中漏掉了它们之间的数据关系;现有系统中业务分工或数据设置不合理。这样保证了数据的无冗余性。

表 5—2 数据的 U/C 矩阵

| 功能 / 数据类 | 客户 | 订货 | 产品 | 操作顺序 | 材料表 | 成本 | 零件规格 | 原料库存 | 职工 | 财务 | 计划 | 机器负荷 |
|---|---|---|---|---|---|---|---|---|---|---|---|---|
| 经营计划 | | | | | | U | | | | U | C | |
| 财务规划 | | | | | | U | | | U | U | C | |
| 资产规模 | | | | | | | | | | C | | |
| 产品预测 | C | | U | | | | | | | | U | |
| 产品设计开发 | U | | C | | C | | C | | | | | |
| 产品工艺 | | | U | | C | | C | | | | | |
| 库存控制 | | | | | | | | C | | | | |
| 调度 | | | U | | | | | | | | | U |
| 生产能力计划 | | | | U | | | | | | | | C |
| 材料需求 | | | U | | U | | | | | | | |
| 操作顺序 | | | | C | | | | | | | | U |

2. 数据项特征分析

其主要目的是进一步确定每个数据项的类型、长度、取值范围、数据量、使用频率、存储和保留的时间周期等。这是以后设计数据存储结构时所需的必要信息。

## 二、数据流程分析

数据流程分析主要包括对信息的流动、传递、处理、存储等的分析。数据流程分析的目的就是要发现和解决数据流通过程中的数据流程不畅、前后数据不匹配、数据处理过程不合理等问题,以期在新系统中加以改进。

现有的数据流程分析多是通过分层的数据流程图(Data Flow Diagram,DFD)来实现的。数据流程图能够反映信息在系统中流动和处理的情况,它是描述系统逻辑模型的工具之一,是便于用户理解系统数据流程的图形表示。它能精确地在逻辑上描述系统的功能、输入、输出和数据存储等,从而摆脱了其物理内容。数据流程图是系统逻辑模型的重要组成部分。

数据流程图具有抽象性和概括性。抽象性表现在,它完全舍去了具体的物质,如具体的组织机构、工作场所、物质流等都已经去掉,只剩下数据的流动、加工处理和存储;概括性表现在,它把系统对各种业务的处理过程联系起来考虑,形成一个整体,可反映出数据流之间的概括情况。

**(一)数据流程图的基本图形符号**

数据流程图由四种基本符号组成,如图 5-6 所示。

例如,图 5-7 是一个简单的数据流程图,它表示数据 X 从源 S 流出,经 P1 加工转换成 Y,接着经 P2 加工转换为 Z,在加工过程中从 F 中读取数据。

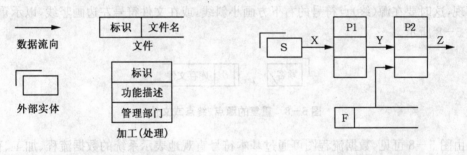

图 5-6　数据流程图的基本符号　　　图 5-7　数据流程图示例

下面来详细讨论各种基本符号的使用方法。

1. 数据流

数据流由一组确定的数据组成。例如,"发票"为一个数据流,它由品名、规格、单位、单价、数量等数据组成。数据流用带有标识并具有箭头的线段表示,标识称为数据流名,表示流经的数据,箭头表示流向。数据流可以从加工流向加工,也可以从加工流进、流出文件,还可以从源点流向加工或从加工流向终点。

对数据流的表示有以下约定:

(1)对流进或流出文件的数据流不需标注,因为文件本身就足以说明数据流。而别的数据流则必须标识,标识应能反映数据流的含义。

(2)数据流标识不允许同名。

2. 加工处理

加工处理是对数据进行的操作,它把流入的数据流转换为流出的数据流。每个加工处理都应取一个名字表示它的含义,并规定一个编号用来标识该加工在层次分解中的位置。名字中必须包含一个动词,如"计算"、"打印"等。

对数据加工转换的方式有两种:

(1)改变数据的结构,例如,将数据按倒序重新排序。

(2)产生新的数据,例如,对原来的数据求和、求平均值等。

### 3. 文件

文件是存储数据的工具。文件名应与它的内容一致,写在开口长条内。从文件流入或流出数据流时,数据流方向是很重要的。如果是读文件,则数据流的方向应从文件流出,写文件时则相反;如果是又读又写,则数据流是双向的。在修改文件时,虽然必须首先读文件,但其本质是写文件,因此数据流应流向文件,而不是双向。

### 4. 数据源或终点

数据源和终点表示数据的外部来源和去处。它通常是系统之外的人员或组织,不受系统控制。

为了避免在数据流程图上出现线条交叉,同一个源点、终点或文件均可在不同位置多次出现,这时要在源(终)点符号的右下方画小斜线,或在文件符号左边画竖线,以示重复,如图 5-8 所示。

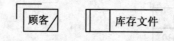

**图 5-8　重复的源点、终点或文件**

由图 5-8 可见,数据流程图可通过基本符号直观地表示系统的数据流程、加工、存储等过程。但它不能表达每个数据和加工的具体、详细的含义,这些信息需要在"数据字典"和"加工说明"中表达。

### (二)绘制数据流程图的步骤

一般遵循"由外向里"的原则,即先确定系统的边界或范围,再考虑系统的内部,先画加工的输入和输出,再画加工的内部。

### 1. 识别系统的输入和输出,画出顶层图

此步骤即确定系统的边界。在系统分析初期,系统的功能需求等还不很明确,为了防止遗漏,不妨先将范围定得大一些。系统边界确定后,那么越过边界的数据流就是系统的输入或输出,将输入与输出用加工符号连接起来,并加上输入数据来源和输出数据去向就形成了顶层图。

### 2. 画系统内部的数据流、加工与文件,画出一级细化图

从系统输入端到输出端(也可反之),逐步用数据流和加工连接起来,当数据流的组成或值发生变化时,就在该处画一个"加工"符号。画数据流程图时还应同时画上文件,以反

映各种数据的存储处,并表明数据流是流入还是流出文件。最后,再回过头来检查系统的边界,补上遗漏但有用的输入输出数据流,删去那些没被系统使用的数据流。

3. 加工的进一步分解,画出二级细化图

同样运用"由外向里"方式对每个加工进行分析,如果在该加工内部还有数据流,则可将该加工分成若干个子加工,并用一些数据流把子加工连接起来,即可画出二级细化图。二级细化图可在一级细化图的基础上画出,也可单独画出该加工的二级细化图,二级细化图也称为该加工的子图。

绘制数据流程图的过程是系统分析的主要过程,同时也是一个多次反复的过程。一个数据流程图往往需要经过多次修改和讨论,才能最终确定。

下面以绘制一个订货处理系统的数据流程图为例,说明绘制数据流程图的方法。

按照上面的步骤,首先确定系统的数据源——用户。绘制顶层的数据流程图,表示销售部门接到用户的订单后,根据库存情况决定向用户发货,如图5-9所示。然后,绘制下一层的数据流程图。对顶层数据流程图的分解从"加工(处理)"开始,将"销售处理"分解为3个处理逻辑,得到第一层的数据流程图,如图5-10所示。

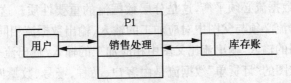

**图5-9　订货处理系统的顶层 DFD**

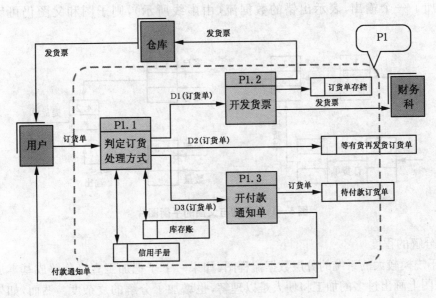

**图5-10　订货处理系统的一层 DFD**

此外,根据具体情况还应该对低层数据流程图再进行细分和分解,并考虑处理过程中的例外情况。

**(三)画分层数据流程图时应注意的问题**

下面从四个方面讨论画分层数据流程图时应注意的问题。

**1. 合理编号**

分层数据流程图的顶层称为 0 层,称它是第 1 层的父图,而第 1 层既是 0 层图的子图,又是第 2 层图的父图,以此类推。为了便于管理,应按下列规则为数据流程图中的加工过程编号:子图中的编号为父图号和子加工的编号组成。为简单起见,约定第 1 层图的父图号为 0,编号只写加工编号 1、2、3……,下面各层由父图号 1、1.1 等加上子加工的编号 1、2、3……组成。按上述规则,图的编号既能反映出它所属的层次以及它的父图编号的信息,还能反映子加工的处理信息。例如 1 表示第 1 层图的 1 号加工处理,1.1、1.2、1.3……表示父图为 1 号加工的子加工,1.3.1、1.3.2、1.3.3……表示父图号为 1.3 加工的子加工。

**2. 注意子图与父图的平衡**

子图与父图的数据流必须平衡,这是分层数据流的重要性质。这里的平衡指的是子图的输入、输出数据流必须与父图中对应加工的输入、输出数据流相同。但下列两种情况是允许的,一是子图的输入/输出流比父图中相应加工的输入/输出流表达得更细。例如,在图 5—11 中,若父图的"订货单"数据流是由客户、品种、账号、数量四部分组成,则图中的子图和父图是平衡的。在实际中,检查该类情况的平衡,需借助于数据词典进行。二是考虑平衡时,可以忽略枝节性的数据流。例如图 5—11,在 4 号加工的子图中,4.3 号子加工中增加了一个输出,表示出错的数据流(由虚线所示),则子图和父图仍可看作是平衡的。

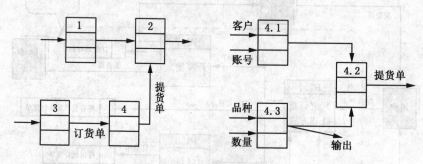

**图 5—11  子图与父图的平衡图片**

**3. 分解的程度**

对于规模较大的系统的分层数据流程图,如果一下子把加工直接分解成基本加工单元,一张图上画出过多的加工将使人难以理解,也增加了分解的复杂度。然而,如果每次分解产生的子加工太少,会使分解层次过多而增加作图的工作量,阅读也不方便。经验表明,一般来说一个加工每次分解量最多不要超过七个为宜。同时,分解时应遵循以下原则:

(1)分解应自然,概念上要合理、清晰。

(2)上层可分解得快些(即分解成的子加工个数多些),这是因为上层是综合性描述,对可读性的影响小;而下层应分解得慢些。

(3)在不影响可读性的前提下,应适当地多分解成几部分,以减少分解层数。

(4)一般来说,当加工可用一页纸明确地表述时,或加工只有单一输入/输出数据流时(出错处理不包括在内),就应停止对该加工的分解。另外,对数据流图中不再作分解的加工(即功能单元),必须作出详细的加工说明,并且每个加工说明的编号必须与功能单元的编号一致。

### 三、数据字典

数据字典(Data Dictionary)是以特定格式记录下来的、对系统数据流程图中各个基本要素的内容和特征所作的定义和说明。数据流程图是系统内容的大框架,只给出了系统的组成及相互关系,并没有说明数据元素的含义。而数据字典以及下面将要介绍的加工说明则是对数据流程图中每个成分的精确描述,它们有着密切的联系,必须结合使用。

数据字典的内容包括数据项、数据结构、数据流、数据存储、外部实体和处理逻辑。下面分别讨论各条目的描述方法。

#### (一)数据项

数据项也称数据元素,是最基本的数据组成单位,也就是不能再分解的数据单位,表5—3是数据元素描述的一个实例。

**表5—3**         **数据项描述实例**

| | |
|---|---|
| 数据项编号: | DI0001 |
| 数据项名称: | 学号 |
| 简　　述: | 学籍信息管理系统中的学生编号 |
| 别　　名: | 学生编码 |
| 类　　型: | char |
| 长　　度: | 8 |
| 取值/含义: | aabbcddd,aa——入学年度,bb——学院编号,c——系号,ddd——流水号 |

由于系统的数据项个数很多,因此,必须给予每个数据项一个唯一的编号。数据项的名称是数据元素的标志,它的命名应该符合管理业务的要求,最好采用相关的术语,而且能唯一地标志一个数据项。在实际工作中,对于公共的数据项,不同的业务部门或不同的情景可能有多种叫法,对这些不同的叫法,都应该列入到别名中。数据项的简述是对相关数据的进一步解释。数据元素的长度需要按最大可能的值来确定,取值是指数据元素的取值范围。

## （二）数据结构

数据结构由两个或两个以上相互关联的数据元素或者其他数据结构组成。表5—4是数据结构描述的一个实例。数据结构编号必须唯一地标志一个数据结构,数据结构名称以相关管理工作的术语命名,不同的数据结构应采用不同的名称。对于只有数据项组成的数据结构,直接列出所包含的数据项,并在其后用中括号注明此数据项的类型和长度;对于包含了数据结构的数据结构,则只需列出所包含数据结构的名称或编号。凡是用到的数据结构,在数据字典中都应该给予描述。

**表5—4**　　　　　　　　　　　　**数据结构描述实例**

| |
|---|
| 数据结构编号：　DS0001 |
| 数据结构名称：　学生基本信息 |
| 简　　　　述：　描述学生固有的属性 |
| 别　　　名：　学生情况 |
| 数据结构组成：　DI0001＋姓名(char/8)＋性别(int/1)＋出生日期(date/8)＋民族(char/8)＋家庭地址(char/28) |
| 有关的数据流或数据结构：DF0003,DS0005 |
| 有关的处理逻辑：P0002,P0005 |

## （三）数据流

数据流是数据结构在系统内传输的路径。数据流的组成可以是一个已定义的数据结构,也可以由若干数据项和数据结构组成。如果是已定义的数据结构,可以直接在描述栏写上该数据结构的编号和名称;如果由若干数据项和数据结构组成,则必须按数据结构组成的描述方式来描述该数据流的组成。表5—5是数据流描述的一个实例。数据流来源是说明该数据流来自哪个过程,数据流去向是说明该数据流将流向哪个过程。数据流量是指该数据流在单位时间内(每天、每周、每月、每年)的传出次数,它是反映系统运行状态的一个重要参数,高峰期及流量是指在产生该数据流高峰时期的时间和流量。

**表5—5**　　　　　　　　　　　　**数据流描述实例**

| |
|---|
| 数据流编号：　DF0001 |
| 数据流名称：　新生登记表 |
| 简　　　述：　描述入学新生的基本信息 |
| 数据流来源：　学生 |
| 数据流去向：　建立档案 |
| 数据流组成：　DS0001＋学生简历 |
| 数据流量：　6 000张/年 |
| 高峰期及流量：1 000张/2月,5 000张/9月 |

## （四）数据存储

数据存储是数据结构停留或保存的地方,也是数据流的来源和去向之一。在数据字典中,只描述数据存储的逻辑结构,而不涉及它的物理结构。表5—6是数据存储描述的实例。

　　数据存储的编号和名称应具有唯一性,且与数据流程图中表示的编号和名称是一致的,在不同数据流程图中出现的同一数据存储应该标示相同的编号和名称。其中,关键词标识唯一确定一条记录的数据项。

表5—6　　　　　　　　　　　　　　数据存储描述实例

数据存储编号:DB0001
数据存储名称:学习成绩表
简　　　　述:描述学生各科学习成绩
别　　　　名:成绩一览表
数据结构组成:班级＋科目编号＋科目名称＋考试时间＋DI0001＋姓名＋成绩
关　键　词:科目编号/DI0001
记　录　长　度:98B
记　　录　　数:60 000 条
容　　　　量:5 880KB
有关的处理逻辑:P0001

### (五)外部实体

　　外部实体是数据的来源和去向,外部实体主要说明外部实体产生的数据流、接收到的数据流以及该外部实体的数量。在学籍管理系统中,学生、教师、教务处、学生处等都是外部实体。外部实体定义包括外部实体编号、外部实体名称及简述、输入数据流和输出数据流等。表5—7是外部实体描述的实例。

　　外部实体编号和外部实体名称是唯一的,且与数据流程图中外部实体标示的编号和名称是一致的。输入数据流是指外部实体获得的信息,输出数据流是指外部实体发出的信息。

表5—7　　　　　　　　　　　　　　外部实体描述实例

外部实体编号：E0001
外部实体名称：学生
简　　　　述：在学校接受教育的对象
输 入 数 据 流：新生名单
输 出 数 据 流：成绩单

### (六)处理逻辑

　　处理逻辑描述数据流程图中数据的基本处理过程,比较复杂,在数据字典中仅对数据流程图中最底层的处理逻辑加以说明。例如,销售公司用订货的数量来确定给用户的优惠折扣。表5—8是描述处理逻辑的实例。

| 表 5—8 | 处理逻辑描述实例 |
|---|---|

处理逻辑编号：P0001
处理逻辑名称：计算学生成绩
层　　　号：P4.2
简　　　述：依据学生平时作业成绩、出勤率、实验成绩和期末试卷成绩所占的权重计算学生成绩
输 入 数 据 流：平时作业成绩、考勤表、实验成绩、期末试卷成绩
输 出 数 据 流：成绩单
处　　　理：平时作业成绩占 10％，出勤率占 10％，实验成绩占 20％，期末试卷成绩占 60％
处理过程为：
根据平时作业的次数、成绩和考勤的次数确定平时作业成绩和出勤率的成绩；
根据平时实验次数和每次的成绩确定实验成绩；根据试卷确定试卷成绩。
计算公式：
学生成绩＝平时作业成绩×0.1＋出勤率的成绩×0.1＋实验成绩×0.2＋期末试卷成绩×0.6

处理逻辑编号和处理逻辑名称应与数据流程图中的编号和名称保持一致，处理是对处理逻辑的功能进行概括性的描述。

### 四、描述处理逻辑的工具

数据流程图中的处理逻辑有的比较简单，有的则比较复杂。对于比较简单的处理逻辑，有数据字典中的处理逻辑描述就很清楚了；但对于比较复杂的处理逻辑，用文字描述就存在着不足之处，如文字描述内容过长，不容易一目了然地看清楚所叙述的内容；有时语义比较含糊，容易造成理解的二义性。处理逻辑的描述关系到程序员是否能准确地利用计算机程序来实现处理过程，其描述是否准确并容易理解是至关重要的。因此，对于比较复杂的处理逻辑，有必要运用一些描述处理逻辑的工具来进行更为详细、易懂的说明。

常用的描述处理逻辑的工具有判断树、判断表和结构化语言等方法，这些描述处理逻辑的工具又称为加工说明和处理逻辑小说明。下面对这三种方法进行介绍。

#### （一）判断树

判断树（Decision Tree）也称为决策树，是采用树型结构来表示处理逻辑的一种方法。判断树用来描述在一组不同的条件下，决策的行动根据不同条件来选择的处理过程。

例如，某公司对不同交易额、不同信誉的新老客户采取不同的折扣政策：年交易额在 5 万元以下的客户不给予折扣；年交易额在 5 万元或 5 万元以上的客户，如果最近 3 个月无欠款，则折扣为 15％；如果最近 3 个月有欠款，而且与本公司的交易关系在 20 年以上，则折扣为 10％；如果最近 3 个月有欠款，而且与本公司的交易关系在 20 年及以下，则折扣为 5％。

上面的实例可以用图 5—12 所示的判断树来进行描述。图 5—12 中的三个分叉分别表示了三个条件。第一个分叉表示交易额，第二个分叉表示客户的信誉，第三个分叉表示交易时间。图 5—12 简洁地描述了销售人员在计算客户订货金额时的决策过程。判断树

的优点是直观清晰,易于检查和修改,寓意明确,没有二义性,但是对于复杂的条件组合关系的表达不太适合。复杂的条件组合关系的表达可以用判断表来解决。

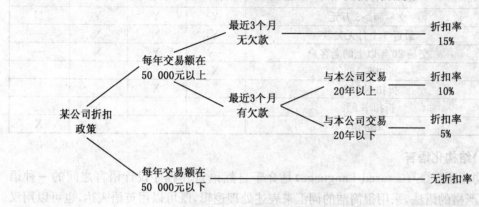

**图 5—12　判断树描述的折扣政策**

### (二)判断表

如果判断树的条件较多,各个条件又相互组合,相应的决策比较多,在这种情况下判断树就比较复杂,可以考虑用判断表(Decision Table)。判断表也称决策表,可在复杂的情况下,用二维表格直观地表达具体条件、决策规则和应当采取的行动策略之间的逻辑关系。判断表的内容由条件说明、行动说明、条件组合和行动选择构成,用"Y"表示条件满足,用"N"表示条件不满足,用"X"表示采取的行动。

表 5—9　　　　　　　　　　　　判断表描述的折扣政策

| 条件和行动 | | 1 | 2 | 3 | 4 | 5 | 6 | 7 | 8 |
|---|---|---|---|---|---|---|---|---|---|
| 条件组合 | 交易额>5 万元 | Y | Y | Y | Y | N | N | N | N |
| | 最近 3 个月无欠款 | Y | Y | N | N | Y | Y | N | N |
| | 交易 20 年以上的老客户 | Y | N | Y | N | Y | N | Y | N |
| 行动 | 折扣率 15% | X | X | | | | | | |
| | 折扣率 10% | | | X | | | | | |
| | 折扣率 5% | | | | X | | | | |
| | 无折扣 | | | | | X | X | X | X |

从上面的判断表可以看出,有些条件组合有相同的行动,有的条件组合则没有实际意义。对于那些有相同行动的条件组合,可以采取合并的方式;对于没有意义的条件组合则采取删除的方式,达到优化判断表的目的。因此,在原判断表的基础上,要进行一系列的整理和综合分析工作,最后得到简单明了、具有实际意义的判断表。表 5—10 是优化后的判断表,表中"—"的意思既可以是"Y",也可以是"N",表示与相应的条件无关。

表 5—10 优化后的判断表

| | 条件和行动 | 1 | 2 | 3 | 4 |
|---|---|---|---|---|---|
| 条件组合 | 交易额＞5 万元 | Y | Y | Y | N |
| | 最近 3 个月无欠款 | Y | N | N | — |
| | 交易 20 年以上的老客户 | — | Y | N | — |
| 行动 | 折扣率 15％ | X | | | |
| | 折扣率 10％ | | X | | |
| | 折扣率 5％ | | | X | |
| | 无折扣 | | | | X |

### (三)结构化语言

结构化语言(Structured Language)是介于自然语言和程序设计语言之间的一种语言,没有严格的语法,采用很简洁的词汇来表述处理逻辑,既可以用英语表达,也可以用汉语表达。在我国,通常采用较易为用户和开发人员双方接受的结构化汉语。

上述描述折扣政策处理可以用结构化语言描述如下:

If 交易额＞＝5 万元

   Then if 最近 3 个月无欠款

      Then 折扣率＝15％

      Else

         If 交易时间 ＞＝ 20 年

         Then 折扣率＝10％

         Else 折扣率＝5％

Else 折扣率＝0％

### (四)几种表达工具的比较

以上介绍的三种用于描述加工说明的工具各自具有不同的优点和不足,它们之间的比较如表 5—11 所示。通过比较可以看出它们的适用范围。

表 5—11 几种表达工具的比较

| 比较指标 | 结构化语言 | 判断表 | 判断树 |
|---|---|---|---|
| 逻辑检查 | 好 | 很好 | 一般 |
| 表示逻辑结构 | 好(所有方面) | 一般(仅是决策方面) | 很好(仅是决策方面) |
| 使用方便性 | 一般 | 一般 | 很好 |
| 用户检查 | 不好 | 不好 | 好 |
| 程序说明 | 很好 | 很好 | 一般 |
| 机器可读性 | 很好 | 很好 | 不好 |

续表

| 比较指标 | 结构化语言 | 判断表 | 判断树 |
|---|---|---|---|
| 机器可编辑性 | 一般(要求句法) | 很好 | 不好 |
| 可变性 | 好 | 不好(除简单组合变化) | 一般 |

从表 5-11 中我们可以得出如下的结论:结构化语言最适用于涉及具有判断或循环动作组合顺序的问题;判断树较适用于含有 5~6 个条件的复杂组合,条件组合过于庞大则将造成不便;判断表适用于行动在 10~15 之间的一般复杂程度的决策。必要时可将判断树上的规则转换成判断表,以便于用户使用。判断表和判断树也可用于系统开发的其他阶段,并被广泛地应用于其他学科。

# 第六节　新系统逻辑方案的建立

通过系统调查,对现行系统的业务流程、数据流程、处理逻辑等进行深入的分析,并对原有系统进行了大量的分析和优化,这个分析和优化的结果就是新系统拟采用的信息处理方案。新系统逻辑方案指的是经分析和优化后,新系统拟采用的信息处理方法,因为它不同于计算机配置方案和软件结果模型方案等实体结构方案,故称其为逻辑方案。

新系统逻辑方案的建立是系统分析阶段的最终成果,也是下一步系统设计和实现的纲领性的指导文件,主要包括新系统的目标、新系统的业务处理流程、数据处理流程、新系统的总体功能结构及子系统的划分和功能结构等,是系统分析阶段系统分析结果的综合体现。

## 一、确定系统目标

系统目标是指达到系统目的所要完成的具体事项。在对现行系统做详细调查的基础上,根据详细调查结果对可行性分析报告中提出的系统目标进行再次考查,对项目的可行性和必要性进行重新考虑,并根据对系统建设的环境和条件的调查修正系统目标,使系统目标适应组织的管理需求和战略目标。系统目标主要包括:系统功能目标、系统技术目标和系统经济目标。

1. 系统功能目标

系统功能目标是指系统所能处理的特定业务和处理这些业务的质量。管理信息系统为管理者提供信息的数量和质量、管理者对管理信息系统所提供信息的满意程度、有了管理信息系统后能为管理者提供哪些原来所无法提供的便利等,都是衡量系统功能目标的依据。

2. 系统技术目标

系统技术目标是指系统应具有的技术性能和应达到的技术水平。常用的衡量技术的指标有运行效率、响应速度、吞吐量、可靠性、灵活性、可维护性、操作便利性等。

3. 系统经济目标

系统经济目标是指系统开发的预期投资费用和预期经济效益。预期投资费用可分别从研制阶段和运行维护投资两方面进行估算。预期经济效益则应从直接经济效益和间接经济效益两方面进行预测。直接经济效益可以用货币额来度量，间接经济效益不容易量化，主要从提高管理水平、优化管理方法、提高客户的满意度等方面考虑。

## 二、确定新系统的业务流程

在前期的业务流程分析工作中，绘出业务流程图之后就已经对业务处理流程进行了必要的分析，分析的结果在此正式提出来，其具体内容包括：

(1)删除或合并了哪些多余的或重复处理的过程？

(2)对哪些业务处理过程进行了优化和改动？ 改动的原因是什么？ 改动（包括增补）后将带来哪些好处？

(3)给出最后确定的业务流程图。

(4)指出业务流程图中哪些部分新系统（主要指计算机软件系统）可以完成，哪些部分需要用户完成（或是需要用户配合新系统来完成）。

## 三、确定新系统的数据流程

将前期数据流程分析的结果在此提出来，其具体内容包括：

(1)请用户确认最终的数据指标和数据字典。确认的内容主要是，指标体系是否全面合理，数据精度是否满足要求并可以统计到这个精度等。

(2)删除或合并了哪些多余的或重复的数据处理过程？

(3)对哪些数据处理过程进行了优化和改动？ 改动的原因是什么？ 改动（包括增补）后将带来哪些好处？

(4)给出最后确定的数据流程图。

(5)指出在数据流程图中哪些部分新系统（主要指计算机软件系统）可以完成，哪些部分需要用户完成（或是需要用户配合新系统来完成）？

## 四、确定新系统的功能模型

确定新系统的功能模型就是对新系统进行子系统的划分。在进行组织结构与功能分析时，对系统必须具有的功能做了详细的调查和分析。在确定新系统逻辑模型时，必须再次进行分析讨论，最后确定新系统总的功能模型。对于大系统来说，划分子系统的工作通常在系统规划阶段进行，常用的工具是 U/C 矩阵。

### 五、确定新系统中的管理模型

确定新系统的管理模型就是要确定今后系统在每一个具体的管理环节上的处理方法。这个问题一般应根据系统分析的结果和管理科学方面的知识来解决。

# 第七节　系统分析报告

系统分析阶段的成果就是系统分析报告,系统分析报告不仅能够充分展示系统调查的结果,而且还能反映系统分析的结果——新系统逻辑方案。经过上述过程,我们已经完成了建立新系统逻辑模型的任务,即已经完成了整个系统分析阶段的工作。作为该阶段的一个工作成果,应提交一份完整的系统分析报告。

系统分析报告形成后必须组织各方面的人员(包括组织的领导、管理人员、专业技术人员、系统分析人员等)一起对已经形成的逻辑方案进行论证,尽可能地发现其中的问题、误解和疏漏。对于问题、疏漏要及时纠正,对于有争论的问题要重新核实当初的原始调查资料或进一步地深入调查研究,对于重大的问题甚至可能需要调整或修改系统目标,重新进行系统分析。

系统分析报告一经确认由用户认可接受后,就成为具有约束力的指导性文件,成为下一阶段系统设计工作的依据和今后验收新系统的检验标准。

一份完整的系统分析报告应该包括下述内容:

1. 现行系统概况

主要是对分析对象的基本情况作概况性的描述,包括组织的结构、组织的目标、组织的业务功能以及开发新系统的背景等。

2. 现行系统运行状况

主要介绍详细调查的结果,通过现行系统的组织/业务关系表、业务流程图、数据流程图等图表,说明现行系统的目标、主要功能、业务流程、数据存储和数据流,以及存在的薄弱环节。

3. 新系统目标

系统目标是指新系统实现后各部分应该完成什么样的功能,系统整体能够达到什么效果,某些指标预期达到什么样的程度等。

依据用户或组织的总目标确定新系统的功能目标,并与现行系统进行比较分析,重点要突出计算机软件系统处理的优越性。确定新系统的功能目标时应注意其必要性和实用性。

4. 新系统的逻辑方案

新系统的逻辑方案是系统分析报告的主体,主要反映分析的结果和我们对将建造的新系统的设想。具体内容包括:

（1）新系统功能模型。系统功能模型描述了系统的功能划分及功能与外界、功能与功能间的接口问题。系统功能划分的基本原则是"高凝聚，低耦合"。高凝聚是指一个功能模块内部各组成部分之间的关系越密切越好，低耦合指各功能模块之间的关系越少越好。

（2）新系统信息模型。根据系统功能模型，绘制各个层次的数据流程图、数据字典和加工说明。

（3）新系统在各个业务处理环节拟采用的管理方法、算法或模型。

（4）新系统开发资源与开发进度估计。

系统分析报告描述了目标系统的逻辑模型，是开发人员进行系统设计和实施的基础；是用户和开发人员之间的协议或合同，为双方的交流和监督提供基础；是目标系统验收和评价的依据。因此，系统分析报告是系统开发过程中的一份重要文档，必须要求该文档完整、一致、精确且简明易懂，易于维护。

## 本章小结

本章首先从整体上介绍了系统分析阶段的主要任务和主要内容。系统分析阶段的主要工作包括详细调查、收集和分析用户需求，并确定初步的逻辑模型和编制系统分析报告。

系统分析阶段需要从上而下、从粗到细、由表及里地对现行系统的基本功能和信息流程进行详细调查。系统分析阶段的详细调查，涉及企业各个部门的各个方面，是一项深入、细致、详尽的调查，本章介绍了详细调查的主要内容、原则以及方法。

接着描述了如何运用组织结构图来直观地了解现行系统的组织机构设置情况，以及通过组织/业务关系图来反映组织内各职能部门与业务的关系及各部门之间发生的业务联系，通过业务功能一览表进一步说明组织内部的所有业务及其分配情况。

在对系统的组织结构和功能进行分析时，需从一个实际业务流程的角度将系统调查中有关该业务流程的资料都串起来作进一步的分析。因此，本文介绍了如何运用业务流程图分析实际的业务处理过程。

系统分析阶段必须全面、准确地收集、整理数据并分析数据流程。因此还介绍了数据汇总分析的内容；数据流程图 DFD 的基本符号、绘制步骤、画 DFD 应注意的问题、DFD 的用途和优缺点；对系统分析中每个数据项、数据流、数据结构、数据存储、外部实体和处理逻辑进行定义的工具，即数据字典；三种最常用的用于处理逻辑说明的描述工具，即结构化语言、判断树、判断表，以及这几种表达工具的比较。

从现行系统的逻辑模型到新系统逻辑模型的转换，是结构化分析阶段的主要任务。新系统逻辑方案是系统分析阶段的成果，它应包括 5 个方面的内容：系统目标、新系统的业务流程、新系统的数据流程、新系统的功能模型和新系统中的管理模型。最后本章介绍了系统分析报告的作用和主要内容。

## 关键概念

系统分析（System Analysis）　　　　　　　　逻辑模型（Logic Model）

组织结构(Organization Structure)     详细调查(Detail Investigation)

业务流程图(Transaction Flow Diagram)     数据(Data)

数据流程图(Data Flow Diagram)     数据流(Data Flow)

加工(Process)     文件(File)

数据字典(Data Dictionary)     数据源(Data Source)

数据项(Data Item)     数据结构(Data Structure)

数据存储(Data Storage)     外部实体(Exterior Entity)

结构化语言(Structured Language)     判断表(Decision Table)

判断树(Decision Tree)     系统分析报告(System Analysis Report)

## 复习思考题

1. 简述系统分析阶段的主要任务。

2. 系统分析阶段的主要内容有哪些？

3. 管理信息系统分析为什么要进行详细调查？

4. 详细调查的任务是什么？

5. 简述详细调查的原则及方法。

6. 什么是组织结构图？试画出自己熟悉的部门的组织结构图。

7. 什么是业务流程图？试画出自己熟悉的部门的业务流程图。

8. 业务流程分析的任务和内容是什么？

9. 什么是数据流程图？数据流程图具有哪些特征？

10. 简述绘制数据流程图的主要步骤。

11. 简述数据字典的内容。

12. 简述判断树描述处理逻辑的优缺点。

13. 某工厂成品库管理的业务流程如下：

成品库保管员按车间送来的入库单登记库存台账。发货时，发货员根据销售科送来的发货通知单将成品出库并发货，同时填写三份出库单，其中一份交给成品库保管员，由他按此出库单登记库存台账，出库单的另外两联分别送销售科和会计科。

试按以上业务过程画出业务流程图和数据流程图。

14. 一份完整的系统分析报告应该包括哪些内容？

## 本章案例

### 百货商店业务管理信息系统

#### 一、系统开发的可行性分析

随着教育体制改革的深入和发展，某学院的教学改革也在扎实地进行，招生规模不断扩大，使学院的考试管理工作越来越复杂。为了把工作人员从繁重、低效的工作中解脱出来，建立考试管理信息系统是非常必要的。

经过初步调查,了解到该学院的考试管理情况如下。学院现设 4 个专业,学生人数约 3 000 人。学院每学期都要组织学生进行各种考试,来检验一个学期以来学校的教学质量和学生的学习情况,学院的师生对这些考试都很重视,这也是教学工作的重要组成部分。但该学院的考试管理一直依靠手工方式,投入了较多的人力、物力。而且,手工管理容易造成失误、出错的情况,不能及时向老师和学生提供各类有关考试的情况,从一定程度上影响了教学管理改革的进程。因此,学院领导很重视考试管理工作,决定拨出专款建立一套能动态反映考试管理的信息系统。通过开发考试管理信息系统可以给出学生在校期间的各种信息及其变化,以及对这些信息的各种统计分析,使管理者能从不同角度对学生个体和群体的成绩情况做出快速而准确的分析判断。同时通过对学生学习质量的分析,还可以为综合评价教师的教学质量提供依据,并以此带动学校信息化管理的步伐,提高教师素质。

考试管理系统是比较简单的系统,对开发技术的要求不高。由于人机界面友好、操作方便,一般人员都可以使用。学院采用集中统一的管理方式,数据处理量不大,可以考虑开发基于局域网的数据处理信息系统。投资不大,学院完全可以承担。系统投入运行后,能够减少因手工劳动产生的管理费用,同时带来一些潜在的收益,如克服信息不畅、提高信息服务质量等。学院领导和工作人员对新系统的开发都给予支持。因此,该信息系统的开发是必要的和可行的,可以立即进行开发。

二、现行系统的调查与分析

(一)组织机构和管理功能

该学院考试管理工作的组织机构如图 5—13 所示。在图中只介绍了考试管理相关的部分,其他的业务部门没有列出。

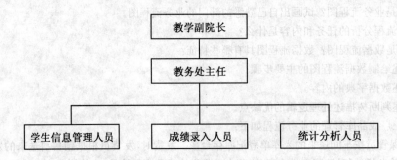

图 5—13　考试管理工作的组织结构

为了实现系统目标,现行系统的管理功能设置如图 5—14 所示。

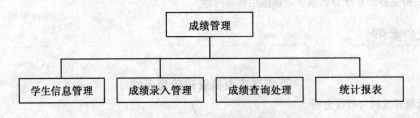

图 5—14　考试管理功能

（二）业务流程分析

学院考试管理包括学生信息管理和成绩管理两部分工作。学生信息管理的过程是，当学生人员发生变动时，负责管理学生信息人员应对变动人员进行添加或修改。每年新生入学时，由学生工作办公室提供新生信息，并由教务处存档以备用。学生毕业前，应将毕业生信息删除。其他学生的变动信息应及时更新，经过检查的变动名单由学生信息处理人员进行整理，并存入学生库中。学生成绩管理的过程是，每当考试完毕后，任课教师把成绩单一式三份分别送教务处、各系部和学生工作办公室，成绩录入人员将整理后的成绩输入到学生成绩库中。录入成绩完毕后，统计分析人员应根据学生库文件和学生成绩库文件汇总出各班总成绩、各科总成绩和学生总成绩等资料，并把这些累计汇总后的资料报送有关人员。考试管理业务流程图如图5—15所示。

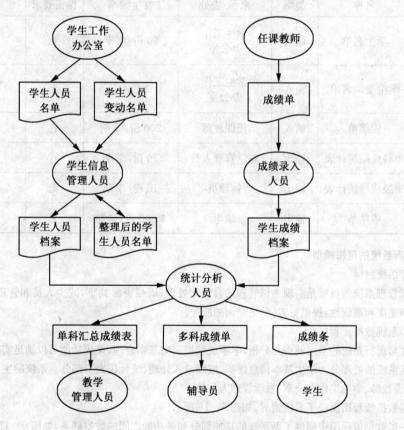

**图5—15 考试管理业务流程**

根据计算机信息处理的特点，还应对业务流程进行分析，找出不合理的环节和冗余的业务信息，然后在新系统中加以改进。本系统对业务流程的改进如下：

(1)去掉不增值的活动。学生信息处理人员根据学生人员名单和变动名单产生一份整理后的学生人员名单，这份名单没有实际的用途，可将整理名单这个步骤去掉。

(2)消除冗余信息。在原系统中教师要抄送三份成绩单，加大了教师的工作量，在建立新系统逻辑模型时应去掉不必要的数据冗余,改由学院教务处建档统一管理。

3. 数据流程调查和分析

这项工作的任务是收集和分析原系统全部单据、报表、账册等信息需求,并把数据的流动情况抽象独立出来,绘制现行系统的数据流程图。

结合业务流程分析,可以对收集的数据进行分析及汇总处理。本系统的输入数据有学生名单、学生变动名单、各科成绩单;输出报表为单科成绩汇总表、班级成绩汇总表、成绩条。

表 5—12 是数据调查表的例子。

**表 5—12**                 **现行系统的数据调查表**

| 序号 | 名称 | 类型 | 来源/去处 | 发生频率 | 保密要求 | 保存时间 |
|------|------|------|-----------|----------|----------|----------|
| 1 | 学生名单 | 输入 | 学生工作办公室 | 10 份/学期 | 无 | 5 年 |
| 2 | 学生变动名单 | 输入 | 学生工作办公室 | 2 份/月 | 无 | 3 年 |
| 3 | 成绩单 | 输入 | 任课教师 | 200 份/学期 | 有 | 2 年 |
| 4 | 单科成绩统计表 | 输出 | 教学管理人员 | 30 份/学期 | 有 | 2 年 |
| 5 | 班级成绩统计表 | 输出 | 辅导员 | 18 份/学期 | 无 | 2 年 |
| 6 | 成绩条 | 输出 | 学生 | 3 000 份/学期 | 无 | 2 年 |

### 三、新系统的逻辑模型

(一)系统目标

考试管理系统的目标是实现考试管理的自动化处理,增强资源共享,减少人员和管理费用,加快信息的查询速度和准确性,提供更方便、更全面的服务。

(二)系统数据流程图

通过对现行系统的全面调查与分析,本系统数据流向基本合理,系统功能可以满足实际管理工作的需要。新系统的处理分为学生基本信息维护、成绩录入处理、统计报表三部分。系统的主要外部实体有学生、任课教师、学生工作办公室、教学管理人员等。

顶层数据流程图反映了系统边界,如图 5—16 所示。

第一层数据流程图中明确了新系统的功能划分和各功能之间的数据联系,如图 5—17 所示。

(三)数据字典

数据字典对 DFD 中的所有元素做出了严格定义,是此后数据库设计的基础。以下是考试管理系统的数据字典。

1. 数据项的定义(见表 5—13)

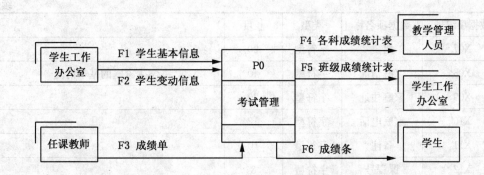

**图 5—16　考试管理的顶层数据流程**

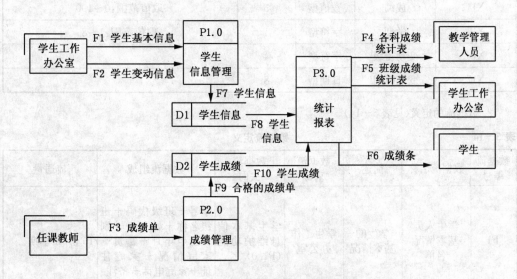

**图 5—17　考试管理的第一层数据流程**

表 5—13 　　　　　　　　　　　　　　　　　数据项定义

| 数据项编号 | 数据项名称 | 类型 | 长度 | |
|---|---|---|---|---|
| X01 | 学号 | 字符型 | 7 | |
| X02 | 班级代码 | 字符型 | 4 | |
| X03 | 班级名称 | 字符型 | 8 | |
| X04 | 姓名 | 字符型 | 8 | |
| X05 | 性别 | 字符型 | 2 | |
| X06 | 出生年月 | 日期型 | 8 | |

续表

| 数据项编号 | 数据项名称 | 类型 | 长度 | |
|---|---|---|---|---|
| X07 | 籍贯 | 字符型 | 20 | |
| X08 | 家庭情况 | 字符型 | 40 | 学生家庭的基本情况 |
| X09 | 家庭住址 | 字符型 | 20 | |
| X10 | 家庭电话 | 字符型 | 12 | |
| X11 | 备注 | 字符型 | 10 | |
| X12 | 课程号 | 字符型 | 3 | |
| X13 | 课程名称 | 字符型 | 10 | |
| X14 | 成绩 | 数值型 | 5 | 取值范围:0~100 |
| X15 | 学期 | 字符型 | 1 | 取值范围:1~8 |
| X16 | 变动班级 | 字符型 | 4 | |
| X17 | 变动时间 | 日期型 | 8 | |

2. 数据流的定义(见表5-14)

表 5-14                                数据流定义

| 数据流编号 | 数据流名称 | 简述 | 数据流来源 | 数据流去向 | 数据流组成 | 流通量 |
|---|---|---|---|---|---|---|
| F1 | 学生人员基本情况名单 | 学生的基本情况 | 学生工作办公室 | 学生基本信息维护功能(P1.0) | 学号＋班级代码＋班级名称＋姓名＋性别＋出生年月＋籍贯＋家庭情况＋家庭住址＋家庭电话＋备注 | 10 份/每学期 |
| F2 | 学生人员变动名单 | 学生的变动情况 | 学生工作办公室 | 学生基本信息维护功能(P1.0) | 学号＋班级代码＋班级名称＋姓名＋变动班级＋变动时间＋备注 | 2 份/每月 |
| F3 | 成绩单 | 学生各科考试成绩 | 任课教师 | 成绩录入处理功能(P2.0) | 课程名＋班级代码＋班级名称 | 200 张/每学期 |
| F4 | 单科成绩汇总表 | 按班级汇总的单科成绩 | 统计报表功能(P3.0) | 教学管理人员 | 课程名＋学期 | 30 份/每学期 |

续表

| 数据流编号 | 数据流名称 | 简述 | 数据流来源 | 数据流去向 | 数据流组成 | 流通量 |
|---|---|---|---|---|---|---|
| F5 | 班级成绩汇总表 | 给学生工作人员的成绩 | 统计报表功能（P3.0） | 学生工作办公室 | 班级代码＋班级名称＋学期 | 18 份/每学期 |
| F6 | 成绩条 | 给学生的各科成绩 | 统计报表功能（P3.0） | 学生 | 学号＋班级代码＋班级名称＋姓名＋学期＋家庭住址＋平均成绩 | 3 000 份/每学期 |
| F7 | 学生基本信息 | 变动后的学生基本信息 | 学生基本信息维护功能（P1.0） | 学生库 | 学号＋班级代码＋班级名称＋姓名＋性别＋出生年月＋籍贯＋家庭情况＋家庭住址＋家庭电话＋变动班级＋变动时间＋备注 | 1 000 份/每学期 |
| F8 | 统计表中的学生信息 | 提供学生情况进行成绩汇总分析 | 学生库 | 统计报表功能（P3.0） | 学号＋班级代码＋班级名称＋姓名＋家庭电话 | 3 000 条/每学期 |
| F9 | 合格的成绩单 | 学生各科考试成绩 | 成绩录入处理功能（P2.0） | 学生成绩库 | 同 F3 | |
| F10 | 学生成绩 | 学生各科考试成绩 | 学生成绩库 | 统计报表功能（P3.0） | 同 F3 | |

3. 数据存储的定义

数据存储编号：D1

数据存储名称：学生库

简述：学生的学号、姓名等信息

数据存储结构：学号＋班级代码＋班级名称＋姓名＋性别＋出生年月＋籍贯＋家庭情况＋家庭住址＋家庭电话＋变动班级＋变动时间＋备注

关键词：学号

相关的处理：P1.0、P3.0

数据存储编号：D2

数据存储名称：学生成绩库

简述：记录学生各科成绩信息

数据存储结构：学号＋班级代码＋班级名称＋姓名＋学期

关键词：学号

相关的处理：P2.0、P3.0

4. 处理逻辑的定义

处理逻辑编号：P1.0

处理逻辑名称：修改学生基本信息

输入：数据流 F1、F2，来自学生工作办公室

输出：数据流 F7，去向学生库

描述：将学生情况和变动情况录入和更新，以备后用

处理逻辑编号：P2.0

处理逻辑名称：成绩输入

输入：数据流 F3，来自任课教师

输出：数据流 F9，去向学生成绩库

描述：考试后将学生成绩整理输入到学生成绩库中

处理逻辑编号：P3.0

处理逻辑名称：统计报表

输入：数据流 F8、F10，分别来自学生库、学生成绩库

输出：数据流 F4、F5、F6，分别去向教学管理人员、学生工作办公室、学生

描述：把阅卷后的成绩进行分析，整理后制作成报表分发给教学办老师、辅导员、学生

5. 外部实体的定义（见表 5－15）

表 5－15                                        外部实体定义

| 外部实体编号 | 外部实体名称 | 输出的数据流 | 输入的数据流 |
|---|---|---|---|
| S1 | 学生人员管理办公室 | F1、F2 | F5 |
| S2 | 任课教师 | F3 | |
| S3 | 教学管理人员 | | F4 |
| S4 | 学生 | | F6 |

# 第六章
# 系统设计

## 【学习目的和要求】

● 掌握系统设计的一般步骤及系统设计的一般原则
● 了解系统总体设计的内容及设计方法
● 掌握系统详细设计的内容及设计方法
● 了解设计报告的规范

系统设计阶段的主要任务是,在系统分析阶段提出的新系统逻辑模型的基础上,科学合理地进行物理模型的设计,包括总体结构设计和详细设计,即确定具体的实施方案,解决怎么做的问题。

# 第一节 系统设计概述

系统设计作为信息系统开发过程中的重要一环,所使用的方法还是:先以自顶向下结构化的设计方法完成系统的总体设计,包括子系统的划分、网络设计和配置、设备选型、运行环境的设计和数据库管理系统的选择等;然后是详细设计,包括代码设计、数据库设计、输入输出设计、人机界面设计等。这一阶段的成果是系统设计报告,是下一阶段系统实施的主要依据。

系统设计主要依据系统分析阶段生成的系统分析报告和开发者的知识与经验,系统设计时应尽量遵守以下原则:

(1)简单性。在达到预定目标、具备所需要功能的前提下,系统应尽量简单,这样可减少处理费用,提高系统效益,便于实现和管理。

(2)系统性。系统是作为统一整体而存在的,因此,在系统设计中,要从整个系统的角度进行考虑,系统的代码要统一,设计规范要标准,传递语言要尽可能一致,对系统的数据采集要做到数出一处、全局共享,使一次输入得到多次利用。

(3)灵活性。为保持系统的长久生命力,要求系统具有很强的环境适应性,一个可变性好的系统,各个部分独立性强,容易进行变动,从而可提高系统的性能,不断满足对系统目标的变化要求,为此,系统应尽量采用模块化结构,提高各模块的独立性,尽可能减少模块间的数据耦合,使各子系统间的数据依赖减至最低限度。这样,既便于模块的修改,又便于增加新的内容，提高系统适应环境变化的能力。

（4）可靠性。可靠性是指系统抵御外界干扰的能力及受外界干扰时的恢复能力。一个成功的管理信息系统必须具有较高的可靠性，如安全保密性、检错及纠错能力、抗病毒能力等。

（5）经济性。经济性是指在满足系统需求的前提下，尽可能减小系统的开销。一方面，在硬件投资上不能盲目追求技术上的先进，而应以满足应用需要为前提；另一方面，系统设计中应尽量避免不必要的复杂化，各模块应尽量简洁，以便缩短处理流程、减少处理费用。

# 第二节　系统总体设计

管理信息系统的设计多采用结构化设计方法（Structure Design，SD）。结构化系统设计的基本思想是以系统逻辑模型为基础，依据数据流程图和数据字典，运用一套标准的工具和准则，把系统划分为功能明确、大小适当、有一定独立性且易于实现的子系统或模块。这样就可以把一个复杂系统的设计转变为对多个简单模块的设计。

管理信息系统的总体设计包括根据系统分析阶段确定的新系统的目标、功能和逻辑模型，把整个系统按功能划分成若干子系统，明确各子系统的目标和功能，然后按层次结构划分功能模块，画出系统结构图；还包括系统处理方式的选择和设计、计算机网络结构的设计、数据库管理系统的选择、软硬件的选择与设计等。

## 一、子系统的划分及模块设计

### （一）子系统划分及模块设计的原则

系统的功能分解的过程就是一个从抽象到具体、由复杂到简单的过程。在前面我们强调过结构化系统分析与设计的基本思想就是自顶向下地将整个系统划分为若干个子系统，子系统再分子系统（或模块），层层划分，然后自上而下地逐步设计。子系统划分的一般原则如下：

1. 子系统或模块要具有相对独立性

子系统的划分必须使得子系统的内部功能、信息等各方面的凝聚性较好。在实际中我们都希望每个子系统或模块相对独立，尽量减少各种不必要的数据、调用和控制联系。并将联系比较密切、功能近似的模块相对集中，这样对于以后的搜索、查询、调试、调用都比较方便。

2. 要使子系统或模块之间数据的依赖性尽量小

子系统之间的联系要尽量减少，接口简单、明确。一个内部联系强的子系统对外部的联系必然相对很少。所以划分时应将联系较多的都划入子系统内部。这样划分的子系统，将来调试、维护、运行都是非常方便的。

3. 子系统或模块划分的结果应使数据冗余最小

如果我们忽视这个问题,则可能引起相关的功能数据分布在各个不同的子系统中,大量的原始数据需要调用,大量的中间结果需要保存和传递,大量计算工作将要重复进行。从而使得程序结构紊乱、数据冗余,这不但给软件编制工作带来很大的困难,而且系统的工作效率也大大降低了。

4. 子系统或模块的设置应考虑今后管理发展的需要

子系统的设置光靠上述系统分析的结果是不够的,因为现存的系统由于这样或那样的原因,很可能都没有考虑到一些高层次管理决策的要求。为了适应现代管理的发展,对于老系统的这些缺陷,在新系统的研制过程中应设法将它补上。只有这样才能使系统以后不但能够更准确、更合理地完成现存系统的业务,而且可以支持更高层次、更深一步的管理决策。

5. 子系统或模块的划分应便于系统分阶段实现

信息系统的开发是一项较大的工程,它的实现一般要分期分步地进行。所以子系统的划分应该考虑到这种要求,适应这种分期分步的实施。另外,子系统的划分还必须兼顾组织机构的要求(但又不能完全依赖于组织,因为目前正在进行体制改革,组织结构相对来说是不稳定的),以便系统实现后能够符合现有的情况和人们的习惯,从而更好地运行。

**(二)子系统划分或模块设计的方法**

人们在长期的实践中摸索出了一套子系统的划分方法,虽然它们还不太成熟,但已为广大实际工作者自觉或不自觉地采用了。划分子系统的方法常用的主要有以下四种:

(1)按功能划分。这是目前用的最多的一种方式。

(2)按业务处理顺序划分。划分的依据是业务流程分析的结果。在一些时间和处理过程顺序特别强的系统中,这种划分方法常常被采用。

(3)按数据拟合程度来划分。由于每个子系统内部的数据相对集中,这种划分方法的子系统内部聚合力强,外部通信压力小。

(4)按业务处理过程划分。当整个系统要分段实现开发时,常常采用这种方法。

从管理职能的角度,按功能划分子系统的方法,可以把管理信息系统看作由不同职能的一系列子系统构成,这些子系统可以再分解成更小的子系统和模块,整个信息系统就是由这些功能模块构成的。

**(三)子系统划分或模块设计的结果**

模块是可以组合、更换和分解的单元,是组成系统、便于处理的基本单位。在信息处理中,任何一个处理功能都可以认为是一个模块,并且具有层次性。因此,一个复杂的系统可由几个大的模块组成,每个大模块又可分解为不同层次的多个模块。

一个模块应具有三种基本属性:一是功能,说明该模块完成什么任务;二是逻辑,描述该模块内部如何实现所要求的功能;三是状态,描述该模块的运行环境和模块间的相互关系。实际上,定义模块就是确定模块内部逻辑构成和设计模块与模块之间的连接关系。

模块分解与组合的合理性将直接影响系统设计的质量。

子系统划分或模块设计后,会产生系统(模块)结构图以及处理逻辑说明。图6-1给出了库存管理系统的模块结构示意图,图6-2给出了相应的处理逻辑说明示意图。

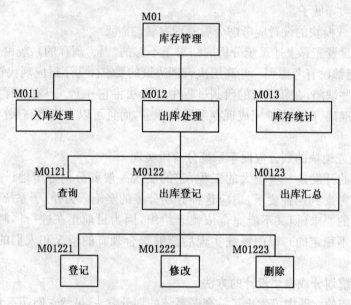

图6-1 库存管理系统的模块结构图

| 模块名:修改 | 日期:2011.07.01 |
|---|---|
| 模块标识号:M01222 | 设计者: |

处理说明:
　　输入被修改物资的物资代码;
　　在相应的数据库中查找该记录;
　　找到后修改记录值,存入数据库中;
　　查找失败,显示失败原因,返回;
　　本次操作结束,返回调用模块。

图6-2 处理逻辑示意图

## 二、处理方式的选择和设计

可以根据系统功能、业务处理特点、性能/价格比等因素,选择集中式处理方式或分布式处理方式。在一个管理信息系统中,也可以混合使用多种方式。

### (一)集中式系统

集中式系统是集设备、软件和数据于一体的工作模式,可分为单机模式和主机/终端模式①。单机模式仅适用于个人信息处理系统。主机/终端模式是指系统安装在大型主机上，用户可以同时在本地或远程连接的多个终端上运行信息系统。主机/终端模式适用于某些特定的应用领域，如订票系统、银行储蓄系统等。

### (二)分布式系统

分布式系统的工作模式是将整个系统分成若干个地理上分散的设置，业务可以独立处理，但系统在统一的工作规范和技术要求下运行。

1. 文件服务器/工作站模式(W/S)

这种模式一般用于由 PC 组成的局域网。数据库管理系统安装在文件服务器上，而数据处理和应用程序分布在工作站上，文件服务器仅提供对数据的共享访问和文件管理，没有协同处理能力。

2. 客户机/服务器模式(C/S)

客户机只执行本地前端应用，而将数据库的操作交由服务器负责，以合理均衡的事务处理充分保证数据的完整性和一致性。这种结构可以将应用逻辑分布在客户工作站和服务器之间，以提供更快、更有效的应用程序。

3. 浏览器/服务器模式(B/S)

客户端利用浏览器，通过 Web 服务器访问数据库，以获取需要的信息。Web 服务器与特定的数据库系统的连接可以通过专用的软件来实现。客户通过统一的浏览器方式运行系统，而不需要安装特定的应用程序。

在设计系统的运行模式时，应考虑系统的类型、处理方式、数据存储要求、软硬件的配置情况，还应照顾到系统使用的方便程度、维护和扩展的性能、安全性、可靠性、经济实用性等。例如，对于工资管理系统，如果企业是小型的地域型企业，人员比较集中，可以采用客户机/服务器(C/S)模式开发系统；如果企业是一个跨国公司，业务和人员分布广，浏览器/服务器(B/S)模式应作为首选方案。

## 三、计算机网络系统的设计

计算机网络系统的设计主要包括中、小型机方案与微机网络方案的选取，网络互联结构及通信介质的选择，局域网拓扑结构的设计，网络应用模式及网络操作系统的选型，网络协议的选择，网络管理，远程用户等工作。

### (一)网络拓扑结构的设计

当选定系统的工作模式之后，我们就可以确定系统的网络拓扑结构，并根据系统的逻辑功能划分(如有多少子系统)确定网络的逻辑结构(子网或网段的划分)，这实际上也就决定了网络的主要连接设备及服务器等重要部分的构成，此时应遵循的重要原则就是应

① 单机模式和主机/终端模式及本节后面提到的文件服务器/工作站模式、客户机/服务器模式、浏览器/服务器模式的详细内容，请见第二章第三节的内容。

尽量使信息交换量大的应用放在同一网段内。

目前网络使用的拓扑结构主要有三种：星型拓扑结构、环型拓扑结构和总线型拓扑结构。星型结构的可扩展性好，适合发展较快的系统的设计；环型结构在局域网中使用较多；总线型结构通常只适合较小的系统，对于数据量大的系统容易发生错误，且网速较慢。

**（二）服务器选择**

服务器是指在网络环境下运行相应的应用软件，为网上用户提供共享信息资源和各种服务的一种高性能计算机，英文名称为 Server。在管理信息系统中，服务器为网络环境中的客户端提供各种信息服务。

服务器既然是一种高性能的计算机，它的构成肯定就与我们平常所用的电脑（PC）有很多相似之处，如 CPU（中央处理器）、内存、硬盘、各种总线等，只不过它是能够提供各种共享服务（网络、Web 应用、数据库、文件、打印等）以及其他方面的高性能应用的电脑，它的高性能主要体现在高速度的运算能力、长时间的可靠运行、强大的外部数据吞吐能力等方面，是网络的中枢和信息化的核心。

服务器可采用性能一般的小型机或性能高的微机。计算机及网络的各项技术参数的选择可依据系统要处理的数据量及数据处理的功能要求来决定。

## 四、数据库管理系统的选择

管理信息系统中，数据库服务器是必不可少的网络组成部分，运行在数据库服务器上的大型软件称为数据库管理系统。数据库管理系统（Database Management System，DBMS）是一种操纵和管理数据库的大型软件，可用于建立、使用和维护数据库。它对数据库进行统一的管理和控制，以保证数据库的安全性和完整性。用户通过 DBMS 访问数据库中的数据，数据库管理员也通过 DBMS 进行数据库的维护工作。它提供多种功能，可使多个应用程序和用户用不同的方法同时或在不同时刻去建立、修改和查询数据库。

在数据库管理系统的选择上，应充分考虑以下三个方面的因素：

（1）明确系统的需求。通过系统分析，应基本掌握新系统的目标和需求、数据量的大小、数据产生的方式等要素，明确对数据库的基本需求和对数据的处理方式。

（2）了解各种主要数据库管理系统的性能。了解各种数据库管理系统适用的对象和范围，充分考虑性能价格比、厂家的技术支持、今后服务等因素。

（3）适应总体应用环境。应考虑信息系统采用的数据库管理系统与相关的外部环境之间的关系，如企业的客户和供应商所采用的数据库管理系统，这样会有利于数据的传递和共享；如果在某一行业中，企业采用 Sybase 的比例很高，那么同一行业中的其他企业建立管理信息系统时一般也应采用相应的数据库管理系统软件，这样有利于相互的数据交换。另外，开发技术人员对数据库管理系统的熟悉程度也是不容忽视的因素。

目前市场上流行的数据库管理系统如 Oracle、Sybase、SQL Server、Informix 等是开发大、中型管理信息系统时数据库系统软件的首选，而 Visual Foxpro、Microsoft Access

在小型管理信息系统建设中选用较多。

### 五、软、硬件的选择

计算机软、硬件的选择,对于管理信息系统的功能有很大的影响。大型管理信息系统的软、硬件的采购可采用招标等方式进行。

**(一)系统硬件的选择**

硬件系统选择时应考虑如下因素:

(1)中央处理机(CPU)的速度和性能;

(2)内、外存容量及可扩充量;

(3)外部设备的配置,主要考虑输入及输出设备、通信接口设备等;

(4)该硬件系统支持软件的能力,主要考虑硬件系统可支持本厂家生产的软件系统的能力,以及支持其他厂家软件的能力。

**(二)系统软件的选择**

系统软件的选择工作,实际上是对确定的硬件结构中的每台计算机指定相应的计算机软件,包括操作系统、数据库管理系统、应用服务器系统、开发工具软件等。

1. 操作系统的选择

操作系统是最靠近硬件的低层软件。操作系统是控制并管理计算机硬件和软件资源、合理地组织计算机工作流程并方便用户使用的程序集合,它是计算机和用户之间的接口。客户机上的操作系统一般是采用易于操作的图形界面的操作系统,现在多数选择Windows 系列,如 WindowsXP、Windows2000 等。

网络操作系统是网络用户和计算机网络的接口,它管理网络上的计算机硬件和软件资源,如网卡、网络打印机、大容量外存等,为用户提供文件共享、打印共享等各种网络服务以及电子邮件、WWW 等专项服务。服务器上的操作系统一般选择多用户网络操作系统,如 Unix、Netware、Windows NT 等。其中,Unix 的特点是稳定性及可靠性非常高,但缺点是系统维护困难、系统命令枯燥。Netware 适用于文件服务器/工作站工作模式,在五年前市场占有率很高,但现在应用的较少。Windows NT 安装、维护方便,具有很强的软硬件兼容能力,并且与 Windows 系列软件的集成能力也很强,一般认为是最有前途的网络操作系统。

2. 应用服务器系统软件及开发工具的选择

管理信息系统的工作模式在很大程度上决定了系统的应用服务器软件及其开发工具。若系统确定开发的应用为 B/S 模式,就应选择支持 B/S 模式的应用服务器软件及开发工具。例如,如果你的网络操作系统选择的是 Windows NT,则微软公司的 Internet Information Server(IIS)是建立支持 Web 应用的首选应用服务器软件。目前 B/S 模式应用的开发工具很多,如 JSP、ASP、Power Builder 的较高版本都支持 B/S 模式应用的开发。当然,若管理信息系统采用 B/S 模式,则客户端计算机上还需安装浏览器软件,现在

Windows 操作系统一般都安装有 IE 浏览器。

如果系统确定的应用为 C/S 模式,则开发工具及运行环境需要安装在客户端计算机上,服务器端只需要安装数据库管理系统。用于 C/S 模式应用开发的系统工具软件用得较多的有 Power Builder、Visual Basic 、VC++等。

# 第三节  代码设计

代码是以数字或字符来代表各种客观实体,代码设计问题是一个科学管理的问题。设计出一个好的代码方案对于系统的开发工作是一件极为有利的事情。它可以使很多机器处理(如某些统计、查询等)变得十分方便,另外还把一些现阶段计算机很难处理的工作变成很简单的处理。简单地说,代码有如下作用:

(1)识别。识别是代码的通用特征,一个代码能也只能唯一地表示一个分类对象,任何代码都必须具备这种基本特性。

(2)分类。有些代码是具有分类作用的,比如为学生的专业设计代码,那么此代码就可以将学生按专业分类。

(3)排序与索引。代码有时可以设计成具有排序和检索的特点,方便对对象的查询。

(4)专用含义。当客观上需要采用一些专用符号时,代码可设计成能提供一定的专门含义,如数学运算的程序、分类对象的技术参数及性能指标等。

## 一、代码设计的原则

合理的代码结构是决定信息处理系统有无生命力的重要因素之一,代码设计应遵循以下基本原则。

(1)选择最小值代码:随着信息量的迅速增长,代码长度日趋加长,在不影响代码系统的容量和扩充性的前提下,代码应尽可能简短、统一。

(2)唯一性:代码的唯一性要求保证,通过代码可唯一地确定编码对象,这是代码在数据管理中最基本的作用。

(3)规范性:代码要遵循一定的规则,这些规则包括代码的位数、代码的分段、每段的类型和含义等。例如,我国公民身份证代码共有 18 位,全部采用数字编码,各位数字的含义参见图 6—3 中的说明。在该编码中,第 17 位数字是表示在前 16 位数字完全相同时某个公民的顺序号,并且单数用于男性,双数用于女性。如果前 16 位数字均相同的同性别的公民超过 5 人,则可以"进位"到第 16 位。比如:有 6 位女性公民前 16 位数字均相同,并假设第 16 位数是 7,则这些女性公民的末两位编号分别为 72、74、76、78、80、82。另外,还特殊规定,最后三位数为 996、997、998、999 这 4 个号码为百岁老人的代码,这 4 个号码将不再分配给任何派出所。

(4)可扩展性:是保证系统对企业管理业务变化的适应性,即要求代码规则对已有编

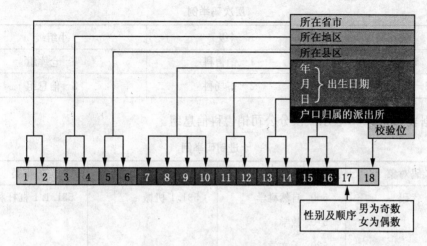

**图6—3　我国公民身份证代码**

码对象留有足够的余量。例如,在产品代码已经按其代码规则被全部占用的情况下,若企业再开发出新产品,系统就无法对其编码并进行管理了。

(5)标准化与通用性:考虑企业信息系统与主管部门通信及联网的需要,尽可能利用国际、国内、部门的标准代码。

(6)满足用户需要:尽量使用原业务处理上已使用的行之有效的代码,方便用户使用。

## 二、代码的种类

代码的种类有很多,这里介绍几种常用的编码方式。

### 1. 顺序码

顺序码可分为数字顺序码和字母顺序码。顺序码是最简单的代码形式,一般适用于编码对象数目较少的情况。例如,某企业管理信息系统中,对5个产品仓库的代码可采用如下的数字顺序码,如表6—1所示。

表6—1　　　　　　　　　　　　　数字分组顺序代码举例

| 编码对象 | 仓库1 | 仓库2 | 仓库3 | 仓库4 | 仓库5 |
|---|---|---|---|---|---|
| 代码 | 001 | 002 | 003 | 004 | 005 |

### 2. 区间码

区间码把数据项分成若干组,每个区间代表一个组。码中的数字和位置都代表一定的意义。区间码又分为层次(如表6—2所示)、十进制码(如表6—3所示)和特征码(如表6—4所示)三种,分别举例如下:

表 6—2　　　　　　　　　　　　　　　层次码举例

| 公司级 | 科级 | 小组级 |
|---|---|---|
| 1—总公司 | 1—销售科 | 1—仓库组 |
| 2—武汉分公司 | 2—市场科 | 3—信息组 |

依据表 6—3,213 表示武汉分公司销售科信息组。

表 6—3　　　　　　　　　　　　　　　十进制码举例

| 编码对象 | 大类 | 二类 | 小类 |
|---|---|---|---|
| 代码 | 500. 自然科学<br>510. 数学<br>520. 天文学<br>531. 机构 | 531.1 机械 | 531.1.1 杠杆和平衡 |

码中的每一个十进制数字代表一类,多用于分类对象。

表 6—4　　　　　　　　　　　　　　　特征码举例

| 类　别 | 尺寸 | 式样 | 料子 |
|---|---|---|---|
| M(男装)<br>F(女装) | 38<br>39<br>40<br>41 | 1—9 | W1(毛料)<br>C1(布料) |

例如:某一男装的编码为 M40—2C1。

## 3. 助忆码

为了容易识别和记忆,可采用字符助忆代码,如我们可对企业的仓库采用如表 6—5 所示的字符代码。使用仓库汉语名称的拼音字头形成了相应仓库的字符代码,既容易识别,也容易记忆。

表 6—5　　　　　　　　　　　　　　　助忆码举例

| 编码对象 | 成品库 | 配件库 | 原料库 |
|---|---|---|---|
| 代码 | CP | PJ | YL |

## 4. 混合码

当编码采用上述方法中的两种或以上方式时,称为混合编码方式,所编代码为混合码。

### 三、代码中的校验位

代码是计算机的重要输入内容之一,其正确与否直接影响到整个处理工作的质量,特别是通过手工输入时,发生错误的可能性更大。为了保证正确输入,在代码设计结构中原有代码的基础上,另外加上一个校验位,使它成为代码的一个组成部分。校验位通过事先规定的数学方法计算出来,输入时,计算机用同样的方法按代码数字计算出校验位,与输入的校验位进行比较,以确保输入正确。

校验位可以发现的错误有:抄写错误(1 写成 7)、易位错误(1234 写成 1243)、双易位错误(4321 写成 3412)以及随机错误。

计算校验位的方法很多,这里举出几种。

1. 算术级数法

原代码　　　　1 2 3 4 5
各乘以权　　　6 5 4 3 2
乘积求和　　6+10+12+12+10=50

以 11 为模去除乘积之和,取余数作为校验码:50/11=4 余 6。

由此得出代码为:123456,其中 6 为校验码。

2. 几何级数法

原代码　　　　1　2　3　4　5
各乘以权　　32　16　8　4　2
乘积求和　　32+32+24+16+10=114

以 11 为模去除乘积之和,取余数作为校验码:114/11=10 余 4。

由此得出代码为:123454。

3. 质数法

原代码　　　　1　2　3　4　5
各乘以权　　17　13　7　5　3
乘积求和 17+26+21+20+15=99

以 11 为模去除乘积之和,取余数作为校验码:99/11=9 余 0。

由此得出代码为:123450。

计算校验码时,由于权与模的取值不同,检测效率也不同。一般来说,校验码是对数字代码进行检查。但是,对于字母或字母数字组成的代码,也可以用校验码进行检查,但这时校验位必须是两位,在计算时要将 A—Z 跟随 0—9 的顺序变为:A=10、B=11、……、Z=35。

### 四、代码设计步骤

(1)确定代码对象;

(2)考察是否已有标准代码；

(3)根据代码的使用范围、使用时间和实际情况选择代码的种类与类型；

(4)考虑检错功能；

(5)编写代码表。

## 五、代码设计书

确定了代码的类型及校验方法后，需要编写代码设计书，如图6-4所示。

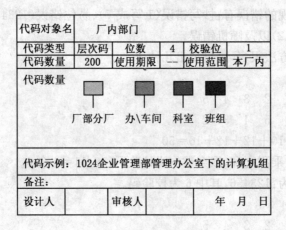

图6-4 代码设计书

# 第四节 数据库设计

管理信息系统要开展各种管理业务，实现各种管理功能，需要在数据库中存储大量的管理数据，数据是企业最重要的资源之一，开发数据资源既是企业信息化的出发点，又是企业信息化的目标。因此，数据库设计对于管理信息系统是至关重要的。

数据库设计是指对于给定的应用环境，提供一个确定最优数据模型与处理模式的逻辑设计，以及一个确定数据库存储结构和存取方法的物理设计，建立起既能反映现实世界信息和信息联系，满足用户数据要求和加工要求，又能被某个数据库管理系统所接受，同时能实现系统目标，并有效存取数据的数据库。数据库设计是建立数据库及其应用系统的技术，是信息系统开发和建设中的核心技术。

按照软件工程的观点，数据库系统的生命周期可以划分为数据库设计、数据库实施和数据库使用三个阶段，而每个阶段又可划分为不同的步骤。这个过程实质是信息从现实世界经过人为加工和计算机处理后又回到现实世界中去的过程。数据库设计阶段主要包括四个步骤：用户需求分析、概念结构设计、逻辑结构设计和物理结构设计。在数据库设计完成后的数据库实施阶段，设计人员要运用DBMS提供的数据语言、工具等，根据逻辑设计和物理设计的结果建立数据库、编制和调试应用程序、组织数据入库,并进行试运行。经过试运行后的数据库系统即可投入正式运行,进入数据库生命周期的最后一个阶段——使用阶段,在这个阶段,必须不断地对数据库系统进行评价、调整与修改,直至系统消亡。

在这一节里,主要讨论数据库设计阶段的四个步骤所涉及的有关问题,即从用户需求分析开始,进入概念结构设计、逻辑结构设计和物理结构设计。实际上,用户需求分析和概念结构设计解决的是数据库系统"做什么",而逻辑结构设计和物理结构设计解决的是数据库系统"如何做"的问题。

## 一、用户需求分析

进行数据库设计首先必须准确了解与分析用户需求,它是整个数据库设计过程的基础。用户需求分析的目的是获得用户对要建立的数据库系统的信息需求的全面描述,通常使用数据流程图(DFD)和数据字典(DD)来表示。用户需求分析实际上在系统分析阶段已经完成了,在数据库设计阶段只需进一步确认用户对数据内容、数据来源去向、取值范围、处理方式,以及对数据的安全性和完整性等方面的要求。

## 二、概念结构设计

概念结构设计是通过对用户需求进行综合、归纳和抽象,形成一个独立于具体数据库管理系统的概念模型。概念模型是建立数据库逻辑模型的基础,它描述了从用户角度看到的数据库的内容及联系,纯粹是对现实的反映,而与数据的存储结构、存取方式以及具体实现等无关。

概念模型的表示方法很多,最为常用的是实体—联系的方法,该方法用 E－R(Entity-Relationship)模型来描述概念模型。E－R 模型直接面向现实世界,不必考虑给定的 DBMS 所作的种种限制,它容易被管理人员和业务人员及计算机专业人员所接受,目前正在被广泛应用于数据库设计之中。有关 E－R 模型的相关知识,请读者参考本教材第二章数据描述及层次组织一节的相关内容,本节主要就 E－R 模型的绘制进行讲解。

构造 E－R 模型实质上就是根据现实世界客观存在的"事物"及其关系所给出的语义要求,首先抽象出实体,并一一命名,再根据实体的属性描述其间的各种联系。一般来说,它包括如下几步:(1)标识实体;(2)识别实体之间的联系;(3)识别属性;(4)标识关键字;(5)构造 E－R 模型。

应当指出的是,如果所处理的对象是一个比较大的系统,则应先画出各部门的子E－R模型,然后再将各子 E－R 模型经过合并,消除同类实体,消除冗余,汇总为整个E－R模型。下面结合一个具体的例子,对 E－R 模型的绘制进行讲解。

在某高校学生选课管理系统中,教务处规定每个学生可选修若干门课程,每门课程都可被不同的学生选修,同时,每门课程有唯一指定的教师,但每位教师可教授多门不同的课程。根据以上描述,该如何绘制该系统的 E－R 模型呢?

第一步,标识实体。在上例中包括三个实体:学生、课程和教师。第二步,识别实体之间的联系。学生和课程之间存在多对多的选修关系;教师和课程之间存在一对多的教授关系。第三步及第四步,识别属性并标识关键字,学生实体应该包括学号、姓名、性别、年龄、籍贯、专业班级等属性,其中学号为其关键字;课程实体应该包括课程编号、课程名称、学时、学分、课程性质等属性,其中课程编号为其关键字;教师实体应包括教师编号、姓名、性别、年龄、籍贯、所属院系等属性,其中教师编号为其关键字。第五步,构造 E－R 模型。

根据上面的分析,我们绘制该系统的 E－R 模型,如图 6－5 所示。

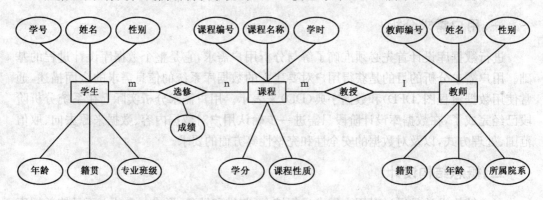

**图 6－5　学生选课 E－R 模型**

## 三、逻辑结构设计

逻辑结构设计的任务是,把概念结构中的 E－R 模型转换成数据库管理系统所支持的数据模型。

在数据库管理系统中,采用数据模型(Data Model)来对现实世界进行抽象,反映数据本身及其数据之间的联系。有关数据模型的相关知识,请读者参考本教材第二章数据库技术一节的相关知识。数据模型按照计算机系统的观点来组织数据。为了将现实世界中的事物抽象为数据库管理系统支持的数据模型,通常需要一个不依赖于计算机系统的中间层次,即首先将现实世界中的事物及其联系抽象为概念模型(概念结构设计),再由概念模型转化为数据模型,最常用的是关系数据模型。

将 E－R 模型转换为关系模型,一般遵循如下原则:

(1)一个实体转换为一个关系,实体的属性就是关系的属性,实体的关键字就是关系的关键字。

(2)一个1∶1的联系有两种方式向关系模式转换:一种方式是将联系转换为一个独立的关系,关系的属性包括该联系所关联的两个实体的码及联系本身的属性,关系的码取自任一方实体的码;另一种方式是将联系归并到关联的两个实体的任一方,给待归并的一方实体属性集中增加另一方实体的码和该联系的属性即可,归并后的实体码保持不变。

(3)一个 1∶n 的联系有两种方式向关系模式转换:一种方式是将联系转换成一个独立的关系,关系的属性包括该联系所关联的两个实体的码及联系本身的属性,关系的码是多方实体的码;另一种方式是将联系归并到关联的两个实体的多方,给待归并的多方实体的属性集中增加一方实体的码和该联系的属性即可,归并后多方实体的码保持不变。

(4)一个 n∶m 的联系转换为一个关系,联系中各实体关键字的组合组成关系的关键字(组合关键字)。

通过以上方法,就可以将全局 E－R 模型中的实体、属性、联系全部转换为关系模型,建立初步的关系模型。

但是,关系模型的好坏对数据的存储、操作有很大影响。因此,一般基于规范化理论进行关系模型的设计,要将前面得到的初步的关系模型进行规范化。规范化理论是科德(E. F. Codd)在 1971 年提出的,研究关系模型中各属性之间的关系,探讨关系模型应具备的性质和设计方法。

在数据的规范化表达中,一般将一组相互关联的数据称为一种关系,这种关系落实到具体数据库上就是基本表,在规范化理论中该表是二维的,它具有以下性质:

(1)列是同质的,即每一列中的分量是同一类型的数据,属于同一个域;

(2)列的顺序无所谓,即列的次序可以任意交换;

(3)任意两个元组不能完全相同,即行不能重复;

(4)行的顺序无所谓,即行的次序可以任意交换。

规范化体系中通过多层范式(Normal Form)结构表示关系模型的规范化程度,其结构如图 6－6 所示。在规范化体系中,如果满足最低要求,则称为第一范式(First Normal Form, 1NF),在 1NF 的基础上进一步满足一定的条件则为第二范式(2NF),以此类推。数据库是关系模式的集合,模式设计三个方面的内容包括数据依赖、范式、模式设计方法,范式是经过规范的关系模式。关系可以分为静态关系和动态关系。静态关系是指一旦数据已加载,用户只能在这个关系上进行查询操作,不再进行插入、删除、更新操作,静态关系一般规范到 1NF 就可以满足需要。动态关系是指要对该关系中的数据经常进行更新、插入、删除操作,一般要规范到 BCNF 或 3NF。

**图 6－6　各种范式之间的关系**

1. 第一范式(1NF)

所谓第一范式,即关系模式中属性的值域中每一个值都是不可再分解的值。如果某个数据库模式都是第一范式的,则称该数据库模式是属于第一范式的数据库模式。

比如有一个学习关系(学号,课程),若有如表6—6所示的几行记录,这时的第三条记录就表示本关系模式不是1NF的,因为课程中的值域还是可以分解的,它包括两门课程。

表6—6 学生学习表

| 学　号 | 课程 |
| --- | --- |
| 99001 | C 语言 |
| 99002 | 数据结构 |
| 99003 | C 语言,数据结构 |

如果改为如表6—7所示的记录,则成为1NF的关系。1NF的关系应满足的基本条件是,元组中每个分量都必须是不可分割的数据项。

表6—7 学生学习表

| 学　号 | 课　程 |
| --- | --- |
| 99001 | C 语言 |
| 99002 | 数据结构 |
| 99003 | C 语言 |
| 99003 | 数据结构 |

## 2. 第二范式(2NF)

如果关系模式 R 为第一范式,并且 R 中每一个非主属性都完全依赖于 R 的主键,则称为第二范式模式。表6—8的关系模式满足1NF的要求,但不满足2NF的要求。

表6—8 学生学习表

| 学　号 | 所在系 | 系主任 | 课程号 | 成绩 |
| --- | --- | --- | --- | --- |
| 0815901 | 经管系 | 张 明 | C01 | 89 |
| 0815901 | 经管系 | 张 明 | C01 | 76 |
| 0815902 | 经管系 | 张 明 | C03 | 83 |

在此关系模式中,"学号"和"课程号"共同构成此关系模式中的主码。"所在系"、"系主任"和"成绩"是非主属性。在这里"所在系"只是部分依赖于码(即只依赖于主码的第一个分量"学号"),"系主任"也是部分依赖于码,因此该关系模式不属于第二范式。经过规范化分解,可得如下两个满足第二范式的关系:

学生和系(学号,姓名,所在系,系主任)

成绩表(学号,课程号,成绩)

### 3. 第三范式

如果关系模式 R 是第二范式,且每个非主属性都不传递依赖于 R 的主键,则称 R 为第三范式模式。如表 6-9 所示的关系模式属于第二范式,但不满足第三范式。

表 6-9　　　　　　　　　　　学生和院系

| 学号 | 姓名 | 所在系 | 系主任 |
| --- | --- | --- | --- |
| 9916401 | 赵 敏 | 信息系 | 李 明 |
| 9916402 | 张 强 | 信息系 | 李 明 |
| 9916201 | 莫 妮 | 会计系 | 吴清联 |

在该关系中,主码为"学号"。"所在系"这个非主属性依赖于主码"学号",而"系主任"又依赖于"所在系",因此,"系主任"的传递依赖于主码"学号"。这样的关系存在着高度冗余和更新问题。消除传递依赖关系的办法是将上述关系分解为如下几个满足第三范式的关系:

学生(学号,姓名,所在系)

院系(所在系,系主任)

3NF 消除了插入、删除异常及数据冗余等问题,已经是比较规范的关系了。

## 四、物理结构设计

物理结构设计是指对于一个给定的数据库逻辑结构,权衡各种利弊因素,研究并确定一种高效的物理存储结构,以达到既能节省存储空间,又能提高存储速度的目的。需要指出的是,随着数据库技术的快速发展,数据库管理系统已能自行处理大多数物理细节,开发人员不必过多考虑。

在逻辑设计和物理设计结束后,就要在计算机上建立起实际数据库结构、导入数据、测试和运行数据库了。数据库投入正式运行,标志着数据库设计与应用开发工作的结束和运行维护阶段的开始。本阶段主要工作包括维护数据库的代表性和完整性、监测并改善数据库的性能等。

## 五、数据库设计案例

按照规范设计的方法,考虑数据库及其应用系统开发的全过程,数据库设计分为以下四个阶段:用户需求分析、概念结构设计、逻辑结构设计、物理结构设计,然后进行数据库的实施、运行和维护。

### 1. 用户需求分析

某企业的物资管理系统,主要包括物资的采购、入库、出库、日常管理等活动。实体有物资、供应商和合同。物资实体可以通过物资代码、物资名称、型号、规格、计量单位、物资类别、存放仓库等属性来进行描述;供应商的属性有供应商编号、供应商名称、供应商地址、联系人和供应商账号;合同的属性有合同编号、合同日期和交货日期等。订货联系涉及的实体有物资、供应商和合同。一种物资可以由多家供应商供应,签订多笔合同;一家供应商可以供应多种物资,也可能签订多笔合同,这种联系在图中用 L∶M∶N 来表示。在订货联系中的属性有订货数量和订货价格。

2. 概念结构设计

根据该企业物资管理中的实体和实体间联系,构建概念模型如图 6—7 所示。这里只给出了局部的 E—R 图,读者可以根据具体企业的实际情况和相关章节的内容,自己补充其他实体,建成一个综合的物资管理的 E—R 图,实现企业物资管理的整体概念结构的设计。

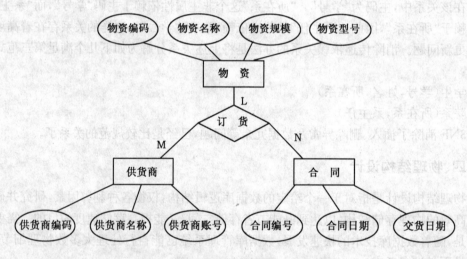

**图 6—7 某企业订购活动的 E—R 图**

公司管辖若干商店,每个商店有编号、店名、店址、店经理等属性(提示:"店经理"只作为"商店"的属性处理);每家商店有若干职工工作,但每个职工只能服务于一家商店;每个职工有工号、姓名、性别、年龄、政治面貌等属性;商店都记录有每个职工参加工作的开始时间;每家商店销售若干商品,同时商店记录商品的销售量;商品有商品号、商品名、单价、产地等属性。请根据以上文字正确画出实体—联系图,并将 E—R 图转换为关系逻辑模型。

3. 逻辑结构设计

根据数据库设计的原则,将 E—R 模型转换为关系数据模型:

物资(物资代码,物资名称,型号,规格,计量单位,物资类别)

供应商(供应商代码,供应商名称,地址,联系人,供应商账号)

合同(合同编号,合同日期,交货日期)

订货(物资代码,供应商代码,合同编号,订货数量,订货价格)

每个关系都经过规范化分析,符合 BCNF。

### 4. 物理结构设计

数据库的物理设计通常分为两步:确定数据库的物理结构,在关系数据库中主要指存取方法和存储结构;对物理结构进行评价,评价的重点是时间和空间效率。

不同的数据库产品所提供的物理环境、存取方法和存储结构有很大差别,能供设计人员使用的设计变量、参数范围也很不相同,因此没有通用的物理设计方法可遵循,只能给出一般的设计内容和原则。希望设计优化的物理数据库结构,使得在数据库上运行的各种事务响应时间少、存储空间利用率高、事务吞吐率大。为此,首先对要运行的事务进行详细分析,获得选取物理数据库设计所需要的参数;其次要充分了解所用的 RDBMS 的内部特征,特别是系统提供的存取方法和存储结构。

### 5. 数据库实施和维护

完成数据库的物理设计之后,设计人员就要用关系数据库管理系统提供的数据定义语言和其他实用程序,将数据库逻辑设计和物理设计结果严格描述出来,成为数据库管理系统可以接受的源代码,再经过调试产生目标模式。

# 第五节　输入/输出设计

信息系统输入输出(I/O)设计是一个在系统设计中很容易被忽视的环节,又是一个十分重要的环节,它对于用户使用系统的方便性和安全可靠性来说都是十分重要的。一个好的输入系统设计可以为用户和系统双方带来良好的工作环境,一个好的输出设计可以为管理者提供简明、有效、实用的管理和控制信息。

## 一、系统输入设计

在实现系统开发过程中输入设计所占的比重较大。以某企业开发的管理信息系统为例,在涉及全厂生产、经营、财务、销售、物资供应 5 个子系统中,与输入输出界面相关的程序占总程序量的 60% 左右。从这一比率足以看出在一个处理管理领域的信息系统中输入输出界面的重要性,一个好的输入设计能为今后系统运行带来很多方便。

输入设计的工作是依据功能模块的具体要求给出数据输入的方式、用户界面和输入校验方式等。

### (一)输入设计应遵循的基本原则

(1)输入量应保持在能满足处理要求的最低限度。应明白这样一个道理,输入的数据越多,则可能产生的错误也越多。

(2)杜绝重复输入,特别是数据能共享的大系统、多子系统一定要避免重复输入。

（3）输入数据的汇集和输入操作应尽可能简便易行，从而减少错误的发生。

（4）输入数据应尽早地用其处理所需的形式进行记录，以便减少或避免数据由一种介质转换到另一种介质时可能产生的错误。

**（二）输入数据的获得**

在管理信息系统中，最主要的输入是向计算机输送原始数据，如仓库入库单、领料单、财务记账凭证等。因此在输入的前期，应详细了解这些数据的产生部门、输入周期、输入信息的平均发生量和最大量，并研究、计划今后这些数据的收集时间和收集方法等。

原始数据通常通过人机交互方式进行输入，为了提高输入速度并减少出错，可设计专门供输入数据用的记录单，在输入数据时，屏幕上画面格式与输入记录单保持一致。输入记录单的设计原则是：易使用，减少填写量，便于阅读，易于分类、整理、装订和保存。有时也可以不专门填写输入记录单，而只在原始票据上框出一个区域，用来填写需特别指明的向计算机输入的数据。此方法容易为业务人员所接受，因为他们可减少填写记录单的工作量，但对输入操作不一定有利。

对于某些数据，最好的方法是结合计算机处理和人工处理的特点，重新设计一种新的人—机共用的格式。例如，入库单和领料单，可在原有人工使用的单据格式上增加材料代码、经手人员的职工号等栏目。业务部门和计算机操作员都可直接使用该单据，这样既可减少填写输入记录单的工作量，又方便了输入操作。当然，对于单据中的代码填写，业务人员仍需经过一段时间的使用才能适应。

**（三）输入格式的设计**

输入格式应该针对输入设备的特点进行设计。若选用键盘方式人机交互输入数据，则输入格式的编排应尽量做到计算机屏幕显示格式与单据格式一致。输入数据的形式一般可采用"填表式"，由用户逐项输入数据，输入完毕后系统应具有要求"确认"输入数据是否正确无误的功能。

在我们实际设计数据输入时（特别是大批量的数据统计报表输入时），常常遇到统计报表（或文件）结构与数据库文件结构不完全一致的情况。

如有可能，应尽量改变统计报表或数据库关系表二者之一的结构，并使其一致，以减少输入格式设计的难度。现在还可采用智能输入方式，由计算机自动将输入送至不同表格。

**（四）输入方式设计**

输入方式的设计主要是根据总体设计和数据库设计的要求来确定数据输入的具体形式。常用的输入方式有键盘输入、数模/模数转换方式、网络传送数据、磁盘传送数据等几种形式。通常在设计新系统的输入方式时，应尽量利用已有的设备和资源，避免大批量的数据重复多次地通过键盘输入，这是因为键盘输入不但工作量大、速度慢，而且出错率较高。

1. 键盘输入

键盘输入方式(Key-in)包括联机键盘输入和脱机键盘输入(一种通过键到盘、键到带等设备,将数据输入磁盘/带文件中然后再进入系统的设备)这两种方式。它们主要适用于常规、少量的数据和控制信息的输入以及原始数据的录入。这种方式不太适合大批中间处理性质的数据的输入。

2. 数模/模数转换方式

数模/模数转换方式(A/D,D/A)的输入是目前比较流行的基础数据输入方式。这是一种直接通过光电设备对实际数据进行采集并将其转换成数字信息的方法,是一种既省时,又安全可靠的数据输入方式。这种方法最常见的有如下几种:

(1)条码输入。这种方式即利用标准的商品分类和统一规范化的条码贴(或印)于商品的包装上,然后通过光学符号阅读器(Optical Character Reader,OCR)(亦称扫描仪)来采集和统计商品的流通信息。这种数据采集和输入方式现已普遍地被用于商业企业、工商、质检、海关等信息系统中。

(2)用扫描仪输入。这种方式实际上与条码输入是同一类型的。它大量地被使用在图形/图像的输入、文件/报纸的输入、标准考试试卷的自动阅卷、投票和公决的统计等用途中。

(3)传感器输入。这种方式即利用各类传感器和电子衡器接收并采集物理信息,然后再通过 A/D/A 板将其转换为数字信息。这也是一种用来采集和输入生产过程数据的方法。

3. 网络传送数据

这既是一种输出信息的方式,又是一种输入信息的方式。对下级子系统它是输出,对上级主系统它是输入。使用网络传送数据既可安全、可靠、快捷地传输数据,又可避免下级忙于设计输出界面、上级忙于设计输入界面的盲目重复开发工作。网络传送有两种方式:利用数字网络直接传送数据;利用电话网络(通过 modem)传送数据。

4. 磁盘传送数据

该方式即数据输出和接收双方事先约定好待传送数据文件的标准格式,然后再通过软盘/光盘传送数据文件。这种方式不需要增加任何设备和投入,是一种非常方便的输入数据方式,它常被用在主/子系统之间的数据连接上。

**(五)输入数据的校验**

由于管理信息系统中数据输入量往往较大,为了保证其正确性,一般都设置输入数据校验功能,对已经输入的数据进行校验。在输入时校验方式的设计是非常重要的。特别是针对数字、金额数等字段,没有适当的校验措施作保证是很危险的。因为从理论上来说,操作员输入数据时所发生的随机错误在各个数位上都是等概率的。如果错误出现在财会记录的低位尚可容忍,但如出现在高位,则势必酿成大事故。所以对一些重要的报表,输入设计一定要考虑适当的校验措施,以减少出错的可能性。但应指出的是,绝对保证不出错的校验方式是没有的。

校验的方法很多,常用的有以下两种:

1. 重复输入校验

由两个操作员分别输入同一批数据,或由一个操作员重复输入两次,然后由计算机校对两次输入的数据是否一致,若一致则存入磁盘,否则显示出不一致部分,由操作员修正。

2. 程序校验法

根据输入数据的特性,编写相应的校验程序对输入的数据进行检查,自动显示出错误信息,并等待重新输入。例如,对于财务管理中的记账凭证输入,可设置科目代码字典,对输入的凭证中的科目代码进行自动检查。

## 二、系统输出设计

输出信息的使用者是用户,故输出的内容与格式等是用户最关心的问题之一。因此,在设计过程中,开发人员必须深入了解并与用户充分协商。在输出设计中,必须充分考虑和满足用户的需求,要以"用户第一"的态度完成输出设计工作。

输出设计是管理信息系统应用中的重要环节,是用户与系统的重要的、直接的接口,用户所需的各种信息、报表都要由系统输出完成。输出设计的要求是:界面美观、功能齐备、数据准确、格式多样。输出设计工作主要包括确定输出的类型与内容、确定输出方式、进行屏幕格式和报表格式的设计等工作。

### (一)输出类型的确定

输出有外部输出与内部输出之分。内部输出是指一个处理过程(或子系统)向另一个处理过程(或子系统)的输出。外部输出是指向计算机系统外的输出,如有关报表、报盘等。

### (二)输出设备与介质的选择

输出的介质有打印纸、磁盘、磁带、光盘等。有关设备包括打印机、绘图仪、磁带机、磁盘机、光盘机等。可以根据需要和资源约束进行输出设备与介质的选择。

### (三)输出方式设计

相对于输入方式来说,输出方式的设计要简单得多。从系统的角度来说,输入和输出都是相对的,各级子系统的输出就是上级主系统的输入。

下面着重来讨论一下最终输出方式的设计问题。最常用的输出方式有两种:报表输出和图形输出。

究竟采用哪种输出方式为宜,应根据系统分析和管理业务的要求而定。一般来说,对于基层或具体事物的管理者,应用报表方式给出详细的记录数据为宜;而对于高层领导或宏观、综合管理部门,则应该使用图形方式给出比例或综合发展趋势的信息。例如,对于一个城市负责工业的市长来说,他需要的是全市工业、利税、产值、上升幅度、投资规模变化等综合比较信息以及极个别典型的信息;而对于市政府内某个工业局的管理人员来说,他就需要了解所管辖范围内企业的详细状况;对于市长,最好是以图表方式向他提供综合类的输出信息,若提供详细报告则毫无用处(他根本没时间细看,更不可能从中找出数据变化发展趋势的规律);反之,对工业局具体管理人员则不同,应提供详细的数据记录报表。

### 1. 报表生成器设计

报表是一般系统中用得最多的信息输出工具。通常一个覆盖整个组织的信息系统,输出报表的种类有上百种。这样庞大的工作量对系统开发工作的压力是很大的。所以,我们在实际工作时常常是在确定了报表的种类和格式之后,开发出一个报表模块,并由它来产生和打印所有的报表。这个报表模块的原理如图6-8所示。

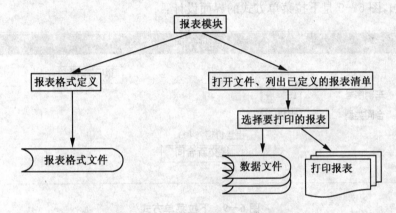

图6-8　报表生成器设计示意图

图6-8分两个部分:左边是定义一个报表格式部分,定义完后将其格式以一个记录的方式存于报表格式文件中;右边是打印报表部分,它首先打开文件读出已定义的报表各列于菜单中,供用户选择。当用户选中某个报表后,系统读出该报表的格式和数据并进行打印。

### 2. 图形方式输出设计

就目前的计算机技术来说,将系统的各类统计分析结果用图形方式输出已经是一件很容易办到的事。大多数的软件编程工作都提供了作图工具或图形函数等,如BASIC语言、C语言、LOTUS等,利用这些工具可产生出系统所需要的图形。但是用这些工具绘图,要求开发者具有一定的技术基础,而开发工作量较大。根据我们的经验,特别推荐大家利用Excel来产生各种分析图形。如果你的系统是以dBASE或FoxBASE等为主编写的,则你可以利用Excel的动态数据交换功能(Dynamic Data Exchange,DDE),借用Excel来完成统计分析和图形输入的功能。这样,熟练者很快就可完成上百种统计分析和图形。

### 三、用户界面设计

用户界面是系统与用户之间的接口,也是控制和选择信息输入输出的主要途径。用户界面设计应坚持友好、简便、实用、易于操作的原则,尽量避免过于繁琐和花哨。例如,在设计菜单时应尽量避免菜单嵌套层次过多和每选择一次还需确认一次的设计方式。菜单最好是二级,三级就到头了。再如,在设计大批数据输入屏幕界面时,应避免颜色过于丰富多变,因为这样对操作员眼睛损伤太大,会降低输入系统的实用性。

界面设计包括多种方式,如菜单方式、填表方式、操作提示方式以及操作权限管理方式等。例如,图 6-9 是下拉菜单方式的界面设计:

**图 6-9　下拉菜单方式**

### (一)菜单方式

菜单(Menu)是信息系统功能选择操作的最常用方式。

**1. 一般菜单**

在屏幕上显示出各个选项,每个选项指定一个代号,然后根据操作者通过键盘输入的代号或单击鼠标左键,即可决定何种后续操作。

**2. 下拉菜单**

它是一种二级菜单,第一级是选择栏,第二级是选择项,各个选择栏横排在屏幕的第一行上,用户可以利用光标控制键选定当前选择栏,在当前选择栏下立即显示出该栏的各项功能,以供用户进行选择。

例如,有关库存管理子系统分析和设计的主要功能就可以表示成如表 6-10 所示的形式。它既是系统分析和系统设计所确定的新系统功能,又是下一阶段系统编程实现时的主控程序菜单屏幕蓝图。

表 6—10　　　　　　　　　　　　企业物资库存管理系统菜单

| 企业物资库存管理信息系统 | | | | |
|---|---|---|---|---|
| 系统 | 基本信息管理 | 入库信息管理 | 出库信息管理 | 余额信息管理 | 帮助 |
| 修改密码 | 添加物资基本信息 | 添加物资入库信息 | 添加物资出库信息 | 查询物资余额信息 | 关于…… |
| 添加用户 | 修改物资基本信息 | 修改物资入库信息 | 修改物资出库信息 | | |
| 退出 | 删除物资基本信息 | 删除物资入库信息 | 删除物资出库信息 | | |
| | 查询物资基本信息 | 查询物资入库信息 | 查询物资出库信息 | | |

下拉式菜单的另一个好处是方便、灵活,便于统一处理。在实际系统开发时,编制一个统一的菜单程序,而将菜单内的具体内容以数据的方式存于一个菜单文件中,使用时先打开这个文件,读出相应的信息,这个系统的菜单就建立起来了。按这个方法,我们只要在系统初始化时简单输入几个汉字,定义各自的菜单项,一个大系统的几十个菜单就都建立起来了。

3. 快捷菜单

选中对象后单击鼠标右键出现下拉菜单,将鼠标移到所需的功能项目上,然后单击左键即执行相应的操作。

**(二)填表式**

填表式一般用于通过终端向系统输入数据,系统将要输入的项目显示在屏幕上,然后由用户逐项填入有关数据。另外,填表式界面设计常用于系统的输出。如果要查询系统中的某些数据,可以将数据的名称按一定的方式排列在屏幕上,然后由计算机将数据的内容自动填写在相应的位置上。由于这种方法简便易读,并且不容易出错,所以它是通过屏幕进行输入输出的主要形式。

**(三)选择性问答式**

当系统运行到某一阶段时,可以通过屏幕向用户提问,系统根据用户选择的结果决定下一步执行什么操作。这种方法通常可以用于提示操作人员确认输入数据的正确性,或者询问用户是否继续某项处理等方面。例如,当用户输完一条记录后,可通过屏幕询问"输入是否正确(Y/N)?",计算机根据用户的回答来决定是继续输入数据还是对刚输入的数据进行修改。

**(四)按钮式**

在界面上用不同的按钮表示系统的执行功能,单击按钮即可执行该操作。按钮的表面可写上功能的名称,也可用能反映该功能的图形加文字说明。使用按钮可使界面显得美观、漂亮,使系统看起来更简单、好用,操作更方便、灵活。

**(五)提示方式与权限管理**

为了操作使用方便,在系统设计时,常常把操作提示和要点同时显示在屏幕的旁边,以使用户操作方便,这是当前比较流行的用户界面设计方式。另一种操作提示设计方式则是将整个系统操作说明书全部送入系统文件之中,并设置系统运行状态指针。当系统运行操作时,指针随着系统运行状态来改变,当用户按"求助"键时,系统则立刻根据当前指针调出相应的操作说明。调出说明后还请求进一步详细说明的方式,可以通过标题(如本书的章节标志所示)来索引具体内容,也可以通过选择关键字方式[如 Windows 和 3W(world wide web)等 help 方式]来索引具体的内容。

与操作方式有关的另一个内容就是对数据操作权限的管理。权限管理一般都是通过入网口令和建网时定义该节点级别相结合来实现的。对于单机系统的用户来说,只需简单规定系统的上机口令(Password)即可,在设计系统对数据操作权限的管理方式时,一定要结合实际情况综合确定。

# 第六节　处理流程设计

处理流程设计是系统设计的最后一步,也是最详细地涉及具体业务处理过程的一步。它是下一步编程实现系统的基础,即不但要设计出一个个模块和它们之间的联接方式,而且还要具体地设计出每个模块内部的功能和处理过程。处理流程设计时除了要满足某个具体模块的功能、输入和输出方面的基本要求以外,还应考虑以下几个方面:

(1)模块间的接口要符合通信的要求;

(2)考虑将来实现时所用计算机语言的特点;

(3)考虑数据处理的特点;

(4)估计计算机执行时间不能超出要求;

(5)考虑程序运行所占的存储空间;

(6)使程序调试跟踪方便;

(7)估计编程和上机调试的工作量。

在设计中还应重视数学模型求解过程的设计。对于管理信息系统常用的数学模型和方法,通常都有较为成熟的算法,系统设计阶段应着重考虑这些算法所选定的高级语言实现的问题。

在这一步的设计中,通常是借助于 HIPO 图来实现的。有了上述各步的设计结果(包括总体结构、编码、DB、I/O 等)再加上 HIPO 图,任何一个程序员即使没有参加过本系统的分析与设计工作,也能够自如地编制出系统所需的程序模块。

## 一、IPO 图与 HIPO 图

IPO(Input-Process-Output)图主要是配合层次化模块结构图,详细说明每个模块内部功能的一种工具。IPO 图的设计可因人、因具体情况而异。但无论你怎样设计它,都必须包括输入(I)、处理(P)、输出(O),以及与之相应的数据库/文件、在总体结构中的位置等信息(如图 6-10 所示)。在 IPO 图中,输入、输出数据来源于数据词典。局部数据项是指个别模块内部使用的数据,与系统的其他部分无关,仅由本模块定义、存储和使用。注释是对本模块有关问题作必要的说明。

开发人员不仅可以利用 IPO 图进行模块设计,而且还可以利用它评价总体设计。用户和管理人员可利用 IPO 图编写、修改和维护程序。因而,IPO 图是系统设计阶段的一种重要文档资料。

IPO 图的主体是算法说明部分,该部分用自然语言描述其功能十分困难,并且对同一段文字描述,不同的人还可能产生不同的理解,目前用于描述模块内部处理过程的有结构化英语、决策树、判定表、算法描述语言,也可用 N-S 图、问题分析图和过程设计语言等工具进行描述。结构化英语、决策树和判定表在系统分析中已有介绍,下一节将介绍其他几种方式。

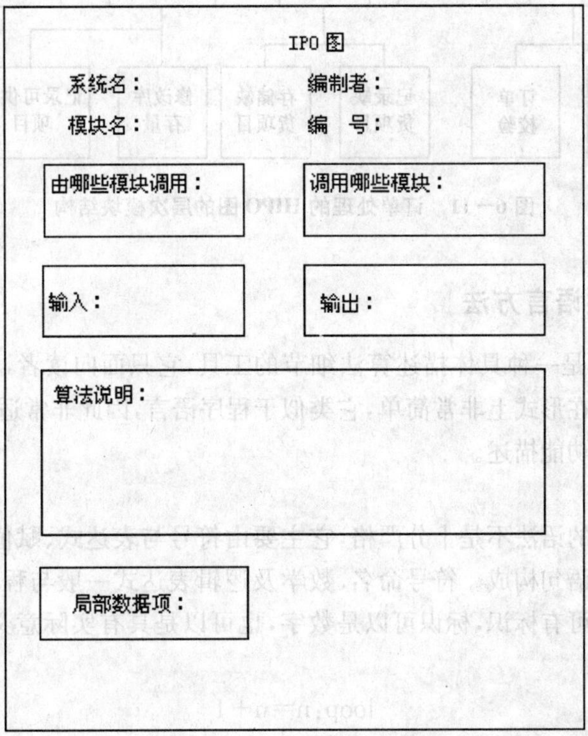

图 6—10　IPO 图的结构

HIPO(Hierarchy Plus Input-Process-Output)图是 IBM 公司于 20 世纪 70 年代中期在层次结构图的基础上推出的一种描述系统结构和模块内部处理功能的工具(技术)。HIPO 图由层次结构图和 IPO 图两部分组成,前者描述了整个系统的设计结构及各类模块之间的关系,后者描述了某个特定模块内部的处理过程和输入/输出关系。HIPO 图一般由一张总的层次化模块结构图和若干张具体模块内部展开的 IPO 图组成,如图 6—11

所示,该图描述了订单处理的 HIPO 图的层次化模块结构,其各模块内部具体的 IPO 图,读者可按图 6-11 的格式自行练习完成。

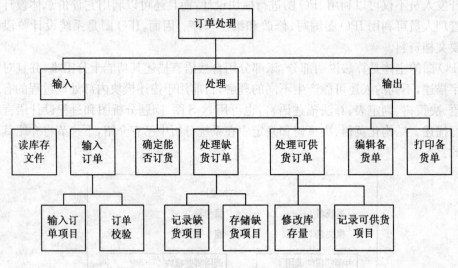

**图 6-11  订单处理的 HIPO 图的层次模块结构**

## 二、算法描述语言方法

算法描述语言是一种具体描述算法细节的工具,它只面向读者,不能直接用于计算机。算法描述语言在形式上非常简单,它类似于程序语言,因此非常适合那些以算法或逻辑处理为主的模块功能描述。

1. 语法形式

算法描述语言的语法不是十分严格,它主要由符号与表达式、赋值语句、控制转移语句、循环语句、其他语句构成。符号命名、数学及逻辑表达式一般与程序书写一致。赋值用箭头表示。语句可有标识,标识可以是数字,也可以是具有实际意义的单词。例如,循环累加可表示为:

$$loop:n=n+1$$

2. 控制转移语句

无条件转移语句用"GOTO 语句标识"表示,条件转移语句用"IF C THEN S1 ELSE S2"。其中 C、S1 和 S2 可以是一个逻辑表达式,也可以是用"{"与"}"括起来的语句组。如果 C 为"真",则 S1 被执行;如果 C 为"假",则执行 S2。

3. 循环语句

循环语句有两种形式:WHILE 语句的形式为"WHILE C DO S",其中 C 和 S 同上,如果 C 为"真",则执行 S,且在每次执行 S 之后都要重新检查 C。如果 C 为"假",控制就转到紧跟在 WHILE 后面的语句;FOR 语句的形式为" FOR i＝init TO limit BY step DO S ",其中 i 是循环控制变量,init、limit 和 step 都是算术表达式,而 S 同上,每当 S 被执行一次时,i 从初值加步长,直到 i>limit 为止。

4. 其他语句

在算法描述中,还可能要用到其他一些语句,因为它们都是以最简明的形式给出的,很容易知道它们的含义,如 EXIT 语句、RETURN 语句、READ(或 INPUT)和 OUTPUT (或 PRINT,或 WRITE)语句等。

## 三、控制流程图

控制流程图(Flow Chart,简称 FC)又称框图,它是历史最悠久、最常使用的程序细节描述工具。

1. 框图的三种基本成分

(1) 处理步骤(用矩形框表示);

(2) 条件判断(用菱形框表示);

(3) 控制流(用箭头表示)。

图 6－12 就是使用这三种成分所表示的程序基本结构,可以把它们进行组合和嵌套,建立各种复杂的框图以表示程序的复杂逻辑关系。

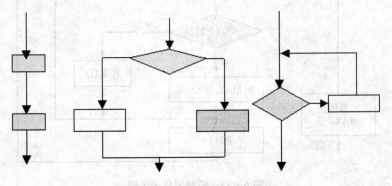

**图 6－12 程序的基本结构**

2. 框图的缺点

从 20 世纪 40 年代到 70 年代中期,框图一直是软件设计的主要工具。随着结构化程序设计的出现,逐步暴露出框图的许多缺点,有许多人建议停止使用它。目前虽然还有许多人在使用,然而总的趋势是越来越多的人不再使用框图了。

框图的主要缺点在于,它并不能引导设计人员用结构化设计方法进行详细设计,人们可以使用箭头实现向任何位置的转移(GOTO 语句);如果使用不当,框图就可能非常难懂,而且无法进行维护。因此,箭头是框图中的一个隐患,使用时必须十分小心,框图的质问题标准 WHILE 语句的结构，FOR 语句的结构等。
其中，判断语句和变量 limit、到 step 等的含义和表示方式，

3. 框图的例子

框图的优点是清晰易懂，便于初学者掌握。例如，图 6−13 描述了在数组 K 中找出最大数（maxima）和次大数（second）的详细处理过程。图 6−13 中，数组变量 K(1)，K(2)，…，K(N)用来存储 N 个原始数据，I 是循环变量，最后找出的最大数和次大数分别放在变量 MAX 和 S 中。

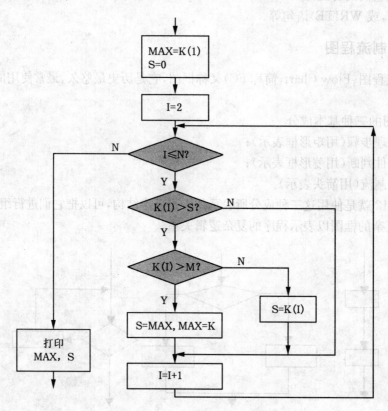

**图 6−13　控制流程图示例**

## 四、问题分析图

问题分析图（Problem Analysis Diagram，PAD）由日本日立公司二村良彦等人于 1979 年提出，它是一种支持结构化程序设计的图形工具，可以用来取代前面所述的控制流程图。

问题分析图仅具有顺序、选择和循环这三种基本成分（如图 6−14 所示），正好与结构化程序设计中的基本程序结构相对应。

问题分析图有逻辑结构清晰、图形标准化等优点，更重要的是，它引导设计人员使用

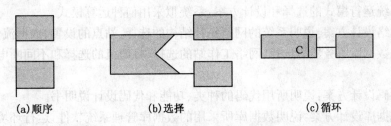

(a)顺序          (b)选择          (c)循环

**图6－14　问题分析图的基本结构**

结构化程序设计方法,从而提高了程序的质量。同时,通过比较确定的规则,可以由问题分析图直接产生程序,这就为程序设计的自动化开辟了光辉的前景。图6－15为问题分析图的示例。

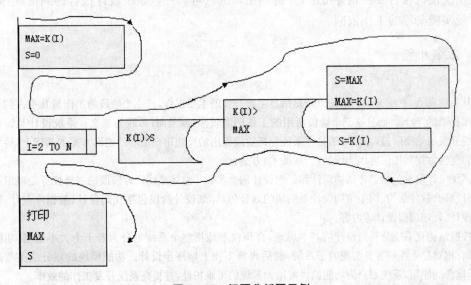

**图6－15　问题分析图示例**

# 第七节　系统设计报告

系统设计报告(又称系统物理设计说明书)是系统设计阶段的主要成果,是新系统的物理模型,也是系统实施的重要依据。

系统设计报告主要包括以下内容:

(1)引言:说明项目的背景、工作条件及约束、引用资料和专门术语。

(2)功能模块设计:用模块结构图表示系统模块的层次结构,说明主要模块的名称及功能。

(3)系统运行模式的选择和设计方案：系统拟采用何种运算模式。

(4)网络设计方案：说明系统的网络拓扑结构的选择、站点的设置、数据流量和数据存储量分析、数据库服务器的选择、网络工作站的选择、打印机的选择和不间断电源 UPS 的选择等。

(5)代码设计方案：说明所用代码的种类、功能和代码设计说明书。

(6)数据库设计方案：说明数据库所采用的数据库管理系统软件，运行环境要求，主要功能要求，需求性能规定，数据库概念模型、逻辑模型，数据库在选定的数据库管理系统下的物理模型。

(7)输入/输出设计方案：输入、输出的方式，应采用的设备，界面类别，处理要求。

(8)安全保密设计：从硬件和软件两方面来说明如何进行安全设计和设置。

系统设计报告要经领导批准，并得到用户的认可。一旦系统设计报告得到批准，则成为系统实施阶段的工作依据。

## 本章小结

从系统调查、系统分析到系统设计是信息系统开发的主要工作，这三个阶段的工作量几乎占到了总开发工作量的 70%。而且这三个阶段所用的工作图表较多，涉及面广，较为繁杂。系统设计是管理信息系统开发的重要阶段，主要目的是在系统分析阶段提出的反映用户需求的逻辑方案的基础上，科学合理地将逻辑方案转换成可以实施的物理(技术)方案。

系统设计阶段包括总体结构设计和详细设计两个步骤。总体结构设计阶段的主要任务是确定系统的硬件结构、软件结构、网络结构设计及模块的划分等；详细设计阶段包括代码设计、数据库设计、输入输出设计、处理流程设计等内容。

按照结构化系统分析与设计的基本思想，自顶向下地把整个系统划分为若干个大小适当、功能明确、具有相对独立性并容易实现的子系统，然后再自下而上地逐步设计。功能模块的划分应注意高内聚、低耦合的原则，系统划分为功能模块可增大系统的可维护性，并提高系统开发工作的效率。

代码设计涉及科学管理的问题，好的代码方案有利于系统的开发工作。

数据库设计是系统设计的重要部分，数据库设计的好坏决定着整个系统开发的优劣，具有集中统一规划的数据库是管理信息系统成熟的重要标志，信息集中成为资源，为各种用户所共享。在数据库系统的分析和设计阶段，大的步骤包括：需求分析；概念结构设计(设计局部 E－R 图、综合成初步 E－R 图、E－R 图的优化)；逻辑结构设计(导出初始关系模式、规范化处理)；物理设计。完成数据库的逻辑结构设计之后，便可着手进行应用程序的设计，设计阶段的最后一步是系统性能测试与确认。数据库系统实现和运行阶段包括数据库的实施、数据库运行与维护，必要时需要进行数据库的重组。

一个好的输入系统设计可以为用户和系统双方带来良好的工作环境，一个好的输出设计可以为管理者提供简洁、明了、有效、实用的管理和控制信息。处理流程设计是系统设计的最后一步，也是最详细地涉及具体业务处理过程的一步。它是下一步编程实现系统的基础。

系统设计的最终结果是系统设计说明书，这些说明书包括技术方面的描述，详细说明系统的输出、输入和用户接口，以及所有的硬件、软件、数据、远程通信、人员和过程的组成部分及这些组成部分涉及的方法。这些说明书是设计报告的一部分,而设计报告是系统设计的主要结果。

## 关键概念

系统设计(System Design)　　　　　　第一范式(The First Normal Form)
第二范式(The Second Normal Form)　　第三范式(The Third Normal Form)
模块(Module)　　　　　　　　　　　结构图(Structured Chart)
代码(Code)　　　　　　　　　　　　数据库设计(DataBase Design)

## 复习思考题

1. 系统设计的目的是什么?

2. 系统划分的原则是什么?

3. 系统设计阶段包括哪些工作内容?

4. 为什么说系统设计需自顶向下地进行,必须首先进行总体设计?

5. 代码的种类有哪些? 各有什么特点?

6. 举例说明管理信息系统中,代码的使用是规范化管理数据的重要手段。

7. 数据库管理系统有什么作用?

8. 针对数据库设计问题,举例说明若关系模式不属于第三范式,则应用该关系模式存储数据时会造成大量的数据冗余。

9. 目前有哪几种输入校验方式? 它们的优缺点是什么? 各适应于哪些地方?

10. HIPO 图是如何构成的? 它的主要用途是什么?

11. 以订单业务为例,画出其控制流程图。

12. 系统设计报告的内容主要包括哪几部分?

## 本章案例

### 小型医院门诊就医系统结构化系统分析与设计

随着现代经济高速发展,人们的生活和工作节奏不断加快,自我保健意识也日益增强,对医疗服务提出了更高的需求。为从根本上改进服务流程,优化服务环境,医院需要对门诊医疗全过程实行信息化管理,为患者提供文明、高效、快捷的服务。

本系统充分实现信息的存储与共享,以提高信息交流效率为目标,提供医院门诊管理工作功能,实现医院门诊管理工作一体化。利用计算机技术简化人工管理流程,实现信息的一次录入、多方共享,满足医院不同部门对各类信息的需求。同时,根据医院门诊管理工作的实际需要,科学划分功能模块,使系统具有良好的扩充性、可维护性及可调整性。该设计取得了明显的经济效益与社会效益,提高了医院的现代化管理水平。

下文主要结合结构化系统分析和设计过程,将对小型医院门诊就医系统的开发过程进行介绍。

一、系统分析

(一)组织结构调查

小型医院的组织结构简单,主要划分为挂号室、门诊、检验室、划价室和药房等科室,其组织结构图如图6-16所示。

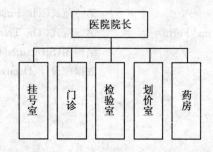

**图6-16    小型医院组织结构图**

(二)系统业务流程分析

本系统的业务流程可按照不同科室的各个职能来分别阐述。

1. 挂号室的业务流程

(1)挂号部分的业务流程。病患将个人信息告知挂号室人员,挂号室人员按照其挂号信息向病患收取挂号费,随之将挂号单交给病患(如图6-17所示)。

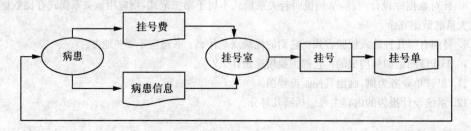

**图6-17    挂号部分的业务流程**

(2)退号部分的业务流程。病患向挂号室人员提交退号申请,随之挂号室人员按照挂号信息将挂号费交还给病患(如图6-18所示)。

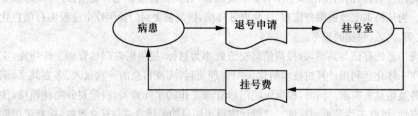

**图6-18    退号部分的业务流程**

2. 门诊医生接诊的业务流程

挂号室将挂号信息提交给门诊医生，门诊医生向各检验室医生提交检验申请，随之检验室医生为病患进行相应检验，并将检验结果返回给门诊医生进行查阅，最后门诊医生为病患填写病历和药物清单（如图 6—19 所示）。

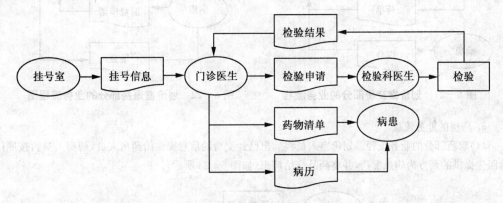

**图 6—19　门诊医生的业务流程**

3. 检验室医生接诊的业务流程

门诊医生向检验室医生提交检验申请，划价室人员将交费通知交给检验室医生，随之检验室医生为病患采集标本进行检验，并将检验结果和报告提供给门诊医生进行查阅参考（如图 6—20 所示）。

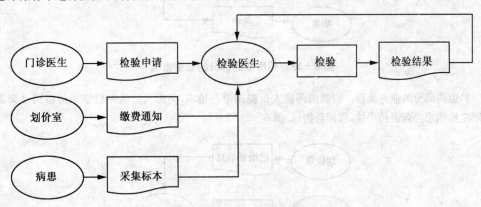

**图 6—20　检验室医生接诊的业务流程**

4. 划价室的业务流程

（1）交费部分的业务流程。门诊医生将检验申请交给划价室人员，随之划价室人员可以根据检验的内容向病患收取相应的检验费用；另外门诊医生在检查完成之后应该给病人开出药单并交给划价室人员，划价室人员根据药单向病患收取相应的药费（如图 6—21 所示）。

（2）退费部分的业务流程。病患向划价室人员提交退费申请，随之取药室人员向划价室人员提交此病患未领药的信息，最后划价室人员将现金交给病患（如图 6—22 所示）。

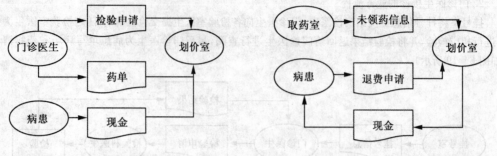

图 6—21　划价室交费部分的业务流程　　　图 6—22　划价室退费部分的业务流程图

5. 药房的业务流程

(1)取药部分的业务流程。划价室人员将病患已经交费的信息提供给药房人员,药房人员再按照门诊医生提供的药方为病患配药,并将药品交给病患(如图 6—23 所示)。

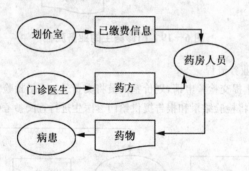

图 6—23　药房取药部分的业务流程

(2)退药部分的业务流程。病患向药房人员提出退药请求,药房人员从划价室人员得到已交费信息,随之给病患办理退药手续,收回药物(如图 6—24 所示)。

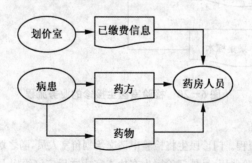

图 6—24　药房退药部分的业务流程

6. 电子处方处理过程的业务流程

门诊医生提交病历后,病患可以进行查询;将药方提交后,药房人员和收费处人员也可以进行相关方面的查询处理(如图 6-25 所示)。

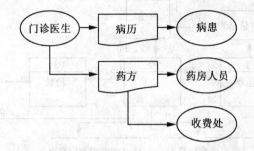

**图 6-25　电子处方处理部分的业务流程**

(三)系统数据流程分析

本系统主要是针对小型医院门诊部分进行管理,方便医院门诊医生对病患的各项信息进行查询、修改等,所以我们以医生的需求为主要目的,医生可以通过操作对病患的信息进行查询,也可以进行相应的修改和添加等。每一个功能都可独立实现,同时也可结合多个功能共同分析病患的情况,省时简便,免去了不必要的操作,可以根据自身需要来实现功能。

在此我们通过数据流程图来反映。数据流程图(Data Flow Diagram,DFD),是一种描述"分解"的图示工具,它用直观的图形清晰地描绘了系统的逻辑模型,图中没有任何具体的物理元素,只是描述数据在系统中的流动和处理的情况,具有直观、形象、容易理解的优点。

1. 顶层数据流程图(如图 6-26 所示)

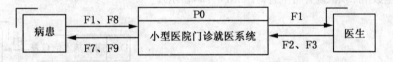

注:F1 表示病患信息;F2 表示病患检查结果信息;F3 表示病患药单信息;F7 表示药品;F8 表示挂号信息;F9 表示病历和计价信息。

**图 6-26　顶层数据流程图**

2. 第一层数据流程图

总体来说,这个系统就是围绕着病患的相关信息,包括各种检查结果、病历和药方等在医院的各个科室之间的传递,并允许相关医生对病历和药方等做出相应修改、添加或者删除的操作。因此,从医院的日常流程来看,我们可以将医院门诊就医系统大体分为挂号、诊断、检验、收费、取药 5 个部分,并且为了方便病患的使用,还在系统中添加了查询部分,从而系统总共由六个部分构成。与其相关的实体仍然是医生和病患。在挂号部分生成病患基本信息明细表,在诊断部分生成病患疾病信息明细表和病患药方信息明细表,在检验部分生成病患检验结果明细表(如图 6-27 所示)。

3. 第二层数据流程图

(1)挂号部分的数据流程图。根据材料和系统分析,挂号部分可作如下分解:病患将自己的信息提供给挂号室,挂号室输入信息,由系统进行审核信息的有效性,若为无效数据,信息将返还给挂号室重新填写;若为有效数据,则对用户收取挂号费,同时将信息保存到数据库,并提示提交成功,同时将病患基

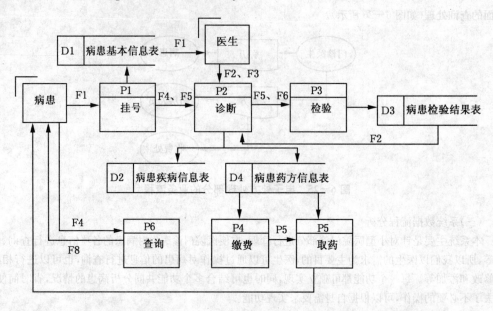

注:F1 表示病患信息;F2 表示病患检查结果信息;F3 表示病患药单信息;F4 表示挂号信息;F5 表示已交费信息;F6 表示检验申请;F7 表示药品;F8 表示病历和计价信息。

**图 6—27    第一层数据流程图**

本信息传递至数据库供医院各科室查询(如图 6—28 所示)。

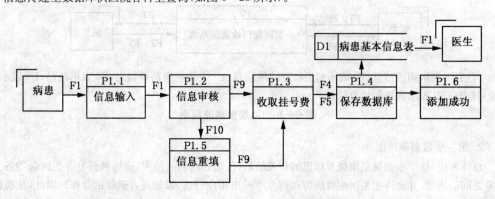

注:F1 表示病患信息;F4 表示挂号信息;F5 表示已交费信息;F9 表示有效数据;F10 表示无效数据。

**图 6—28    挂号部分(P1)数据流程图**

(2)诊断部分的数据流程图。根据材料和程序分析,诊断部分可作如下分解:系统将挂号信息和已交费信息提供给接诊医生,然后医生再输入病患的相关信息,由系统审核信息的有效性,若为无效数据,信息将返还给接诊医生重新填写;若为有效数据,则允许医生对病患根据情况进行诊断,如有需要可向检验室提交检验申请,待检验结束后医生再根据检验结果对病患进行检验,随后将检验结果和药方保存至数据库,生成病患疾病信息明细表和病患药方信息明细表,并提示提交成功(如图 6-29 所示)。

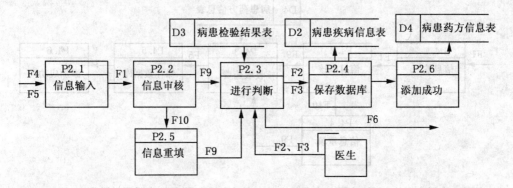

注:F1 表示病患信息;F2 表示病患检查结果信息;F3 表示病患药单信息;F4 表示挂号信息;F5 表示已交费信息;F6 表示检验申请;F9 表示有效数据;F10 表示无效数据。

**图 6-29  诊断部分(P2)数据流程图**

(3)检验部分的数据流程图。根据材料和程序分析,检验部分可作如下分解:系统将已交费信息和检验申请提供给检验室,然后医生再输入病患的相关信息,由系统审核信息的有效性,若为无效数据,信息将返还给医生重新填写;若为有效数据,则允许医生对病患采集检验标本并进行检验,随后将检验结果保存至数据库,生成病患检验结果明细表,并提示提交成功(如图 6-30 所示)。

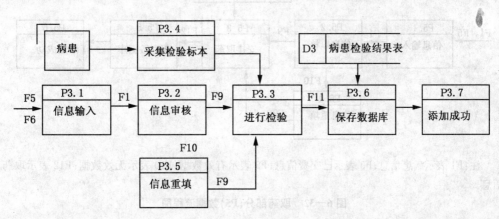

注:F1 表示病患信息;F5 表示已交费信息;F6 表示检验申请;F9 表示有效数据;F10 表示无效数据;F11 表示检验信息。

**图 6-30  检验部分(P3)数据流程图**

(4)交费部分的数据流程图。根据材料和分析,交费部分可以做如下具体描述:收费室将病患信息输入系统,由系统审核信息的有效性,若为无效数据,信息将返还给收费室重新填写;若为有效信息,则收费室根据病患药方信息明细表收取药费,并将已交费的信息保存到数据库中,提示提交成功(如图 6-31所示)。

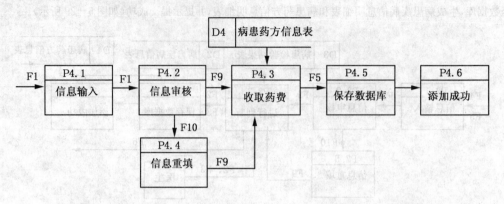

注:F1 表示病患信息;F5 表示已交费信息;F9 表示有效数据;F10 表示无效数据。

**图 6—31　交费部分(P4)的数据流程图**

　　(5)取药部分的数据流程图。根据材料和分析,取药部分可以做如下具体描述:药房将病患信息输入系统,由系统审核信息的有效性,若为无效数据,信息将返还给药室重新填写;若为有效信息,则药房根据病患药方信息明细表安排取药,并将取药信息保存到数据库中,提示提交成功(如图 6—32)。

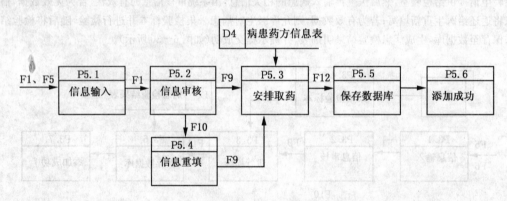

注:F1 表示病患信息;F5 表示已交费信息;F9 表示有效数据;F10 表示无效数据;F12 表示取药信息。

**图 6—32　取药部分(P5)数据流程图**

**(四)数据字典**

　　数据流程图从整体上描述系统的逻辑功能,但并未对图中的数据流、处理逻辑和数据存储等元素的具体内容加以说明。建立数据字典是为了对数据流程图上各个元素做出详细的定义和说明。数据流程图加上数据字典,就可以从图形和文字两个方面对系统的逻辑模型进行完整描述。

　　1. 数据流字典(如表 6—11 所示)

表 6－11　　　　　　　　　　　　　　　　　数据流字典

| 编号 | 名称 | 来源 | 去向 | 组　　成 | 说明 |
|---|---|---|---|---|---|
| D1 | 病患基本信息表 | 病患 | 审核有效性 | 姓名、挂号单号码、病历号码、挂号类别、日期、性别、年龄 | 按需求更新 |
| D2 | 病患疾病信息表 | 医生 | 病患病历信息检索和显示 | 挂号单号码、病历号码、日期、病历、接诊医生、科室 | 按需求更新 |
| D3 | 病患检验结果表 | 医生 | 病患检验结果信息的显示 | 挂号单号码、姓名、性别、年龄、日期、检验情况、检验结果、检验员、检验类型 | 按需求更新 |
| D4 | 病患药方信息表 | 医院 | 病患药方信息检索和显示 | 挂号单号码、病历号码、日期、药品、个数、单位 | 修改,需要调整 |

2. 数据存储字典(如表 6－12 所示)

表 6－12　　　　　　　　　　　　　　　　数据存储字典

| 编号 | 名　　称 | 流入数据流 | 流出数据流 | 组　　成 |
|---|---|---|---|---|
| F1 | 病患信息 | 输入病患信息 | 病患信息检索 | 姓名、性别、年龄日期 |
| F2 | 病患检查结果信息 | 输入病历 | 病历信息检索 | 挂号单号码、病历号码、日期、病历、接诊医生、科室 |
| F3 | 病患药单信息 | 输入药单 | 药单信息检索和取药处理 | 挂号单号码、病历号码、日期、药品、个数、单位 |
| F4 | 挂号信息 | 挂号信息 | 挂号信息检索 | 挂号单号码、挂号类型日期、挂号费 |
| F5 | 已交费信息 | 输入已交费信息 | 交费信息检索 | 交费情况 |
| F6 | 检验申请 | 提交检验申请 | 检验申请检索 | 挂号单号码、日期、检验类型、缴费情况 |
| F8 | 病历和计价信息 | 输入 F4 | 病患相关信息检索 | 挂号单号码、病历号码、日期、病历、药品、个数、单价、总计 |
| F11 | 检验信息 | 输入病患信息 | 病患检验结果信息检索 | 挂号单号码、病历号码、日期、检验结果、检验类型、检验情况、检验员 |
| F12 | 取药信息 | 输入已取药信息 | 取药信息检索 | 取药情况 |

3. 加工条目字典(如表 6－13 所示)

表 6－13　　　　　　　　　　　　　　　　　加工条目字典

| 编号 | 名称 | 输入 | 处理逻辑 | 输　　出 |
|---|---|---|---|---|
| P1.1 | 信息输入 | 病患信息 | 检验正确性 | 病患信息 |
| P1.2 | 信息审核 | 病患信息 | 检验其是否有效 | 有效信息或无效信息 |

续表

| 编号 | 名称 | 输入 | 处理逻辑 | 输 出 |
|------|------|------|----------|-------|
| P1.3 | 收取挂号费 | 有效信息 | 显示并收取费用 | 已交费信息和挂号信息 |
| P1.4 | 保存到数据库 | 输入挂号信息 | 根据输入的挂号信息调用数据库中信息 | 挂号更新信息 |
| P1.5 | 重新填写 | 输入病患信息 | 处理正确性 | 有效挂号信息 |
| P1.6 | 添加成功 | 输入挂号信息 | 提示已将信息存入数据库 | 信息已提交 |
| P2.3 | 进行诊断 | 输入检验结果和诊断结果信息 | 显示并输入诊断信息 | 诊断信息 |
| P3.3 | 进行检验 | 检验结果 | 显示、输入检验情况和检验结果 | 检验信息 |
| P3.4 | 采集检验标本 | 检验标本 | 根据采集的标本进行检验 | 检验结果 |
| P4.3 | 收取药费 | 有效信息 | 显示并收取费用 | 已交费信息 |
| P5.3 | 安排取药 | 有效信息 | 显示并发放药品 | 已取药信息 |

注：P2.1、P2.2、P2.4、P2.5、P2.6、P3.1、P3.2、P3.5、P3.6、P3.7、P4.1、P4.2、P4.4、P4.5、P4.6、P5.1、P5.2、P5.4、P5.5以及P5.6与上述P1部分处理情况相同，故不重复填写。

### 二、系统设计

（一）开发平台的设计

由于本系统对运行环境的要求不是太高，服务器端在 Windows 2003 Server 下安装使用，容易操作且维护简单。客户端可以在 Windows XP 下运行使用。

基于上述软件开发工具的选择，并考虑到本系统的性能要求，本系统采用 Windows XP 中文版作为开发、测试和运行平台。硬件选择为 CPU Pentium2.0G、内存 1GB、硬盘 160G。

（二）模块结构设计

1. 模块的划分

模块的划分应遵循如下几点原则：(1)各个模块要具有相对独立性；(2)各个功能模块之间数据的依赖性尽量小；(3)模块划分的结果应使数据冗余较小；(4)各个模块的划分应便于系统分阶段实现。

按照功能划分的原则，把医院门诊就医系统划分为挂号处、问诊室、检验室、收费处、取药处以及病患应用六个子系统。整个系统的功能模块如图6—33所示。

2. 各模块主要功能具体分析

(1)挂号处：针对病人的信息和对其挂号的信息进行添加和删除。

(2)问诊室：针对病人的挂号信息进行查询，对病人的病历进行添加和修改，对病人的药方进行添加、修改和删除，对医生问诊情况信息进行统计查询。

(3)检验室：针对检验的结果和情况进行添加和修改，对病人的相关信息进行查询。

(4)收费处：针对病人的相关信息进行查询，对交费情况信息进行修改。

(5)取药处：针对病人的相关信息进行查询，对取药情况信息进行修改，并且对于药物信息进行添加、修改和删除。

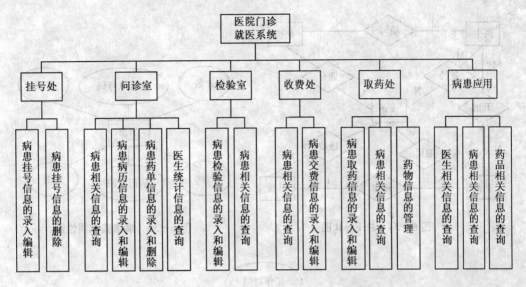

图6-33 医院门诊就医系统功能模块图

(6)病患应用:针对病患对于医生的工作时间、药品的功能以及病人的病历和划价的查询。

(三)数据库设计

数据库设计的任务就是以数据字典中所列出的基本数据项为原始数据,设计出结构优化的数据库逻辑模型和物理模型,并构造能为用户提供高效的运行环境、满足信息系统需求的数据系统。需要建立很多的数据表,虽然各数据表间是互相联系、互相影响的,它们是一个统一体,但不影响各个模块的独立性。为了把用户的数据清晰、明确地表达出来,首先建立一个概念性的数学模型,概念性数学模型是一种面向问题的数学模型,是按用户的观点来对数据和信息建模。最常用的表示概念性数据模型的方法是实体—联系方法。这种方法用E—R图描述现实世界中的实体,而不涉及这些实体在系统中的实现方法,该方法又称为E—R模型。E—R图共有三种符号:实体、属性和联系。通常实体用矩形表示,属性用椭圆或圆角矩形表示,联系用菱形表示。联系又分为一对一、一对多和多对多三种类型。

1. 概念结构的设计(E—R图的建立)

病患、医生、病历、药品、计价这五个实体为本系统的主要实体,这五个主要实体的E—R图如图6-34所示。

(1)总E—R图,如图6-34所示。

(2)病患实体属性图,如图6-35所示。

(3)医生实体属性图,如图6-36所示。

2. 数据库的详细设计

数据库是依照某种数据模型组织起来并存放于二级存储器中的数据集合。这种数据集合具有如下特点:尽可能不重复,以最优方式为某个特定组织的多种应用服务,其数据结构独立于使用它的应用程序,对数据的增、删、改和检索由统一软件进行管理和控制。从发展的历史看,数据库是数据管理的高级阶段,它是由文件管理系统发展起来的。

数据库系统是一个实际可运行的存储、维护和应用系统提供数据的软件系统,是存储介质、处理对

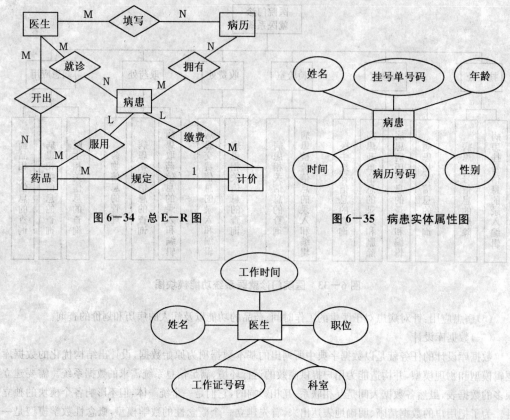

图 6-34　总 E-R 图

图 6-35　病患实体属性图

图 6-36　医生实体属性图

象和管理系统的集合体。它通常由软件、数据库和数据管理员组成。其软件主要包括操作系统、各种宿主语言、实用程序以及数据库管理系统。数据库由数据库管理系统统一管理,数据的插入、修改和检索均要通过数据库管理系统进行。

具体设计如下:

(1)表"yisheng"的具体设计如表 6-14、图 6-37 所示。

表 6-14　　　　　　　　　　　　　　　医生信息表

| 列　　名 | 数据类型 | 长　　度 | 允许空 |
| --- | --- | --- | --- |
| 姓名 | nvarchar | 50 | |
| 工作证号码 | nvarchar | 50 | |
| 科室 | nvarchar | 50 | |
| 工作时间 | nvarchar | 50 | |
| 职位 | nvarchar | 50 | |
| 所属挂号类型 | nvarchar | 50 | |

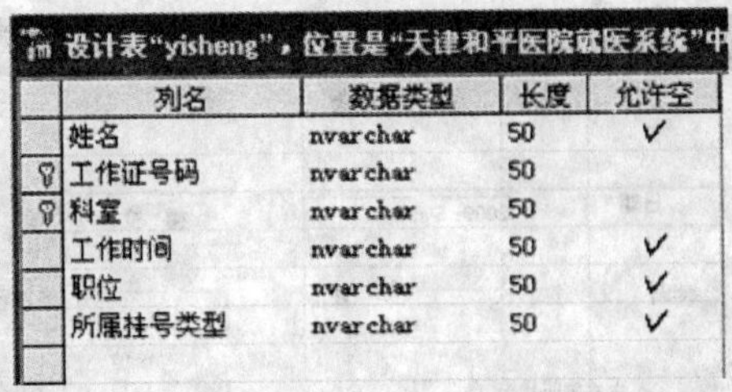

设计表"yisheng"，位置是"天津和平医院就医系统"中

| 列名 | 数据类型 | 长度 | 允许空 |
|---|---|---|---|
| 姓名 | nvarchar | 50 | ✓ |
| 工作证号码 | nvarchar | 50 | |
| 科室 | nvarchar | 50 | |
| 工作时间 | nvarchar | 50 | ✓ |
| 职位 | nvarchar | 50 | ✓ |
| 所属挂号类型 | nvarchar | 50 | ✓ |

**图 6－37　表"yisheng"设计图**

(2)表"binghuan"的具体设计如表 6－15、图 6－38 所示。

**表 6－15　　病患信息表**

| 列　名 | 数据类型 | 长　度 | 允许空 |
|---|---|---|---|
| 姓名 | nvarchar | 50 | |
| 挂号单号码 | nvarchar | 50 | |
| 病历号码 | nvarchar | 50 | |
| 挂号类别 | nvarchar | 50 | |
| 性别 | char | 10 | |
| 年龄 | char | 10 | |
| 挂号费 | money | 8 | |
| 日期 | datetime | 8 | |

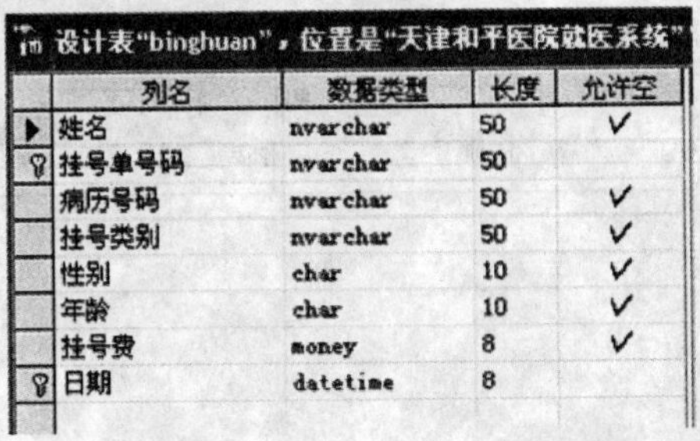

设计表"binghuan"，位置是"天津和平医院就医系统"

| 列名 | 数据类型 | 长度 | 允许空 |
|---|---|---|---|
| 姓名 | nvarchar | 50 | ✓ |
| 挂号单号码 | nvarchar | 50 | |
| 病历号码 | nvarchar | 50 | ✓ |
| 挂号类别 | nvarchar | 50 | ✓ |
| 性别 | char | 10 | ✓ |
| 年龄 | char | 10 | ✓ |
| 挂号费 | money | 8 | ✓ |
| 日期 | datetime | 8 | |

**图 6－38　表"binghuan"设计图**

其他信息表与以上表类似，不做具体描述。

(四)输出输入设计

下面以问诊、开药、收费和药物管理四个界面说明输出和输入设计。

1. 问诊界面(如图 6－39 所示)

2. 开药界面(如图 6－40 所示)

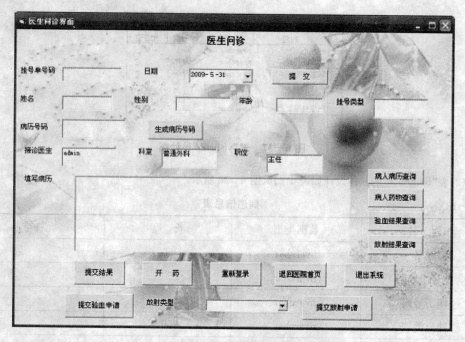

图6-39 问诊界面

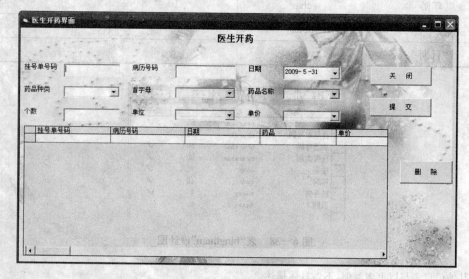

图6-40 开药界面

3. 收费部分界面(如图6-41所示)

4. 药物管理界面(如图6-42所示)

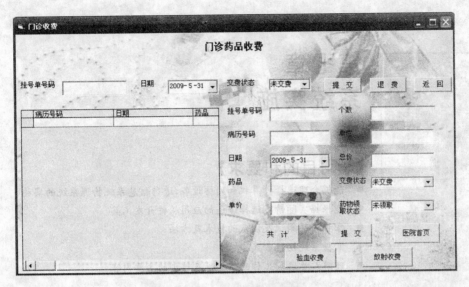

**图6－41　收费部分界面**

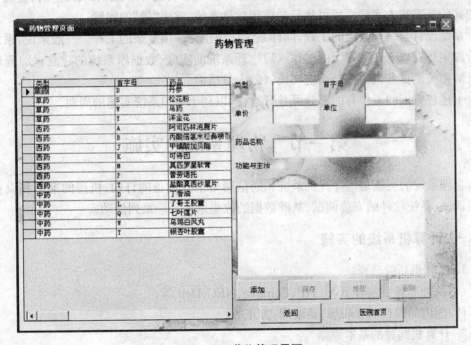

**图6－42　药物管理界面**

# 第七章
# 系统实施

## 【学习目的和要求】

● 能够合理选择计算机和网络设备,进行信息系统物理系统的实施
● 能根据实际情况选择合适的应用软件开发工具
● 掌握系统测试及调试的技术及方法
● 掌握系统切换方式
● 理解人员培训工作的重要性及培训的主要内容

系统实施是指将系统设计阶段的结果在计算机上实现,即将原来纸面上的、类似于设计图式的新系统方案转换成可执行的应用软件系统,解决"做"的问题。

系统设计是一项复杂的工程,同样系统实施也是一项复杂的工程。一般来说,系统实施阶段主要有以下几个方面的工作:(1)物理系统的实施、数据库系统的建立;(2)程序设计;(3)系统测试和调试;(4)系统切换;(5)人员培训。

上述各方面的工作有的部分可并行进行,以利于缩短系统实施的周期。

# 第一节 物理系统的实施

物理系统的实施是指计算机系统和通信网络系统设备的订购、机房的准备和设备的安装调试、系统软件的安装调试、基础数据的收集录入等一系列活动。

## 一、计算机系统的实施

1. 计算机品牌选择
(1)国外品牌目前有 IBM、HP、Compaq、NEC、Dell 等;
(2)国内品牌目前有联想、新浪潮、方正等。
2. 计算机购置的基本原则
计算机购置时以能够满足 MIS 的设计和运行的基本要求为最基本的原则。
3. 计算机购置应考虑的问题
(1)计算机系统是否具有合理的性价比;
(2)计算机系统是否具有良好的可扩充性;

（3）能否得到来自供应商的售后服务和技术支持等。

4. 计算机的环境要求

（1）机房要安装双层玻璃门窗，并且要求无尘；

（2）硬件通过电缆线连接至电源，电缆走线要安放在防止静电感应的耐压有脚的活动地板下面；

（3）为了防止由于突然停电造成的事故发生，应安装备用电源设备，如功率足够的不间断电源（UPS）。

5. 计算机设备到货，按合同开箱验收

（1）安装与调试任务主要应由供货方负责完成；

（2）系统运行用的常规诊断校验系统也应由供货方提供，并负责操作人员的培训。

## 二、网络系统的实施

网络系统的实施就是用通信线路把各种设备连接起来组成网络系统。

1. 流行网络产品厂家

（1）Cisco：Cisco 公司是世界上最大的计算机网络产品供应商，但采用该公司系统的投资较高。

（2）3Com：3Com 公司在中国有广泛的市场份额和多个成功案例，产品性能稳定可靠，售后服务好，投资也较少，在北京、上海、成都、广州、武汉和中国香港等均设有办事处。

2. 网络产品选型

（1）路由器设备：是 Cisco 公司的主打产品，可采用 Cisco 公司的产品。

（2）交换机设备：3Com 公司及其交换机闻名国内外，可采用 3Com 公司的产品。

3. MIS 网络类型及结构

（1）局域网（LAN）通常指一定范围内的网络，可以实现楼宇内部和邻近的几座大楼之间的内部联系。

（2）广域网（WAN）设备之间的通信，通常利用公共电信网络，如中国公用数字数据网 CHINADDN、中国公用分组交换网 CHINAPAC、公用交换电话网 PSTN、帧中继 Frame Relay 等，实现远程设备之间的通信。

4. 常用的通信线路

（1）双绞线；

（2）同轴电缆；

（3）光纤电缆；

（4）微波和卫星通信等。

## 三、整理基础数据，建立数据库系统

企业中有许多固定信息和历史信息，如产品结构、各种台账、统计信息等。在手工信息系统中,它们是保存在纸介质上的,实现计算机信息系统后,要把它们转存到计算机存储器中。这些存储实体的代码、存储信息的数据模型及所用的数据库管理系统,在系统分析和设计阶段均已确定。在实施阶段,按照前面数据与数据流程分析、数据/过程分析以及数据库设计的结果,在计算机内建立数据库系统,整理固定信息和历史信息,以备新系统运行时使用。如果上述工作进行得比较规范,而且开发者又对数据库技术比较熟悉的话,按照数据库设计的要求,在短时间内即可建立起一个数据库结构,并着手进行基础数据的整理和从旧系统中导入所需要的数据。由于手工系统中经常有些数据残缺不全,有些不够准确,故在存入新系统时,需要花大力气进行补充、整理和校验,还应力求完整、准确,努力避免无用数据的出现。

# 第二节 程序设计

程序设计是指根据系统分析和系统设计产生的功能结构图、数据流程图、数据字典,以及计算机系统提供的有关资料和统一选定的程序设计语言而编写一系列语句或指令,以完成系统的功能,满足用户需求。

## 一、程序设计目标

### 1. 可维护性

可维护性是指可以对程序进行补充或修改。由于信息系统需求的不确定性,系统需求可能会随着环境的变化而不断变化,因此必须对系统功能进行完善和调整,由此也要对程序进行补充或修改。此外,由于计算机软硬件的更新换代,也需要对程序进行相应的升级。

MIS寿命一般是3～8年时间,因此程序的维护工作量相当大。一个不易维护的程序,用不了多久就会因为不能满足应用需要而被淘汰,因此,可维护性是对程序设计的一项重要要求。

### 2. 可靠性

可靠性是指程序应具有较好的容错能力。

(1)正常情况下能正确工作;

(2)意外情况下应方便处理,不致产生因意外操作而造成严重损失。

### 3. 可理解性

可理解性是指程序不仅要求逻辑正确、计算机能够执行,而且应层次清楚、便于阅读。

### 4. 效率

程序的效率是指程序能否有效地利用计算机资源。

(1)程序效率的地位已不像以前那样举足轻重了,因为硬件价格大幅度下降,而其性能却不断完善和提高。

(2)程序设计人员工作效率的地位日益重要。程序设计人员工作效率高不仅能降低软件开发成本,而且可明显降低程序的出错率,进而减轻维护人员的工作负担。为了提高程序设计效率,应充分利用各种软件开发工具,如 MIS 生成器等。

5. 程序效率与可维护性、可理解性的关系通常是矛盾的

实际编程过程中,人们往往宁可牺牲一定的时间和空间,也要尽量提高系统的可理解性和可维护性,片面地追求程序的运行效率反而不利于程序设计质量的全面提高。因为,随着计算机应用水平的提高,软件愈来愈复杂,同时硬件价格不断下降,软件费用在整个应用系统中所占的比重急剧上升,从而使人们对程序设计的要求发生了变化。

(1)在过去的小程序设计中,主要强调程序的正确和效率。

(2)对于大型程序,人们则倾向于首先强调程序的可维护性、可靠性和可理解性,然后才是效率。

## 二、程序设计原则

1. 程序设计应遵循的原则

(1)应采用自顶向下的模块化程序设计(Top-Down)方法。

(2)编写程序应符合软件工程化思想。

自顶向下设计(Top-Down Design)是一种从总体出发,逐层分解和逐步细化,直至使整个系统设计达到足够简单、明确、清楚和详细的程序设计方法。这种方法如同撰写文章,先确定题目写什么,再拟订出大纲以及每段的大意,最后再逐字逐句书写。在设计中使用自顶向下方法的目的在于,一开始能从总体上理解和把握整个系统,而后对于组成系统的各功能模块逐步求精,从而使整个程序保持良好的结构,提高软件开发的效率。

应用软件的编程工作量极大,而且要经常维护、修改,如果编写程序不遵守正确的规律,就会给系统的开发、维护带来不可逾越的障碍。

软件工程的思想即利用工程化的方法进行软件开发,通过建立软件工程环境来提高软件开发效率。自顶向下的模块化程序设计符合软件工程化思想。

2. 在自顶向下模块化程序设计中应注意的问题

(1)模块应该具有独立性:在系统中模块之间应尽可能地相互独立,减少模块间的耦合,即信息交叉,以便于将模块作为一个独立子系统开发。

(2)模块大小划分要适当:模块中包含的子模块数要合适,既便于模块的单独开发,又便于系统重构。

(3)模块功能要简单:底层模块一般应完成一项独立的处理任务。

(4)共享的功能模块应集中:对于可供各模块共享的处理功能,应集中在一个上层模块中,供各模块引用。

## 三、结构化程序设计方法

结构化程序设计方法(Structured Programming,SP)是采用顺序结构、循环结构、选

择结构三种基本逻辑结构来编写程序的方法。这是在具体编程中应采用的方法，能够指导人们用良好的思想方法去设计程序。

**(一)顺序结构**

顺序结构是一种线性有序的结构，由一系列依次执行的语句或模块构成。

**(二)循环结构**

循环结构是由一个或几个模块构成，程序运行时重复执行，直到满足某一条件为止。下面是以 FoxPro 为例的循环结构：

```
Do While〈条件〉
    〈命令组 1〉
    [Loop]
        〈命令组 2〉
        [EXIT]
        〈命令组 3〉
    ENDDO
```

**(三)选择结构**

根据条件成立与否，选择程序执行路径的结构。

1. 结构一

```
IF〈条件〉
    〈命令组 1〉
ELSE
    〈命令组 2〉
ENDIF
```

2. 结构二

```
IF〈条件〉
    〈命令组〉
ENDIF
```

3. 结构三

```
DO CASE
    CASE〈条件 1〉
        〈命令组 1〉
    CASE〈条件 2〉
        〈命令组 2〉
            ·
            ·
            ·
```

    CASE〈条件 n〉

　　　　　〈命令组 n〉

    ENDCASE

### 四、面向对象的程序设计方法

面向对象程序设计(Object Oriented Programming,OOP)是指一种程序设计范型,同时也是一种程序开发的方法。它将对象作为程序的基本单元,将程序和数据封装其中,以提高软件的重用性、灵活性和扩展性。当我们提到面向对象的时候,它不仅指一种程序设计方法,更多意义上是一种程序开发方式。读者在学习本节内容时,有必要了解一些关于面向对象系统分析和面向对象系统设计(Object Oriented Design,OOD)方面的知识,详情可参考本教材第三章面向对象的系统开发方法一节的相关内容。

相对于前面结构化的程序设计方法,面向对象方法具有如下优点:

1. 与人类习惯的思维方法一致

传统的程序设计技术是面向过程的设计方法,也就是我们上一节所讲的结构化程序设计,这种方法以算法为核心,把数据和过程作为相互独立的部分,数据代表问题空间中的客体,程序代码则用于处理这些数据。

把数据和代码作为分离的实体,反映了计算机的观点,因为在计算机内部,数据和程序是分开存放的。但是,这样做的时候总存在使用错误的数据调用正确的程序模块,或使用正确的数据调用错误的程序模块的危险。使数据和操作保持一致,是程序员的一个沉重负担,在多人分工合作开发一个大型软件系统的过程中,如果负责设计数据结构的人中途改变了某个数据的结构而又没有及时通知所有人员,则会发生许多不该发生的错误。

传统的程序设计技术忽略了数据和操作之间的内在联系,用这种方法设计出来的软件系统其解空间与问题空间并不一致,令人感到难以理解。实际上,用计算机解决的问题都是现实世界中的问题,这些问题无非由一些相互间存在一定联系的事物所组成。每个具体的事物都具有行为和属性两方面的特征。因此,把描述事物静态属性的数据结构和表示事物动态行为的操作放在一起构成一个整体,才能完整、自然地表示客观世界中的实体。

面向对象的软件技术以对象(Object)为核心,用这种技术开发出的软件系统由对象组成。对象是对现实世界实体的正确抽象,它是由描述内部状态表示静态属性的数据,以及可以对这些数据施加的操作(表示对象的动态行为)封装在一起所构成的统一体。对象之间通过传递消息互相联系,以模拟现实世界中不同事物彼此之间的联系。

面向对象的开发方法与传统的面向过程的方法有本质不同,这种方法的基本原理是,使用现实世界的概念抽象地思考问题,从而自然地解决问题。它强调模拟现实世界中的概念而不强调算法,它鼓励开发者在软件开发的绝大部分过程中都用应用领域的概念去思考。在面向对象的开发方法中,计算机的观点是不重要的,现实世界的模型才是最重要的。面向对象的软件开发过程从始至终都围绕着建立问题领域的对象模型来进行：对问题领域进行自然的分解，确定需要使用的对象和类，建立适当的类等级，在对象之间传递消息实现必要的联系，从而按照人们习惯的思维方式建立起问题领域的模型，模拟客观世界。

### 2. 稳定性好

面向对象方法基于构造问题领域的对象模型，以对象为中心构造软件系统。它的基本方式是用对象模拟问题领域中的实体，以对象间的联系刻画实体间的联系。因为面向对象的软件系统的结构是根据问题领域的模型建立起来的，而不是基于对系统应完成的功能的分解，所以，当对系统的功能需求变化时并不会引起软件结构的整体变化，往往仅需要作一些局部性的修改。例如，从已有类派生出一些新的子类以实现功能扩充或修改，增加或删除某些对象等。总之，由于现实世界中的实体是相对稳定的，因此，以对象为中心构成的软件系统也是比较稳定的。

### 3. 可重用性好

用已有的零部件装配新的产品，是典型的重用技术，重用是提高生产效率的一个重要方法。面向对象的软件技术在利用可重用的软件成分构造新的软件系统时，体现出较大的灵活性。它可利用两种方法重复使用一个类：一种方法是创建该类的实例，从而直接使用它；另一种方法是从它派生出一个满足当前需要的新类。继承性机制使得子类不仅可以重用其父类的数据结构和程序代码，而且可以在父类代码的基础上方便地修改和扩充，这种修改并不影响对原有类的使用。由于可以像使用集成电路(IC)构造计算机硬件那样，比较方便地重用对象类来构造软件系统，因此，有人把类称为"软件 IC"。

面向对象的软件技术所实现的可重用性是自然和准确的，在软件重用技术中它是最成功的一个。

### 4. 可维护性好

面向对象的软件技术符合人们习惯的思维方式，因此用这种方法建立的软件系统容易被维护人员理解，他们可以主要围绕派生类来进行修改、调试工作。类是独立性很强的模块，向类的实例发消息即可运行它，观察它能否正确地完成要求它做的工作，对类的测试通常比较容易实现，如果发现错误也往往集中在类的内部，比较容易调试。总之，面向对象技术的优点并不是减少了开发时间，相反，初次使用这种技术开发软件，可能比用传统方法所需时间还稍微长一点。开发人员必须花很大精力去分析对象是什么，每个对象应该承担什么责任，所有这些对象怎样很好地合作以完成预定的目标。这样做换来的好处是，提高了目标系统的可重用性，减少了生命周期后续阶段的工作量和可能犯的错误，提高了软件的可维护性。此外，一个设计良好的面向对象系统是易于扩充和修改的，因此能够适应不断增加的新需求。以上这些都是从长远考虑的软件质量指标。

面向对象模拟了对象之间的通信。就像人们之间互通信息一样，对象之间也可以通过消息进行通信。这样，我们不必知道一个对象是怎样实现其行为的，只需通过对象提供的接口进行通信并使用对象所具有的行为功能。而面向过程则通过函数参数和全局变量达到各过程模块联系的目的。

面向对象把一个复杂的问题分解成多个能够完成独立功能的对象（类），然后把这些对象组合起来去完成这个复杂的问题。采用面向对象模式就像在流水线上工作，我们最终只需将多个零部件（已设计好的对象）按照一定关系组合成一个完整的系统，这样使得软件开发更有效率。

# 第三节　系统测试和调试

## 一、系统测试

### (一)系统测试概述

系统测试是根据系统开发各阶段的规格说明和程序的内部结构而精心设计一批测试用例，并利用这些测试用例去运行系统，以发现系统错误的过程。好的测试方案是尽可能地发现至今尚未发现的错误的测试方案。成功的测试则是发现至今尚未发现的错误的测试。测试并不能保证程序是完全正确的，成功的测试也不应是没有发现错误的测试。

在管理信息系统开发及实施过程中，系统测试是保证系统得以顺利运行的关键性一步，它是提高软件质量和可靠性的有效手段。管理信息系统涉及管理、软件、硬件、人员等各方面以及软件开发活动的一系列过程，尽管人们采取了许多消除缺陷发生的措施，甚至将55％以上的开发力量投入系统测试中，但错误仍不可避免地发生。本节将对目前系统测试中所使用的战略、主流技术以及规范化的测试文档作详细介绍，其中，软件测试是核心。

### (二)系统测试的目的与原则

1. 系统测试的目的

结合经济效益和技术手段两方面的考虑，测试的目的是以最少人力、物力和时间投入，尽可能早、尽可能多地找出软件中潜在的各种错误和缺陷。由此目的所带来的附加收获是，它能证明软件的功能和性能与需求相符合。

2. 系统测试的原则

在测试过程中还要注意以下一些原则或公理，它们是系统开发和测试的"交通规则"或者"生活法则"。

(1)所有的测试都应追溯到系统说明书，或者更进一步就是用户需求。因为系统测试的目标在于揭示错误，而最严重的错误是那些无法满足用户需求的错误，导致的后果就是用户不满意，不接受，甚至要求赔偿。

(2)尽早地、不断地进行系统测试。由于系统的复杂性和抽象性，以及软件开发各个阶段的多样性等，使得开发的每个环节都可能产生错误，把测试贯穿于开发过程的始终，坚持软件开发的阶段评审,从而可以尽早发现和预防错误,达到减少开发费用和提高质量的目的。

(3)系统测试是有风险的行为。如果不去测试所有的情况,那就是选择了风险。但是穷举法又是绝对不可取的,因为任何一个小程序的完全测试数目都是一个天文数字。这时的主要测试原则就是把无边无际的可能减少到可以控制的范围,以及针对风险做出明智抉择,去粗取精。

图7—1说明了测试量和发现的系统错误数量之间的关系。如果试图测试所有情况,费用将大幅增加,而错误遗漏的数量并不会因为费用追加而明显下降。如果减少测试或者错误地确定测试对象,那么费用很低,但是会漏掉大量错误。我们的目标是找到满意的测试量,由于涉及寻找费用的发生,所以并不一定要找到图中的"＊"点,其附近的点均可。

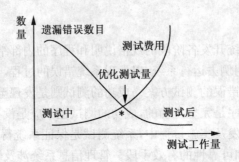

图7—1　软件项目最优的测试量

(4)找到的错误越多,就说明系统缺陷越多。生活中的寄生虫和系统缺陷几乎一样,两者都成群出现,发现一个,附近就会有一群。原因有很多,比如程序员疲劳,同一个程序员往往犯同样的错误,系统网络架构的不合理等,在这里也要注意,并非所有的错误都能修复。

(5)除检查系统应完成的任务外,还应检查系统是否做了它不应该做的事。尤其是在网络环境下要注意流出与流入数据的检验与加密,以保证系统和数据的安全。

**(三)系统测试与开发各阶段的关系**

系统开发是一个自顶向下、逐步细化的过程,而测试则是自底向上、逐步集成的过程,低一级别的测试为高一级别的测试做准备工作,但这并不排除两者并行测试,系统测试与系统开发各阶段的关系如图7—2所示。

单元测试将对每一个功能模块进行测试,以消除模块内部在逻辑上和功能上的错误及缺陷。在单元测试的基础上,对照系统设计进行集成测试,检测和排除子系统及系统在结构上的错误。在集成测试的基础上,对照系统需求进行确认测试,最后从系统全体出发运行系统,看是否满足需求。

系统不仅仅是表面的那些东西,通常要靠有计划、有条理的开发过程来建立。从开始

图7-2　系统测试与系统开发过程的关系

到计划、编制、测试,一直到公开使用的过程中,都有可能发现系统错误。图7-3显示了随着时间推移,系统错误修复费用的增长情况。

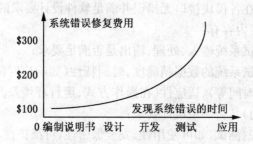

图7-3　修复费用增长曲线

## (四)系统测试的过程

系统的测试过程如图7-4所示。

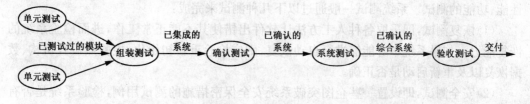

图7-4　系统测试的过程

### 1. 单元测试

单元测试主要以模块为单位进行测试,即测试已设计出的单个模块的正确性。单元测试的主要内容包括:

(1)模块接口,即测试模块之间信息是否能够准确地流进、流出;

(2)数据结构,即测试模块在工作过程中,其内部的数据能否保持完整性,包括内部数据的内容、形式及相互关系是否正确;

(3)边界条件,即测试为限制数据加工而设置的边界处模块能否正常工作;

(4)覆盖条件,即测试模块的运行能否达到满足特定的逻辑覆盖;

(5)出错处理,即测试模块工作中发生错误时,其中的出错处理措施是否有效。

2. 组装测试

在每个模块完成单元测试后,需按照所设计的结构图把它们连接起来,进行组装测试。组装测试的内容包括:

(1)各模块是否无错误地连接;

(2)能否保证数据有效传输及数据的完整性和一致性;

(3)人机界面及各种通信接口能否满足设计要求;

(4)能否与硬件系统的所有设备正确连接。

3. 确认测试

组装测试完成后,在各模块接口无错误并满足软件设计要求的基础上,还需进行确认测试。确认测试的主要内容有:

(1)功能方面应测试系统输入、处理、输出是否满足要求;

(2)性能方面应测试系统的数据精确度、时间特性(如响应时间、更新处理时间、数据转换及传输时间、运行时间等)、适应性(在操作方式、运行环境及其他软件的接口发生变化时应具备的适应能力)是否满足设计要求;

(3)其他限制条件的测试,如可使用性、安全保密性、可维护性、可移植性、故障处理能力等。

4. 系统测试

在软件完成确认测试后,应对软件与其他相关部分或全部软硬件组成的系统进行综合测试。系统测试的内容包括对各子系统或分系统之间的接口正确性的检查和对系统的性能、功能的测试。系统测试一般通过以下几种测试来完成:

(1)恢复测试,即采取各种人工方法让软件出错使其不能正常工作,进而检验系统的恢复能力。如果系统本身能够进行自动恢复,则应检验重新初始化、检验点设置机构、数据恢复以及重新启动是否正确。

(2)安全测试,即设置一些企图突破系统安全保密措施的测试用例,检验系统是否有安全保密漏洞。对某些与人身、机器和环境的安全有关的软件,还需特别测试其保护和防护手段的有效性和可能性。

(3)强度测试,即检验系统的极限能力,主要确认软件系统在超临界状态下性能降级是否是灾难性的。

(4)性能测试,即测试安装在系统内的软件的运行性能,这种测试需与强度测试结合起来进行。为了记录性能,需要在系统中安装必要的测量仪表或度量性能的软件。

5. 验收测试

系统测试完成,且系统试运行了预定的时间后,企业应进行验收测试,确认已开发的软件能否达到验收标准,包括对测试有关的文档资料的审查验收和对程序测试验收。对于一些关键性的软件,还必须按照合同进行一些严格的特殊测试,如强化测试和性能降级执行方式测试等,验收测试应在软件投入运行后所处的实际工作环境中进行。验收测试的内容包括：

(1)文档资料的审查验收，即检查所有与测试有关的文档资料是否编写齐全，并得到分类编目。这些文档资料主要包括各测试阶段的测试计划、测试申请及测试报告等。

(2)余量要求。必须实际考察计算机存储空间，输入、输出通道和批处理时间的使用情况，要保证它们至少都有20％的余量。

(3)功能测试。必须根据系统实施方案中规定的功能对被验收的软件逐项进行测试，以确认该软件是否具备规定的各项功能。

(4)性能测试。必须根据系统实施方案中规定的性能对被验收的软件进行逐项测试，以确认该软件的性能是否得到满足。

(5)强化测试。必须按照GB8566软件开发规范中的强化测试条款进行，开发单位必须设计强化测试用例，其中包括典型运行环境、所有运行方式及在系统运行期间可能发生的其他情况。

(6)性能降级执行方式测试。在某些设备或程序发生故障时，对于允许降级运行的系统，必须确定能够安全完成的性能降级方式，开发单位必须按照应用企业指定的所有性能降级执行方式或性能降级执行方式组织来设计测试用例，应设定典型的错误原因和所导致的性能降级执行方式。开发单位必须确保测试结果与需求规格说明中包括的所有运行性能需求一致。

以上五类测试是一个商品化系统不可缺少的，每种测试都要事先设计，事后写报告归档。测试完成的标准为：由于难以判定软件是否还有错误，因此，什么时候停止测试就难以断言。增加测试可以增加可靠性，但测试费用也增加。通常停止测试的情况是在规定的测试时间以后没有再发现问题(如微软对一般系统的测试时间是72小时)，或者是执行完所有测试用例以后没有再发现问题。

除了上述测试之外，在交付测试的系统正式投入测试之前应进行一定范围的人工测试，这不是上机实际运行，而是测试小组的会审(Inspections)和走查(Walkthroughs)。

在程序的人工测试中，程序会审由作者读他的程序，3～4个有经验的测试人员听取他的解释。事实证明，这种方法可以发现30％～70％的逻辑设计和编码错误，但对定义分析错误收效甚微。

走查和会审类似，但不是由程序员读他自己的程序，而是走查小组的测试人员事先把程序在纸面上"执行"一次，提出执行中发生的问题，以便发现重大的逻辑错误。开走查会议时，对于有问题的部分，测试人员和程序作者一起在黑板上运行，以求找出问题的症结。

IBM公司的人工测试效率高达80％，就是说，在所有测出的错误中80％是在人工测试中发现的。这就证实了计算机心理学家温伯格(Weinberg)的断言——"人工读程序是非常必要的"。

**(五)系统测试技术**

1. 黑盒子测试

不深入代码细节的软件测试方法称为黑盒子测试。它是动态的,因为程序正在运行——软件测试员充当客户来使用它;它是黑盒子,因为测试时不知道程序如何工作。测试工作就是进行输入、接受输出、检验结果。黑盒子测试常常被称为行为测试,因为测试的是软件在使用过程中的实际行为。软件测试人员不关心程序内部是如何实现的,而只是检查程序是否符合它的"功能说明",所以使用黑盒子法设计的测试用例完全是根据程序的功能说明来设计的。

根据微软的经验,黑盒测试的内容主要有以下几个方面:

(1)菜单/帮助测试。在软件产品开发的最后阶段,文档里发现的问题往往是最多的。因为在软件测试过程中,开发人员会修复测试人员发现的错误,而且可能会对软件的一些功能进行修改,同时项目经理也会根据情况调整软件的特性。所以,在软件开发和测试过程中,所有的功能和特性都不是固定不变的,都会进行调整。

(2)Alpha/Beta 测试。Alpha 测试是由一个用户在开发场所进行的,用户在开发者的"指导"下对软件进行测试,开发者负责记录使用中出现的错误。Beta 测试是由软件的最终用户在一个或多个用户场所进行的,开发者通常不会在场。因此,Beta 测试是软件在一个开发者不能控制的环境中的"活的"应用,用户记录下所有在测试中遇到的问题,并报告给开发者,然后开发者对系统进行最后的修改。在此过程中,产品特征不断地修改。当发现错误后,在开发人员修改的同时,项目经理也会对产品计划做出相应的调整,产品计划不是一成不变的。

(3)回归测试。回归测试的目的就是保证以前已经修复的错误在软件交付前不会再出现。实际上,许多错误都是在回归测试时发现的。在此阶段,首先要检查以前找到的错误是否已经更正了。值得注意的是,有的错误经过修改之后可能又产生了新的错误,回归测试可以保证已更正的错误不再重现,而且不产生新的错误。

(4)RTM 测试(Release to Manufacture Testing)。这是为软件真正的交付做好准备的测试。

在黑盒子测试法中还有以下一些测试技巧:

(1)等价类划分法。这种方法根据黑盒法的思想,在所有可能的输入数据中取一个有限的子集作为测试用数据,通常是将模块的输入域划分成有效等价类和无效等价类两种。所谓有效等价类,是指对程序的功能要求来讲有意义的、合理的输入数据所构成的集合;而无效等价类是指那些不合理的或非法的输入数据所构成的集合。例如,某模块的合理输入是 0~100,大于 0 且小于 100 的数据属于有效等价类,小于 0 或大于 100 的数据为无效等价类,测试数据可以从这两个等价类中抽取。

(2)边界条件测试法。边界条件是特殊情况,因为编程从根本上说不怀疑边界有问题。软件是极端的——或者对或者不对。但是,许多软件在处理大量中间数据时都是对的,但是可能在边界处出现许多问题。如果软件测试问题包含边界条件,那么数据类型可能是数值、字符、位置、数量、速度、地址和尺寸。同时,考虑这些类型的下述特征:第一个/最后一个、开始/完成、空/满、最慢/最快、最大/最小、超过/在内、最短/最长和最高/最低。如果要选择在等价分配中包含哪些数据，就根据边界来选择。

（3）次边界条件测试。有些边界在软件内部，最终用户几乎看不见，但是软件测试仍有必要检查，这样的边界称为次边界条件或者内部边界条件。寻找这样的边界不要求软件测试员是程序员或者具有阅读源代码的能力，但是确实要求大体了解软件的工作方式。常见的次边界条件测试发生在 2 的乘方和 ASCII 表这两方面。

（4）默认、空白、空值和零值测试。这种情况在软件说明书中常常被忽视，程序员也经常遗忘，但是在实际使用中却时有发生。好的软件会处理这种情况。它通常将输入内容默认为合法边界内的最小值或者合法区间内的某个合理值；或者返回错误提示信息。这些值一般在软件内进行特殊处理，所以不要把它们与合法情况和非法情况混在一起，而要建立单独的等价区间。在这种默认情况下，如果用户输入 0 或 −1 作为非法值，就可以执行不同的软件处理过程。

（5）错误推测法。测试人员也可以通过经验或直觉推测程序中可能存在的各种错误，从而有针对性地编写检查这些错误的程序。错误推测法在很大程度上依赖直觉和经验进行。它的基本思想是列出程序中可能有的错误和容易发生错误的特殊情况，并且根据它们选择测试方案。

2. 白盒子测试

白盒子测试即结构测试，它与程序内部结构有关，要利用程序结构的实现细节设计测试实例。它将测试程序设计风格、控制方法、源语句、数据库设计和编码细节。

例如，测试复利的财务程序所基于的计算公式为：

$$A = P(1 + r/n)^{nt}$$

其中：$P$＝本金，$r$＝年利率，$n$＝每年复加的利率次数，$t$＝年数，$A$＝若干年的本息合计。

优秀的黑盒测试员可能选择 $n＝0$ 的测试用例，但是白盒子测试员在看到代码中的公式之后，就知道这样做将导致除零错误，从而使公式乱套。

然而，如果 $n$ 是另一项计算的结果，或者是经过一系列公式处理过的数值，这就需要考虑是否会出现 0 值的可能，测试员需要指出什么样的程序输入会导致它的出现。

白盒子测试主要考虑的是测试实例对程序内部逻辑的覆盖程度。在实际运用中，程序员按照覆盖程序从低到高的程度划分为：语句覆盖，判定覆盖，条件覆盖，判定条件覆盖，条件组合覆盖。

（1）语句覆盖，即选择足够的测试实例，使得程序中的每一个语句都能执行一次。

（2）判定覆盖，即判定覆盖比语句覆盖严格，它的含义就是设计足够的测试实例，使得程序中每个判定至少都获得一次"真值"和"假值"的机会。

（3）条件覆盖，即对于每个判定中所包含的若干个条件，应设计足够多的测试实例，使得判定中的每个条件都取到"真"和"假"两个不同的结果。

（4）判定条件覆盖，用判定条件覆盖所设计的测试用例能够使得判断中每个条件的所有可能取值至少执行一次,同时每个判断的所有可能判断结果至少执行一次。

(5)条件组合覆盖,在判定条件覆盖测试的基础上,设计足够多的测试实例,使得每个判定中条件的各种可能组合都至少出现一次。

(6)路径测试,即设计足够多的测试用例覆盖程序中所有可能的路径,它是由汤姆·麦凯布(Tom McCabe)首先提出来的一种白盒子测试技术,该方法允许测试用例设计者通过分析控制结构的环路复杂性,导出基本可执行路径集合。

值得注意的是,即使是条件组合覆盖的测试也仍然不能发现全部错误,还需要黑盒测试作补充。

3. 强力测试

在各种极限情况下对产品进行测试(例如,很多人同时使用该软件或者反复运行该软件),以检查产品的长期稳定性。

例如,微软在测试 IE4.0 的时候,由于当时有一个非常强的竞争对手,所以要保证 IE4.0 的高质量和高性能,为了测试 IE4.0 的长期稳定性,开发小组专门设计了一套自动测试程序,它一分钟可以下载上千个页面,用此测试程序对 IE4.0 进行了连续 72 小时的测试,因为根据微软的经验,如果一个软件产品能通过 72 小时的强力测试,则该产品在 72 小时后出现问题的可能性微乎其微,所以,72 小时是微软产品强力测试时间的标志。

当然,上面只是提到了系统强力测试的一个方面,对于运行中的系统,还要考虑对硬件的强力测试,例如,把输入数据的量提高一个数量级来测试数据库服务器的响应情况、使用在一个虚拟的操作系统中会引起颠簸的测试实例、在总线型网络中对通信阻塞的测试等。目的都是为了测试系统的长期稳定性。

4. 兼容性测试

随着各生产厂商各种标准的统一,硬件的兼容性测试在系统测试中已经显得不那么重要,在这里我们重点介绍软件兼容性的问题。

随着用户对各种厂商的各种类型软件之间共享数据能力和同时执行多个程序能力的要求越来越强,测试程序之间能否协作变得越来越重要。现在程序之间大多需要导入和导出数据,在各种操作系统和 Web 浏览器上运行,与同时运行在同一种硬件上的其他软件交叉操作。

软件兼容性测试工作目标是保证软件按照用户期望的方式进行交互。其中包括平台和应用程序的兼容、向前和向后兼容、数据共享兼容性。

这部分的测试比较复杂,需要整体分析产品说明书和所有支持说明书,还需要与程序员讨论,尽可能深入地审查代码以保证软件的使用。

5. 易用性测试

软件编出来是要用的,但是有时开发小组在编写代码的技术方面投入了太多精力,以致忽视软件最重要的方面——最终的使用者。易用性是交互适应性、实用性和有效性的集中体现。

用于与软件程序交互的方式称为用户界面或 UI,现在我们使用的个人计算机都有复杂的图形用户界面(GUI),优秀的 UI 通常通过符合标准和规范、直观性、一致性、灵活性、舒适性、正确性、实用性 7 个要素体现出来。

(1)通用标准和规范由软件易用性专家开发,它们是由大量正式测试、经验、技巧和错误得出的方便用户的规则。如果软件严格遵守这些规则,就自然具备优秀 UI 的其他要素。

(2)在评价直观性的时候通常考虑以下几个问题:用户界面是否洁净?所需功能或者期待的响应是否明显并在预期的地方出现?有多余功能吗?界面整体是否太复杂了?局部是否做得太多?是否感到信息太庞杂?如果其他所有努力失败,帮助系统真能帮忙吗?

(3)一致性通常是测试软件本身和其他软件的一致性,在从一个程序转向另一个程序时,要注意软件的特性,确保相似操作以相似方式进行。在审查软件时想一想以下几个方面:快捷键和菜单选项,术语和命令,按钮位置和等价的按键,例如,OK 键的位置总是在上方或者左方,Cancel 按钮的等价按键通常是 Esc,这些都需要保持一致。

(4)灵活性允许用户选择做什么和怎样做,不过其中要注意的是,灵活性可能发展为复杂性。

(5)舒适性就是讲究软件使用的感觉,我们可以适当地增加一些色彩和音效,在用户执行严重错误的操作前提出警告,并且允许用户恢复由于错误操作导致丢失的数据,在速度性能上应和大多数人的思维保持同步,如果操作缓慢,至少应该向用户反馈操作持续时间,并且显示它正在工作,没有停滞。其状态图如图 7—5 所示。

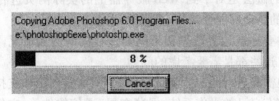

**图 7—5 状态栏显示完成的工作量**

(6)正确性就是测试程序是否做了该做的事,正确性的问题一般很明显,在测试系统说明书时就可以发现。

6. 网站测试

网站测试囊括许多领域,包括配置测试、兼容性测试、易用性测试、文档测试,假如网站是全球范围的,还包括本地化测试。网页由文字、图形、表单、指向网站其他网页的超级链接等组成(如图 7—6 所示)。

文字的检测主要是检查拼写错误。如果有电子邮件地址、电话号码或者邮编等联系信息,要检查是否正确。保证版权声明正确,日期无误。要测试每个网页是否都有正确的标题。超级链接在网页中一定要显眼,每一个链接都要检查,确保它跳转到正确的目的

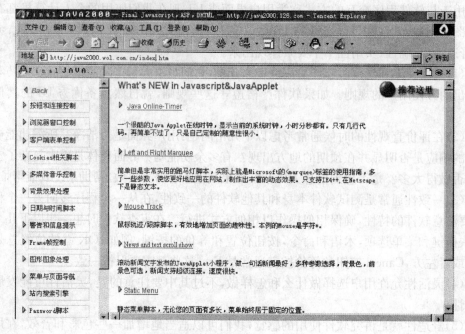

**图7-6 网站测试内容举例**

地,并在正确的窗口打开并得到及时回应。

查找网页,最好的做法是对拿到 Web 服务器上的实际网页进行简单的代码范围分析,确定测试是否真的是全部网页,没有遗漏的,也没有多余的。

在表单的测试中要注意边界数据和不同类型数据的输入情况,如何拒绝错误数据?要求是否真正做到? 这些都是需要考虑的问题。

网站测试同样也需要进行兼容性测试,每一个浏览器和版本支持的特性都有细微的差别。各硬件平台都有自己的操作系统、屏幕布局、通信软件等,它们都会影响网站在屏幕上的外观。一个网站可能在某个浏览器中表现极佳,但是在另一个浏览器中根本无法显示,在编制时需要解决的是浏览器插件、浏览器选项、视频分辨率和色深等方面的问题。

相对而言,网站测试的技术性不是很强,重点测试的应该是网站的易用性、兼容性和信息的权威性,使之全方位地贴近用户和访问者。

**(六)相关测试文档及报告的撰写**

**1. 测试计划**

通常,测试计划应包括以下内容:

(1)概述。测试计划首先应说明该测试是做什么的。

(2)测试目标和发布标准。测试计划文档中一定要有测试的最终目标,必须使自己和别人明白为什么必须做这个测试,该测试需要达到的目标是什么。测试计划要明确定义发布标准的范围,并为每一个发布标准定义详细的阶段性目标。

(3)计划将测试的领域。测试计划应列出被测试系统的所有特性,以及每个领域的关键功能,同时,测试计划还应给出对应的每个测试领域的测试规范。

(4)测试方法描述。从系统测试的总体决定系统的测试方法,如前面讲过的基本验证测试、接受性测试等。

(5)测试进度表。测试计划需要为测试的每一个阶段定义详细的进度表,并且该进度表必须与项目经理的要求以及系统开发的进度相一致。实际上,测试进度表依赖于项目经理和开发人员制定的进度表。

(6)测试范围和工具。测试计划中必须给出测试所需的测试平台及相关机器配件和网络开发方案,还必须说明将使用的测试工具,测试人员可以利用已有的工具,如果没有合适的,还必须自己开发。

2. 测试规范

所谓测试规范,是指为每一个在测试计划中确定的测试领域所写的文档,用来描述该领域中的测试需求。

在编写测试规范之前,需要参考项目说明书中的系统规范,以及开发人员写的开发计划。在测试计划中主要包括以下一些要素:背景信息、被测试的特性、功能考虑、测试考虑、测试想定等。其中,测试想定是一个重要内容,根据测试想定,我们可以很容易地产生测试案例。表7-1是微软的一个测试想定的例子。

表7-1　　　　　　　　　　　　测试想定

| 测试案例 | 优先度 | 战术编号 | 测试描述 | 测试结构 | 期望值 |
|---|---|---|---|---|---|
| 1 | 0 | 1203 | 插入行 | 基本格式 | 插入行 |
| 2 | 1 | 41 | 在同一个表格中插入"空"值的多行 | 基本格式 | 在原表格的底部增加"空"值的多行 |
| 3 | 1 | 42 | 在不同的表格中插入多行 | 基本格式 | 在多个表格的底部增加"空"值的多行 |

3. Bug 报告

测试人员在测试过程中记录的 Bug 一般通过报告的形式向开发人员报告。一份 Bug 报告应该包括以下几个要点:Bug 名称、被测试的软件的版本、优先度与严重性、报告测试的步骤、Bug 造成的后果、预计的操作后果等。所有这些信息可以放在一个数据库中,它为系统的调试和以后的维护提供了相当重要的信息。开发小组中的项目经理和决策人员根据这些 Bug 的统计数字和走势了解系统开发的进度,开发人员可以通过这些 Bug 报告中清晰的测试数据很容易地找到问题。

4. 测试报告

测试报告是对测试阶段工作的总结,测试报告的内容主要包括:

（1）引言：介绍测试的目的、范围，测试的角度和标准，测试结果概要。

（2）测试计划和配置：包括系统配置、运行配置、测试标准和评价等。

（3）单元测试：描述对系统各模块测试的结果。

（4）组装测试：描述系统各部件组合后的功能测试结果、正常数据和过载数据下的测试，以及在错误数据下的测试和结果。

（5）确认测试：描述系统功能、性能测试的结果。

（6）系统测试：描述软件与其他相关部分或全部软硬件组成的系统综合测试的结果。

（7）验收测试：描述对有关的文档资料和程序的测试验收的结果。

（8）附录：包括参考文献、异常情况小结、测试数据等。

## 二、系统调试及方法

### （一）调试与测试的关系

1. 调试与测试的关系

测试与调试是互相联系但又性质不同的两类活动，它们的差别对比如表7-2所示。

表 7-2　　　　　　　　　　　　　　　　测试与调试的区别

| 测　试 | 调　试 |
| --- | --- |
| 先进行测试 | 在测试后进行 |
| 证实系统有错 | 修改系统错误 |
| 从已知条件出发，使用预定方法，有期望地测试结果，但结果不可预测 | 从未知初始条件出发，位置和条件是未知的，其结果不可预测 |
| 可事先安排计划和日程 | 方法和时间都难以事先确定 |
| 类似正确性证明 | 推理和归纳 |
| 可预测的、机械的、强制的、严格的 | 随机、联想、实验、智力和自主的 |
| 可忽视对象细节 | 必须了解对象细节 |
| 可由非程序员来做 | 必须由程序员来做 |
| 建立了理论基础 | 尚待建立理论基础 |

从中我们可以看到，测试已经形成了一定的理论基础，建立了一套可行的测试方法和测试程序，并且对测试时的各种文档规定了一系列的标准和规范，这些都是因为测试的对象比较固定，可以忽视对象的细节。而调试也叫排错，必须了解对象的具体细节，由于系统内部构件的复杂性导致调试对象的多种可能性，加上各种部件自由组合也能导致出现不兼容、冲突、不规范等问题，所以尚未建立成熟的理论基础，调试方法也在很大程度上依赖程序员的经验和直觉，而且很难对调试做详细的进度安排。

2. 动态白盒子测试与调试

白盒子测试和调试技术在表面上很相似，因为它们都包括处理软件缺陷和查看代码的过程,但是它们的目标不同,如图7—7所示。

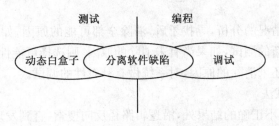

**图7—7 动态白盒子测试与调试有不同目标**

动态白盒子测试的目标是寻找软件缺陷,调试的目标是修复它们。然而,它们在由软件错误产生根源相同的隔离区域确实存在交叉现象。测试员应该把问题缩减为能够演示软件错误的最简化测试案例。在白盒子测试中,甚至还要包括那些值得怀疑的代码行信息。进行调试的程序员从这里继续,判断到底是什么导致软件缺陷,并设法修复。如果进行底层测试,就要使用与程序员相同的工具。如果程序已经编译过,就要使用同样的编译器,但是采用不同的设置,以加强错误检测功能。对于要求合法性检查的独立代码模块,还应该编写测试程序进行测试。

**(二)调试方法**

**1. 简单调试法**

有经验的系统设计人员借助人工转储、打印并人工检查,确定错误的性质和位置,在此基础上对系统进行修改和调试。简单调试法是调试方法的一种,由于其大部分依赖于人的直觉和经验,所以有效性较差,效率不高。

**2. 归纳调试法**

归纳调试法就是从特殊到一般地归纳问题,对问题进行分析和思考。其过程可归结为:通过实例运行结果,寻找线索,从线索(一个或多个测试实例的执行结果所反映的错误征兆)和线索之间的联系出发进行归纳分析,从而确定错误。其步骤具体归纳如下:

(1)寻找适当数据。通过实例运行,查找与错误征兆有关的信息,并集中为线索。主要内容是列出系统已经正确做了什么的全部信息。

(2)组织数据。设定一个表格,列出错误征兆数据结构或配置结构,其中包括如下信息:错误征兆、观察到征兆的位置、发生征兆的时间、征兆范围和数量。

(3)研究线索,给出猜想。利用线索及线索间的关系,给出一个或多个引起错误的猜想。

(4)证明猜想。将猜想线索做分析对比,使全部的错误征兆和线索都得到解释,否则猜想失效。

**3. 演绎调试法**

从一般推测出发,使用逐步求精方法去获得错误的性质和位置。其步骤可归纳为:

（1）列出全部想到的原因/推测，它们可能是不完全的、猜测性的。通过猜测收集和构造有用的解决方案。

（2）通过对已有情况的分析，寻找矛盾，消除全部可能的原因，如全消除，则需考虑新的原因、设计和运行新的测试，如果尚有未消除的原因，则选择可能性最大的原因。

（3）定义和完善还未消除的原因，对系统做有针对性的调试。

4. 反向搜索调试法

就是从系统产生不正确的结果处，沿逻辑路径反向搜索，直到发现系统错误为止。

5. 测试调试法

从测试实例发现的错误征兆出发，对实例做某些修改，再做测试，通过两次测试结果比较，常可找到有用的调试信息。

**（三）调试的过程**

管理信息系统开发的各个阶段，都有可能产生错误。为了发现这些错误，调试过程可以分解为与系统开发过程方向相反的三个阶段，即分调、联调和总调。

1. 分调

对模块分别进行的调试。系统的应用软件是按照处理功能分成模块的，一个处理功能由一个或一个以上的程序构成。对模块进行全面调试时应着重检查如下几个方面：（1）模块运行是否正常、无死机；（2）模块的功能是否符合设计的要求；（3）模块的技术性能如何；（4）界面是否友好。

2. 联调

对与本子系统有关的各模块实行联调，以考查各模块外部功能、接口以及各模块之间调用关系的正确性，即检查各子系统内部的接口是否匹配，数据传递是否正确，联合操作的正确性及运行的效率。

3. 总调

在实际环境或模拟环境中调试系统是否正常。总调主要检查各子系统之间接口的正确性、系统运行功能是否达到目标要求、系统的再恢复性等。其目的就是保证调试的系统能够适应运行环境。系统总调是实施阶段的最后一道检验工序，通过后即可进入程序的试运行阶段。

# 第四节　系统切换

系统切换是指系统开发完成后新老系统之间的转换。一般在系统总调完毕后的基础上，进行系统切换工作。系统切换包括把原来全部用人工处理的系统转换到新的以计算机为基础的信息系统，也包括从旧的信息系统向新的信息系统的转换过程。切换工作还包括老系统的数据文件向新系统的数据文件的转换，人员、设备、组织机构的改造和调整，有关资料的建档和移交等。系统切换的最终形式是将全部控制权移交给用户单位。系统切换有四种方式,如图 7-8 所示。对于一个大系统,可以根据各子系统的情况不同,采取不同的转换方式。

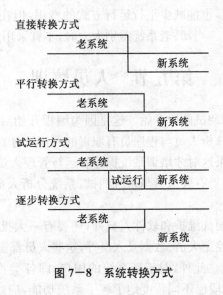

**图 7-8　系统转换方式**

## 一、直接转换方式

直接转换方式就是用新系统直接代替老系统,没有中间过渡阶段。直接转换的优点是转换简便,节省费用,但风险较大。因为系统虽然经过试运行并经联调,但隐含的错误往往是不可避免的。实际应用中应采取加强维护和数据备份等措施以保证新系统的安全运行。这种方式一般适用于一些处理过程不太复杂、数据不很重要的场合。

## 二、平行转换方式

平行转换方式是使新、旧系统并行运行一段时间。并行运行期间,新、老系统同时工作,互相对比校验,以检查新系统中隐含的错误。平行转换的优点是转换安全,但并行运行期间增加用户的工作量,增加了转换费用。这种方式比较适合于银行、财务和一些企业的核心系统。

## 三、试运行转换方式

试运行转换方式是对一些关键子系统进行一段时间的试运行,待感到有把握时再用新系统正式代替旧系统。所以它的安全系数更高一些。

## 四、逐步转换方式

逐步转换方式是分期分批地以新替旧,即当缓慢地逐步停止老系统中的某些部分时,缓慢地逐步采用新系统的相应部分。当每个人都确信新系统的运行符合要求时，老系统就可以完全停止。这种方式实际上结合了直接转换方式和平行转换方式的优点，它能防止直接转换产生的危险性，也能减少平行运行方式的费用，但在混合运行过程中，必须事先考虑好它们之间的接口。当新、老系统差别太大时，不宜采用此种方式。

# 第五节　人员培训

人员培训需从编程和调试阶段开始。这是因为编程开始后，系统分析人员就有时间开展用户培训(假定系统分析人员与程序员有职责的严格区分)；编程完毕后，系统即将投入试运行和实际运行，如果这时才培训系统操作和运行管理人员，就要影响整个实施计划的执行。用户受训后能够更有效地参与系统测试，系统分析人员也能对用户需求有更清楚的了解。

系统投入运行后，除硬件维护和软件人员外，还要有一大批工作人员在系统中工作，包括系统主管人员、数据控制人员、数据录入员等，这些人员都需要进行专门的技术培训，以适应新系统的操作需要。此外，对于新系统的用户，即各类管理人员，也要进行培训。他们在系统分析与设计阶段已不同程度地了解了系统功能，应通过培训使他们进一步了解整个系统，学会系统的使用方法。

培训的内容包括：

- 系统整体结构和系统情况；
- 系统分析设计思想和每一步的考虑；
- 计算机系统的操作与使用；
- 系统所用主要软件工具(编程语言、工具、软件名、数据库等)的使用；
- 汉字输入方式的培训；
- 系统输入方式和操作方式的培训；
- 可能出现的故障以及故障的排除；
- 文档资料的分类以及检索方式；
- 数据收集、统计渠道、统计口径等。

用户培训工作的好坏是关系到系统是否成功的因素之一。培训可以采用多种方式，如授课、进行新系统工作方式模拟、利用软件包培训、在使用中进行具体指导等。可根据培训的对象和目的，采用不同的培训方式。

## ▌本章小结

系统实施是将系统设计阶段的成果付诸实践的过程，包括管理信息系统物理系统的实施、程序设计、系统测试和调试、系统的切换、人员培训等。

本章第一节讨论了管理信息系统物理系统的实施,包括计算机系统的实施和网络系统的实施。

本章第二节讨论了程序设计的相关知识,主要包括程序设计的目标、程序设计的原则以及结构化程序设计方法、面向对象的程序方法等。

本章第三节讨论了系统的测试和调试,包括系统测试的目标、原则、不同层次的测试、常用的测试技术及测试工具,最后介绍了系统调试的方法。

本章第四节讨论了系统切换的相关知识,主要介绍了系统切换的方式。

本章第五节讨论了人员培训的相关知识。

## ■ 关键概念

结构化程序设计(Structured Programming)　　系统测试(System Testing)

模块测试(Module Testing)　　黑盒子测试(Blackbox Testing)

白盒子测试(White-box Testing)　　强力测试(Stress Testing)

## ■ 复习思考题

1. 简述程序设计的目标及原则。

2. 简述系统测试的步骤。

3. 试述进行白盒子测试的好处。

4. 动态白盒子测试和调试有何区别?

5. 系统切换有哪几种方式? 在什么条件下,用哪种方式最好?

6. 为什么要进行信息系统测试? 据你所知,目前我国的信息系统开发部门在信息系统开发中是怎样进行信息系统测试的? 使用了什么测试方法和工具? 信息系统测试还存在哪些问题? 应该采取什么途径去解决这些问题?

## ■ 本章案例

### 某大型门户网站新闻留言系统测试案例

#### 一、项目背景

受某大型门户网站委托,上海市计算机软件评测重点实验室(上海计算机软件技术开发中心)对该网站的新闻留言系统进行性能容量的测试。

被测的新闻留言系统分前台和后台两个部分:前台的新闻页面设计有发言框,网友可直接对该新闻发表言论;后台的管理系统主要对网友的留言进行管理。

本案例将具体讲述如何对系统前台页面进行用户访问量容量的测试。本次测试在该网站机房进行。

#### 二、测试需求

(1)该大型门户网站极其关注用户页面访问的完整性和响应时间。新闻留言系统通过在静态的新闻页面中嵌入动态留言框来实现。

（2）考察动态页面和静态页面的不同访问容量,使在系统设计的访问容量内避免因为留言框的加入使得新闻页面无法完整显示,特别是动态留言框部分。

（3）页面显示的不完整性将严重影响网站的整体形象,动态页面的访问容量无法满足用户的需求,网站情愿放弃动态留言功能。

### 三、测试目标

依据用户的测试需求,测试目标如下:

（1）测试系统静态页面的访问容量;

（2）测试系统动态页面的访问容量;

（3）为系统动态页面和静态页面之间访问容量的差异是否满足用户的需求提供参考。

### 四、测试工具和相关参数

本次测试采用思博伦通信（Spirent Communications）的 SmartBits 600（SMB－600,如图 7－8）和 Avalanche SMB 进行测试。

SmartBits 600（SMB－600）是业界中便携性能最强、最小巧的一种相对高端口密度的性能分析系统,它最多支持两个模块,以及最多 16 个 10/100Mbps 以太网端口、4 个 SmartMetrics™ 千兆以太网端口、4 个光纤通道端口、1 个 10GbE 端口,或以上各种端口的组合。

Avalanche SMB 利用 SmartBits[R] TeraMetrics 架构提供了一种统一的 2－7 层性能分析平台。由 TeraMetrics 硬件和 Avalanche 及 Reflector 软件组合而成的 Avalanche SMB,可以从一台 SmartBits 机架中生成真实的互联网环境和负载。Avalanche SMB 可方便地进行扩展,使用户可以模拟大型应用和网络基础设施,测试使用 HTTP、SSL、FTP 和 RTSP 等上层协议的内容意识设备。

**图 7－8　SmartBits 600B**

测试中采用的软件版本为 Avalanche Commander version 6.5.1。测试中用到的参数解释如表 7－3 所示。

| 表 7－3 | 参数解释 |
| --- | --- |
| Session | 指 Avalanche 模拟的用户按照 URL List 的一次遍历访问,每个 Session 可能会产生多条 TCP 连接 |
| Connection | TCP 连接数,对 HTTP1.1 而言,每条 TCP 连接可以产生多条 HTTP Transaction |
| Transaction | HTTP Client 的一次 Get 操作和相应的 HTTP Server 的一次 Response 操作构成一个 HTTP Transaction |
| URL Response Time | 从服务器接收主页面文件所耗时间,单位为毫秒 |

续表

| Page Response Time | 从服务器接收主页面所含内嵌对象所耗时间,单位为毫秒 |
|---|---|
| Data Timeout | Client 发出 Get 而 Server 没有返回 Data |
| Connection Timeout | TCP 连接超时 |
| Connection Closed | 从测试开始所有累计的完整的 TCP FIN — FIN ACK 序列 |
| Connection Reset | TCP RST 的个数,原因可能是 HTTP 进程结束、防火墙拒绝 TCP 连接等 |
| Incomplete Transaction | 一般由于 HTTP Transaction 进程被中断引起,表现为如浏览器页面上的图形没有显示出来 |

### 五、测试解决方案(无留言列表的页面)

1. 在 State Service 开启的情况下

为了增强系统的性能,设计系统通过负载均衡服务器实现多个应用服务器的负载均衡,不同服务器之间通过 State Service 实现 Session 状态的一致性。

为了测试系统到底可以承受多少用户的压力,一开始先模拟并发每秒 1 000 个用户同时上线的情况,测试时间为 3 分钟。

测试结果表明:静态页面能够正常显示,动态页面部分无法正常显示,页面提示"无法向会话状态服务器发出会话状态请求……"将每秒的并发用户数依次降低至 500、300、200、100、50,动态页面的留言显示框不能正常显示,页面的提示信息相同,结果仍然如此。

每秒 1 000 个用户时,Avalanche 监控到 HTTP Transaction 的成功率为 49.9%。HTTP Transaction 总的统计分布饼图如图 7—9 所示。

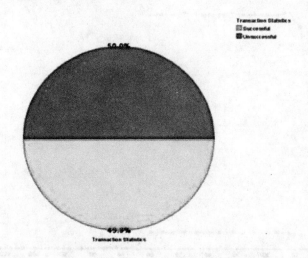

**图 7—9 开启 State Service,每秒 1 000 个用户的 HTTP Transaction 成功率**

每秒 50 个用户时,Avalanche 监控到 HTTP Transaction 的成功率为 58.7%。HTTP Transaction 总的统计分布饼图如图 7—10 所示。

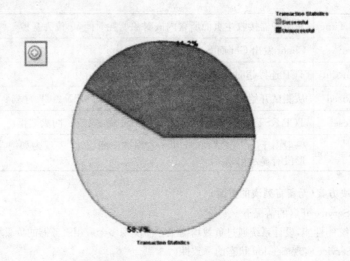

图 7－10　开启 State Service，每秒 50 个用户的 HTTP Transaction 成功率

　　HTTP Transaction 的成功率包括静态部分和动态部分的 HTTP 请求。动态页面基本上失败。

　　在测试过程产生的网络流量基本上保持在 100M 左右（如图 7－11 所示），而被测机器的网卡速率也是 100M。网络流量必须引起关注。

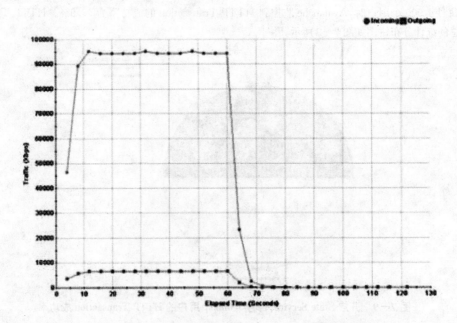

图 7－11　开启 State Service，每秒 50 个用户的网络流量

## 2. 在 State Service 关闭的情况下

依据前面的测试结果和系统提示信息,初步确定 State Service 是导致动态页面请求失败的原因。将该服务关闭,以 50 个 session 作为起点进行压力测试,页面反应速度非常快,并且无任何出错现象。

增长 session 数至 2 000 时,页面显示依然正常,HTTP Transaction 成功率为 2.8%,在每秒2 300用户时 Http Transaction 成功率急剧降为 36%,利用手工访问系统提示为"server is too busy"。表明系统的容量基本上为每秒 2 000 个用户(如图 7-12 至图 7-16 所示)。

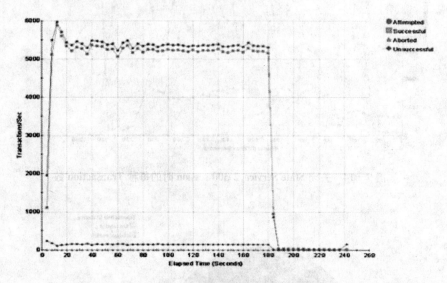

**图 7-12　关闭 State Service,每秒 2 000 个用户时的每秒 Transaction 数**

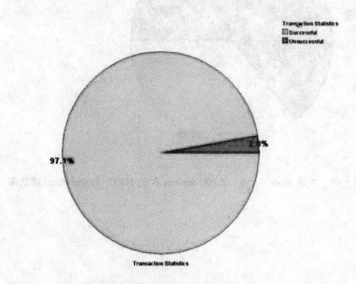

**图 7-13　关闭 State Service,每秒 2 000 个用户的 HTTP Transaction 成功率**

管理信息系统
Management Information System

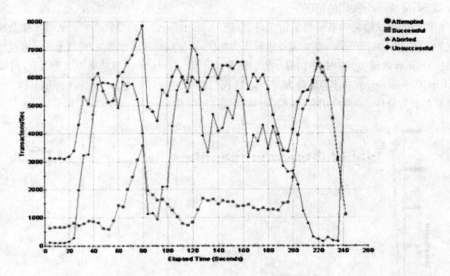

图 7—14　关闭 State Service，2 300 session 时的每秒 Transaction 数

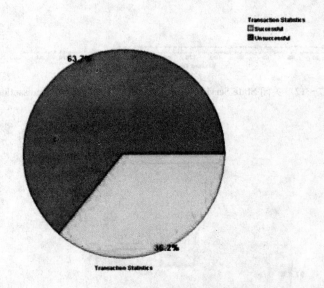

图 7—15　关闭 State Service，2 300 session 时的 HTTP Transaction 成功率

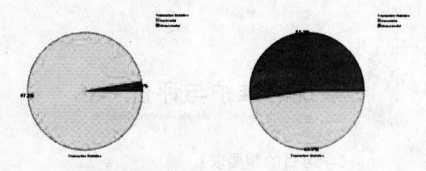

图 7—16 1 000 个用户和 1 200 个用户的 HTTP Transaction 成功率

### 六、测试综述

对该大型门户网站新闻留言系统的测试反映出,在开启系统负载均衡服务之后,系统可承受的用户访问量不足 50。

将此服务关闭,无留言列表、有留言列表的留言页面访问量过千。但"更多留言"的页面可承受的用户访问量只达到了 150～200,显然不能很好地适应真实环境。建议检查"更多留言"页面的程序编写情况并进行调优。

本次测试的测试结果如表 7—4 所示。

表 7—4 测试结果

| 序 号 | 会话状态服务 | 测试分类 | 系统性能容量 |
|---|---|---|---|
| 1 | 开启 | 无留言列表的留言页面 | <50 个用户/秒 |
| 2 | 关闭 | 无留言列表的留言页面 | 2 000 个用户/秒 |
| 3 | 关闭 | 有留言列表的留言页面 | 1 000 个用户/秒 |
| 4 | 关闭 | "更多留言"页面 | 150 个用户/秒 |

与此同时,观察到留言的条数大大影响了页面的显示速度及可承受的用户访问量。当留言列表的条数为 5 条时,系统可承受的用户访问量为 1 000,当条数增加到 13 条时,访问量骤减到 150 个。

服务器配置的百兆带宽网卡,从网络流量图中可以看到,进出的网络流量基本上把百兆带宽全部占用,建议增加网络带宽。

# 第八章
# 系统的维护与评价

## 【学习目的和要求】

- 了解系统评价的意义
- 了解系统维护的作用、方式和内容
- 了解系统成败的原因和解决策略

## ［开篇案例］ 数据库维护失误，
### 民生银行客户交易瘫痪数小时

　　2010年2月3日，民生银行出现长达4小时的系统故障，其间柜台业务、网上银行、电话银行各项业务均不能办理。3日19:00，该银行客服回应称原因为"核心系统维护"。但有业内灾备系统公司对CBN表示，民生银行此次事故是由于数据系统进行维护时出现了失误，造成当机。虽然该行有灾备系统，但最终"没敢切换"。

　　3日中午，有民生银行客户对CBN称，他在办理银证转账的时候发现该行网银系统瘫痪。随后，有部分客户发现此问题并在公共论坛上反映这一情况，称"去柜台的时候整个系统都坏了，连自动取款机都不能办理业务"。此外，网银客户也无法登录系统。故障一直持续到15:50左右。有接近中国证券登记结算公司的人士称，民生银行甚至无法办理当天的证券第三方存管业务，紧急从同业调集资金缴纳当日的银证转账所需资金，不过在中国证券登记结算有限责任公司（下称"中证登"）规定的16:00前，划款基本恢复正常，但仍有一家机构客户未在16:00前完成交收，加之备付金不足，面临罚息。

　　3日19:00，民生银行客服接受查询时称，该行由于"核心系统维护"的原因，于11:00～15:30这一主要时段全行系统瘫痪，柜台、电话银行、网上银行均不能办理业务，目前所有业务已经恢复正常。该客服称："科技部认为维护大概需要1个多小时，没料到故障持续这么长时间。"她表示，民生银行是第一次遇到此情况，但她并未提及会给予客户补偿。但有资深业内人士称，此次事故是由于民生银行数据系统进行维护时出现了失误，造成当机，并未启动灾备系统。

　　接近中国证券登记结算公司的人士称，类似情况还是比较少见，建行曾经出现过，但时间较短。并称，出现这么长时间的交易瘫痪对客户的影响非常大。"如果有的基金公司只有一家托管银行的话，出现类似状况会直接影响其结算。"一位客户在网络上留言："我是银行网银客户,我通过网银进行贵金属交易,但2月3日11:00至现在15:00,民生银行网银系统全面不能操作,问他们客服,也说是系统有问题,因为是交易时间,我无法交易,请问我该如何维权?"

银行的核心系统被业内誉为银行的"心脏",在银行IT应用系统总体架构中有着至关重要的作用。但由于各种原因,银行系统故障时有发生,如某国有银行青岛地区的系统出现故障,上海地区某城商行出现系统瘫痪,但事发后各银行解释大多"语焉不详",也未有明确的客户补偿行为。

事故原因据说是"由于数据系统进行维护时出现了失误,造成当机"。开始的时候,大家把关注的焦点放到灾备切换与否的问题上,据说是"没敢切换"。初看上去倒是有点像DBA误操作,有人说是和时间服务器有关。

也有相关人士在微博上透露:民生银行的系统当机事故,源于IT部门某应用系统数据库(应该是DB2 Informix,数据库版本老旧,且无正常维护服务),一个应该在夜间处理的长任务,运行到银行开门也未结束。该系统正常时的CPU使用率就已经到达70%~80%,长任务从夜里一直跑到上午无法停止,把本来就不堪重负的业务系统拖慢到令人无法忍受的程度。由于数据库版本EOS(End of Service)无厂商实验室的工具支持,无奈之下要求重启相关系统,结果造成业务停止。

上述说法看起来比较可信,也足以解释为什么不切换到灾备上。如果是因为计算能力的不足(或是系统性能问题),即使切换也无济于事。民生的旧系统是SAP核心,实施方是埃森哲。

# 第一节　系统评价

信息系统投入运行后,要在平时运行管理工作的基础上,定期对其运行状况进行集中评价。进行评价的主要目的是看新系统是否达到了预期目的。系统评价主要由目标与功能评价、性能评价及经济效果评价等方面组成。

## 一、目标与功能评价

针对系统开发所确定的目标逐项检查,看是否达到预期目标。根据用户提出的功能要求,检查系统运行的实际状况,分析系统功能完成情况,评价用户对功能的满意程度。主要内容包括:

(1)对系统的功能设置是否满意;

(2)是否满足了科学管理的要求,各级管理人员的满意程度如何,有无进一步改进的意见和建议;

(3)能否及时响应用户的请求,并及时进行处理;

（4）系统的可维护性、可扩展性、可移植性如何。

## 二、性能评价

性能评价着重评价系统的技术性能，包括系统的稳定性、可靠性、安全性、响应时间、容错性、使用效率等。评价指标包括：

（1）系统平均无故障时间；

（2）联机响应时间，吞吐量或处理速度；

（3）控制点检测的实用性和信息的安全性、保密性；

（4）系统利用率（主机运行时间的有效部分的比例、数据传输与处理速度的匹配、外存是否够用、各类外设的利用率）；

（5）系统的可扩充性。

对系统目标功能和性能评价的目的，是为系统的进一步改进提供依据和方向。系统投运行后，随着应用的不断深入、应用环境的变化、管理水平和信息技术水平的不断提高，有必要不断对系统进行评价。

## 三、经济效果评价

建立计算机管理信息系统的目的在于提供完整、准确的信息，提高管理工作效率和经营决策水平，减少管理中的失误，使生产经营活动达到最佳经济效益。评价其应用的经济效果，应从直接经济效果和间接经济效果两方面来分析。直接经济效果是可计量的。评价的经济指标主要有：

（1）系统费用：指开发费用与运行费用的总和。

（2）系统收益：指应用计算机管理后，由于合理利用现有设备能力、原材料、能量，使产品产量（或提供的服务）增长；由于劳动效率提高，物资贮备减少，产品（服务）质量提高，非生产费用降低，使生产（服务）成本降低等。

（3）投资回收期：是指在多长时间内累积的效益值可以等于初始投资。显然，回收期越短，系统经济效益越好。

（4）系统后备需求的规模与费用。

信息系统所产生的经济效益通常主要体现在其运行结果所产生的间接经济效益方面。间接经济效果反映在企业管理水平的提高，主要表现在系统建立后对组织的工作效率、工作质量以及劳动生产力的提高程度；系统对组织的经营发展战略和组织内部的管理运行机制有重大影响；系统开发对企业管理科学化、规范化的作用；使管理人员摆脱繁重的事务性工作，能集中精力主要从事信息分析和决策等创造性工作。

系统评价工作的成果是系统评价报告。系统评价报告主要是根据系统可行性分析报告、系统分析报告、系统设计报告所确定的新系统目标、功能、性能、计划执行情况、新系统实现后的经济效益和社会效益等给予评价。它既是对新系统开发工作的总结，也是进一步进行系统维护工作的依据。一旦一般的系统维护工作不能满足系统要求,一个更加先进、完善的新系统的开发工作又将开始了。系统评价报告内容主要包括:①概述;②系统构成;③系统达到设计目标情况;④系统的可靠性、安全性、保密性、可维护性等状况;⑤系统的经济效益与社会效益的评价;⑥总结性评价。

# 第二节　系统的维护

新系统正式投入运行后,为了让 MIS 长期高效地工作,必须加强对 MIS 运行的日常管理。MIS 的日常运行管理绝不仅仅是机房环境和设施的管理,更主要的是对系统每天运行状况、数据输入和输出情况以及系统的安全性与完备性及时、如实地记录和处置。这些工作主要由系统运行值班人员来完成。

(1)系统运行的日常维护。这项管理包括数据收集、数据整理、数据录入及处理结果的整理与分发。此外,还包括硬件的简单维护及设施管理。

(2)系统运行情况的记录。整个系统运行情况的记录能够反映出系统在大多数情况下的状态和工作效率,对于系统的评价与改进具有重要的参考价值。因此,MIS 的运行情况一定要及时、准确、完整地记录下来。除了记录正常情况(如处理效率、文件存取率、更新率),还要记录意外情况发生的时间、原因与处理结果。

## 一、系统维护的定义

系统维护是指在管理信息系统交付使用后,为了改正错误或满足新的需要而修改系统的过程。

管理信息系统是一个复杂的人机系统,系统内外环境以及各种人为的、机器的因素都在不断变化着。为了使系统能够适应这种变化,充分发挥软件的作用,产生良好的社会效益和经济效益,就要进行系统维护的工作。

另外,大中型软件产品的开发周期一般为 1~3 年,运行周期则可达 5~10 年,在这么长的时间内,除了要改正软件中残留的错误外,还可能多次更新软件的版本,以适应改善运行环境和加强产品性能等需要,这些活动也属于维护工作的范畴。能不能做好这些工作,将直接影响软件的使用寿命。

维护是管理信息系统生命周期中花钱最多、延续时间最长的活动。有人把维护比作"墙"或"冰山",以形容它给软件生产所造成的障碍。不少单位为了维护已有的软件,竟没有余力顾及新软件的开发。近年来,从软件的维护费用来看,已经远远超过了系统的软件开发费用,占系统硬、软件总投资的 60% 以上。典型的情况是,软件维护费用与开发费用的比例为 2:1,一些大型软件的维护费用甚至达到了开发费用的 40~50 倍。

## 二、维护工作中常见的问题

一个系统的质量高低与系统的分析、设计有很大关系，也与系统的维护有很大关系。在维护工作中常见的绝大多数问题，都可归因于软件开发的方法有缺点。在软件生存周期的头两个时期没有严格而又科学的管理和规划，必然会导致在最后阶段出现问题。下面列出维护工作中常见的问题：

（1）理解别人写的程序通常非常困难，而且困难程度随着软件配置成分的减少而迅速增加。如果仅有程序代码而没有说明文档，则会出现严重的问题。

（2）需要维护的软件往往没有合适的文档，或者文档资料显著不足。认识到软件必须有文档仅仅是第一步，容易理解的并且和程序代码完全一致的文档才真正有价值。

（3）当要求对软件进行维护时，不能指望由开发人员来仔细说明软件。由于维护阶段持续的时间很长，因此，当需要解释软件时，往往原来写程序的人已不在附近了。

（4）绝大多数软件在设计时没有考虑将来的修改。除非使用强调模块独立原理的设计方法论，否则修改软件既困难又容易发生差错。

上述种种问题在现有的没有采用结构化思想开发出来的软件中，都或多或少地存在着。使用结构化分析和设计的方法进行开发工作可以从根本上提高软件的可维护性。

## 三、系统维护的内容

系统刚建成时所编制的程序和数据很少能一字不改地沿用下去。系统人员应根据外界环境的变更和业务量增减等情况及时对系统进行维护。因此，系统的维护是系统生存的重要条件。一般来说，在系统整个生命周期中，2/3以上的经费用在维护工作上。从人力资源的分布看，现在世界上90％的软件人员在从事系统的维护工作，开发新系统的人员仅占10％。这些统计数字说明系统维护任务是十分繁重的。重开发、轻维护是造成我国信息系统低水平重复开发的原因之一。系统维护主要包括以下几个方面的工作：

（1）应用软件的维护。由于管理业务处理是通过系统运行而实现的，一旦业务处理出现问题或发生变化，就要修改应用程序及有关文档。因此，应用软件维护是系统维护的最主要内容。

（2）数据文件的维护。业务发生了变化，从而需要建立新文件，或者对现有文件的结构进行修改。

（3）代码的维护。随着系统应用范围和应用环境的变化，旧的代码可能不适应新的要求，必须进行改造，制定新的代码或修改旧的代码体系。

（4）硬件设备维护。主要指对主机及外部设备的日常维护和管理、故障检修、易损件更换、某些设备功能扩展等。

### 四、系统维护的类型

依据信息系统需要维护的原因不同,系统维护工作可以分为四种类型:

1. 更正性维护

这是指由于发现系统中的错误而引起的维护。工作内容包括诊断问题与改正错误。

2. 适应性维护

这是指为了适应外界环境的变化而增加或修改系统部分功能的维护工作,如操作系统版本更新、新的硬件系统的出现和应用范围扩大等。为适应这些变化,信息系统需要进行维护。

3. 完善性维护

这是指为了改善系统功能或应用户的需要而增加新的功能的维护工作。系统经过一个时期的运行之后,某些地方效率需要提高,或者使用的方便性还可以提高,或者需要增加某些安全措施,等等。这类维护工作占所有维护工作的绝大部分。

4. 预防性维护

这是主动性的预防措施。对一些使用寿命较长、目前尚能正常运行,但可能要发生变化的部分进行维护,以适应将来的修改或调整。

# 第三节　管理信息系统成败的主要问题

许多企业已经或正准备投入高额资金、花大力气建立大规模的计算机管理信息系统(MIS),其中普遍存在着系统建设难以达成到预期效果的问题。有的开发规模很大,实际应用的范围却很小;有的系统用与不用似乎没有明显的差别;还有的系统由于技术落后、维护工作量太大,若在原有的基础上扩充功能还不如推倒重来。就系统开发的某一具体问题来说,主要是开发用于数据处理的程序,既不需要高深的物理(如电力系统)概念,也不需要复杂的数学算法,一般是比较容易实现的,并且大多采用最新的、高性能的计算机软硬件平台,由优秀的计算机技术人员实施开发,很少出现因网络或程序调试不通而终止开发的事情。因此,预期的目标难以达成的原因不是简单的技术问题,值得深入研究。

### 一、MIS 建设的基本问题

MIS 建设中系统的最终目标和内容常常难以确定,例如,电厂的设备管理系统中,设备的种类成千上万,其规格型号、归属部门、安装位置等千差万别。MIS 要管理的内容、达到的效果及运行后的状态等涉及的内容很多,系统开发者很难通过调研完全确定所有的内容。事实上,MIS 建设和一般工程的根本区别就是不能在开发前完全确立系统的目标和内容,即不可能企望有一个详尽的设计去简单地、全方位地组织和控制系统的建设,这是 MIS 建设的最大特点。因此,用一般工程建设的方式去简单对待 MIS 建设,希望先有一个详尽的设计,再根据设计实施开发,这就要求开发者不仅要在短时间内完全掌握原有的工作方式,而且要设计出一种新的工作办法,实际上是很难做到的。

我国目前还处在实现工业化的进程中,工业体制本身不够完善,并且还处于迅速的发展变化之中,这就要求 MIS 建设必须可以随时方便地进行修改,否则,系统很有可能会被推倒重来。这使得首先确立系统开发的各种功能,然后再进行系统开发的企图更加不可能。

组织系统开发并使之能够长期运行必须有相应的方法。以分类组织数据为核心,无论计算机内部多么复杂,MIS 建设所用到的通常只是计算机的操作。随着计算机技术的飞速发展,其功能越来越强,使用越来越简单,计算机技术本身已不再是 MIS 建设中的难题。系统开发中,有关计算机要解决的关键问题是,怎样以计算机为平台组织新的系统。

MIS 的开发是根据计算机的特点重新设计出一种新的工作模式。实际工作中常常忽视这一点,甚至完全根据人工方式的特点设计计算机的功能。就像用工匠们手工生产的方式设计汽车工业的生产线,实际上并不能真正提高效率一样,这样的 MIS 建设并不能发挥出应有的作用。

美国学者詹姆斯·马丁(James Martin)指出,在企业的数据处理工作中,"数据是稳定的,处理是多变的,数据位于现代数据处理的中心"。由此他提出了"总体数据规划"的方法。就像"要把汽车制造从个体手工生产方式变为大批生产方式,需要建立一种真正的基础结构"一样,新的计算机系统的"基础结构"是对企业的数据进行总体的规划和组织,建立起统一的数据平台。以数据平台为中心,将系统开发划分为形成数据平台和由数据平台变换出结果这两个部分,在整体上使系统结构简单明了。

建立了同一的数据平台,凭借现有的开发工具,各种结果都可以方便地变换出来,而不必事先将各种功能完全确定;另一方面,无论管理体制如何变化,涉及的基础数据却是稳定不变的,改变功能只需改变相应的程序,以适应企业改革的需要。

有些系统数据的内容和分类较为明确,如民航及铁路售票系统、图书馆系统等,这种系统可以直接从组织数据入手实施开发。而更多的系统所包含的数据内容是隐蔽性的,如电厂的设备管理系统,数据量极大,数据关系复杂,要短时间内完全掌握几乎是不可能的,应在开发的过程中逐步地识别数据,通过对数据的分类组织逐步建立起数据平台。

## 二、开发过程的组织与控制

系统开发的工作量一般很大,组织者和开发者应有一个通盘的考虑,把握和控制开发过程,使之有条不紊。由于开发过程的主要工作的最终表现形式是大量的程序开发,人们常常仅仅关注程序的开发,这很不够。就像战争虽然最终要表现为战场上的厮杀,而厮杀背后的策划对战争的胜负至关重要一样,对开发过程的组织与控制决定着系统将来的稳定性。这里提出以下方法:

1. 平稳安排

从一种旧的工作方式逐步过渡到一种依靠计算机系统的新管理方式,对用户来说应是一个渐进的发展过程,不能一蹴而就。MIS 建设中,常常会开发了大量的程序,再一次性地投入试运行,这就是缺乏必要的安排;还有的对开发工作中的问题和困难估计不足,把开发规模展开得过大而无法控制。这都会使工作量和难点过于集中,使用户和开发者都陷入忙乱之中,妨碍系统建设。

通过对系统的分解,根据工作量、用户情况、在系统中的作用等因素排列出开发顺序,并根据子系统的开发情况随时调整和部署开发工作,使系统开发能有一个由小到大的、平稳发展的过程,这样就能方便地形成系统。

2. 整体控制

MIS 建设是一个形成系统的过程,但在开发过程中,许多出于局部利益的问题影响系统的形成。有的用户对计算机不了解,常常在完成了一个功能以后又提出新的要求,而在开发者看来,这是应该统一考虑的问题;有的用户掌握一定的计算机知识,但是真正了解和接受系统观念的极少,他们会从孤立的角度提出与系统相悖的要求,甚至仅仅把开发者当作程序员,自己直接安排开发工作,并认为实现他们提出的功能要求比较简单,开发者应该马上完成。开发者如果不够冷静,很容易陷入具体问题中,失去对开发过程的整体控制。在这种情况下,MIS 建设是不会成功的。因此,开发者应善于了解和把握系统性、本质性的问题,有一个明确的系统概念,同时,要采取有效的技术和组织措施,确保在开发工作中处于主动。

3. 吸引用户

用户的参与对整个系统建设是至关重要的。在系统开发阶段,用户有自己原有的日常工作和方式,他们不可能始终围绕开发者的工作转,对系统开发也会不太适应,这会使开发者希望他们做的许多工作无法落实。因此,需要有效的措施吸引用户,仅仅靠说服有关领导、用行政命令迫使用户参与开发会使用户消极甚至反感,导致开发和应用的脱节。常常有开发者抱怨用户不能很好地配合,甚至认为用户的素质低或者在中国搞 MIS 超前,其原因就是没有做好用户参与开发的工作。

及时投入试运行是吸引用户参与开发工作并与他们具体交流的有效途径。为此,子系统的分解要便于开发和试运行。在诸多子系统中,应注意选取那些使用效果明显又易于开发的子系统首先开发,其运行效果会增强用户对系统建设的信心及对开发者的支持。另外还应利用用户间处理数据的制约关系,使用户掌握新的工作方式,积极配合开发工作的进行。

4. 迅速过渡

整个系统的形成需要有一个渐进的过程,不可操之过急;而子系统的开发则必须迅速完成,才能确保整体上的从容部署,这是系统建设的节奏。在试运行基本稳定以后,应果断地终止原有的工作方式并使新的方式尽快地稳定下来。

### 三、系统建设的基础性工作

MIS系统大大简化了管理人员的工作,使高层管理人员对中层、中层对基层、基层对设备系统逐级加强了管理、监督和控制等,业务工作量减少,系统的维护工作量增大,大量的业务改进工作转向系统的改进,系统的正常运行成为企业运转的生命线,因此,选拔、培养出合格人员特别是各层次计算机系统负责人是企业MIS建设的基础。

计算机系统负责人仅仅具备一定的计算机知识对于抓好MIS建设是远远不够的。分管计算机应用的人员不仅能够发现、解决计算机本身的问题,更重要的是能够向领导提出适度的系统开发应用规划,作为企业领导有关MIS建设乃至企业改革的决策依据。国外的经验证明,企业的MIS建设关键是系统管理人员的选拔与培养。

系统的建设和运行涉及数据的共享、计算机软硬件、工作模式等许多方面,应该有统一的规则和约定,作为系统各元素之间联结的规则,使系统成为有机的整体,保障系统的开发、运行。制定一系列的标准和规范是系统建设的另一个基础性工作,主要有三个方面的内容:

(1)信息规范:如代码、事物特性表等。这方面标准规范的制定和执行是原有方式向新系统转换的前提条件。

(2)计算机的软硬件平台规范:其中包括计算机硬件、操作系统、数据库、网络以及字处理等内容。这些规范是实现联网的保证。

(3)维护管理模式:其中包括系统运行规程、岗位设置、计算机技术人员的上岗标准等。这是管理工作接受新系统使之稳定运行的保证。

总之,MIS建设中,开发组织者首先面对的是用户和他们所使用的工作方式,这要深入实际,针对具体情况做出具体分析,要有建立新工作模式的创造力,并用组织措施控制开发过程。这方面工作需要一定的管理理论知识,特别是现代管理信息系统理论。MIS建设的目的是要实现以计算机系统为中心的新的工作方式,其结果无论是在计算机系统内部还是在人们的工作中都将是明确的、规范的。MIS建设面对的是管理信息系统和计算机系统结合的问题,绝不能忽视管理系统的改进,也不能单纯用计算机技术去对待整个MIS建设。

作为一个崭新的领域,MIS建设方法论在国外是一项非常活跃的研究领域,我们正致力于MIS开发方法论的研究,希望能与对此问题感兴趣的领导和专家经常交流,共同摸索MIS建设的规律。

### 本章小结

系统运行评价指标一般有:预定的系统开发目标的完成情况、系统运行实用性评价、设备运行效率的评价。

信息系统的经济效益评价方法包括：直接经济效益评价、间接经济效益评价。

系统维护的内容主要包括：应用软件的维护和数据维护、代码的维护，以及硬件设备的维护。维护的类型有更正性维护、适应性维护、完善性维护、预防性维护。

## 关键概念

系统维护（System Safeguard）　　　　　　　　系统评价（System Evaluation）

## 复习思考题

1. 有哪些系统运行评价指标？
2. 系统维护包括哪些内容？系统维护分哪几种类型？

## 本章案例

### "有所为，有所不为"——谈中小企业的 MIS 建设

经常有企业人员谈起企业对信息化建设的一些困惑与苦恼。针对这些较为普遍的疑问，笔者特地请教了企业管理信息系统专家为其解答疑惑。

**困惑一：目前，很多中小企业迫于市场竞争的压力，想引进计算机管理系统，但苦于周围成功的计算机管理信息系统应用案例很少，所以一直在徘徊观望。**

这要从第一个信息化建设高潮说起，1984～1985 年，各级企业都面临升级评审。根据上级主管部门规定，企业升级必须要实现现代化管理，于是企业一窝蜂上了许多 PC 机，但这些 PC 大多成了升级检查时的摆设，没有派上真正用场，企业只付出了巨额投资，却没有见到经济效益。从表面上看，这段时间虽然是信息化建设的高潮期，但实际上企业的行为相当盲目，70%～80% 的企业信息化建设是失败的。经过那一次失败，20 世纪 90 年代初，企业领导变得谨慎，也成熟了一些。他们认识到，信息化不能再像以前那样盲目地大搞特搞，需要认真反思、总结经验。经过几年的沉寂，在国际、国内的激烈市场竞争的推动下，企业认识到，要生存必须要有现代化的技术和管理。1996 年起，企业掀起了信息化建设的新高潮。

**困惑二：我国目前有 1 000 万个企业，每个企业的 MIS 建设会因行业、性质、规模的不同而存在很大的差异，该如何借鉴成功的 MIS 建设经验呢？**

根据这些年总结的经验，我想，若要建设好 MIS，企业应从以下 6 个方面来考察自身：

一是建设信息化的动力问题。企业信息化是企业的行为，不是国家的行为。国家在企业信息化建设中只起引导、指导作用，指出其重要性，呼吁企业进行信息化建设，但企业最终的实施是自己决定的。也就是说，企业信息化的动力应来自企业内部。例如，要生产高质量的产品、企业各部门多而繁杂的数据要共享、对市场的需求要迅速做出响应等，这些都要求企业要做好信息化建设工作。

二要考虑企业自身的技术力量。设备可以买来，但 MIS 是买不到的。在 MIS 开发过程中，企业的技术人员是业务人员和专业开发人员之间的桥梁。系统运行后，诸如运行中维护、修改的维护和适应性

维护等大量的维护工作都要依靠企业自身的技术力量来完成。如果企业技术力量薄弱，就会在系统开发和运行过程中遇到很多问题。因此，培养和引进人才、解决技术力量不足问题是企业信息化建设中不可忽视的环节。

三要有充足的资金。企业建立 MIS 过程中，购买设备、开发和运行维护都需要大量的资金。这里需要指出，在 MIS 招标过程中，企业应注意开发公司是否列出系统维护费用及其比例，以免系统运行后因维护问题造成不必要的麻烦。

四是企业自身要有较好的科学管理基础。科学管理基础也就是完整、规范的规章制度。如果某企业依靠某一产品一时赚了些钱，但企业的管理制度不健全，如库存管理混乱、库里有的账上没记、账上记的库里已拿走了，那么急匆匆建立了 MIS 也不会成功。企业应先规范管理程序，这是建立 MIS 的重要基础。

五是各级领导对 MIS 的认识程度。建立 MIS 是项全方位的工程，涉及企业的许多部门。如果高层领导不认识、不重视、不支持，或中层领导不认识、不认真配合，就无法顺利进行。所以，企业的管理人员应明确 MIS 的作用、各自的责任，这是成功建立 MIS 的保障。

六是开发人员和管理人员如何处理好关系。有些企业投入了大量的人力和时间，但由于合作诸方关系处理不当，使 MIS 开发失败。因此，处理好合作关系非常重要，这里存在许多策略和方法，也是一门艺术。我要强调系统分析员这个角色的重要性，他不是计算机专家，也不是管理专家，但他既懂计算机，也懂管理，是系统的专家，是复合型人才；他了解技术的发展程度、业务需求；他会处理人际关系，有表达、宣传、解释的能力；他谦虚、谨慎，会带领一个团队工作，会做项目管理，即如何分阶段开发、分配工作，调动每个人的积极性。目前我们缺乏这样的人才。

综上所述，这里谈了建设成功 MIS 要具备的六个因素。

**困惑三：已经建立 MIS 的企业如何适应未来 MIS 的发展趋势，尚未建立 MIS 的企业如何少走弯路？**

MIS 的技术发展速度相当快，近几年出现了 Intranet，如何利用 Intranet 技术提高 MIS 的开发速度和运行水平，是当前的一个热点。我要强调两点，一是不管技术如何发展，管理是重要的基础，管理和技术应该是平行的。如果管理制度很落后，即使买来了先进的工具，也是运行不好的。例如 MRPII，我们的企业多数用不好就是因为管理和技术并不平行。二是要尽可能地运用目前已经成熟的技术。

**困惑四：如何评价 MIS 的投资和效益？**

MIS 的投资包括有形投资和无形投资。有形投资指硬件和软件的费用，无形投资包括开发费用、维护和运行费用等。一般企业重视有形投资，其实无形投资非常重要，在信息系统投资中的比例也会越来越高。MIS 的效益评价相当复杂，分为有形效益和无形效益、当前效益和滞后效益。前不久我去了一家台资鞋厂，该厂去年产量是 2 000 万双，销售额近 1 亿美元。他们目前想改建以前的管理信息系统，该厂领导指出，如果现代化的管理和技术跟不上，10 年、20 年以后，鞋厂还能否存在和盈利就很难说。他们目前在技术和管理上大量投入就是为了提高企业的市场竞争力，这个无形效益是算不出来的。

"国外的企业信息化建设是循序渐进的，直到 20 世纪 90 年代发生了突变，企业进入了信息化时代。我国企业信息化走国外的老路不行，一哄而上都搞信息化也不行。我们只能是'有所为而有所不为'，充分利用现有的资源、有限的资金和技术人员，该干的好好干，不该干的绝对不要干。"这是访问结束时侯教授语重心长的叮嘱。

# 第九章
# 统一建模语言 UML

## 【学习目的和要求】

- 了解 UML 的概念及其含义
- 理解 UML 的组成结构
- 掌握 UML 的九种图
- 掌握 UML 的用例建模方法

[开篇案例]　　　　　　　**建模语言的发展历程**

　　模型是现实的简化,模型是真实系统的缩影,它提供了系统的设计蓝图。模型可以包含详细的规划,也可以包含概括性的规划。每个系统都可以使用不同的模型、从不同的方面来描述。模型可以是结构性的,强调系统的组织;也可以是行为性的,强调系统的动态行为。与组成最终系统的代码相比,系统的模型显得简单许多,也更容易理解。通常一个软件系统的模型需要从不同的视角来描述系统。给软件系统建模时,需要采用通用的符号语言,这种描述模型所使用的语言就称为建模语言(Modeling Language)。

　　公认的面向对象(Object Oriented, OO)建模语言出现于 20 世纪 70 年代中期,从 1989 年到 1994 年,其数量从不到十种增加到了五十多种。众多的建模语言创造者努力推崇自己的产品,并在实践中不断完善。到 20 世纪 90 年代中期,一批新方法出现,其中最引人注目的是 Booch 1993、OOSE 和 OMT—2。

　　1. Booch 1993 方法

　　格雷迪·布池(Grady Booch)是面向对象方法最早的倡导者之一,他提出了面向对象软件工程的概念。1991 年,他将以前面向 Ada 的工作扩展到整个面向对象设计领域。Booch 1993 方法比较适合于系统的设计和构造。

　　2. OOSE 方法

　　伊瓦尔·雅各布森(Ivar Jacobson)于 1994 年提出了 OOSE(Object-oriented Software Engineering),即面向对象的软件工程方法,其最大特点是面向用例(Use—Case),并在用例的描述中引入了外部角色的概念。用例的概念是精确描述需求的重要武器,但用例贯穿于整个开发过程,包括对系统的测试和验证。OOSE 比较适合支持商业工程和需求分析。

　　3. OMT 方法

　　吉姆·鲁姆博夫(Jim Rumbaugh)等人提出了 OMT(Object Modeling Technology),

即对象建模技术方法,采用了面向对象的概念,并引入各种独立于语言的表示符。这种方法用对象模型、动态模型、功能模型和用例模型,共同完成对整个系统的建模,所定义的概念和符号可用于软件开发的分析、设计和实现的全过程,软件开发人员不必在开发过程的不同阶段进行概念和符号的转换。OMT—2 特别适用于分析和描述以数据为中心的信息系统。

面对众多的建模语言,用户由于没有能力区别不同语言之间的差别,因此很难找到一种比较适合其应用特点的语言。并且不同的建模语言虽然大多雷同,但仍存在某些细微的差别,极大地妨碍了用户之间的交流。因此在客观上,极有必要在精心比较不同的建模语言优缺点并总结面向对象技术应用实践的基础上,组织联合设计小组,根据应用需求,取其精华,去其糟粕,求同存异,统一建模语言。

1994 年 10 月,格雷迪·布池和吉姆·鲁姆博夫开始致力于这一工作。他们首先将 Booch 93 和 OMT—2 统一起来,并于 1995 年 10 月发布了第一个公开版本,称之为统一方法 UM 0.8(Unified Method)。

1995 年秋,OOSE 的创始人伊瓦尔·雅各布森加盟到这一工作中。经过格雷迪·布池、吉姆·鲁姆博夫和伊瓦尔·雅各布森三人的共同努力,于 1996 年 6 月和 10 月分别发布了两个新的版本,即 UML 0.9 和 UML 0.91,并将 UM 重新命名为 UML(Unified Modeling Language)。

1996 年,UML 的开发者们倡议成立了 UML 成员协会,用以完善、加强和促进 UML 的定义工作。当时的成员有 IBM、Microsoft、Oracle、HP、Itellicorp、I—Logix、ICON Computing、DEC、MCI Systemhouse、Rational Software、TI 以及 Unisys。1996 年底,UML 已稳占面向对象技术市场的 85%,成为可视化建模语言事实上的工业标准。

1997 年 11 月 17 日,对象管理组织(Object Management Group,OMG)采纳 UML 1.1 作为基于面向对象技术的标准建模语言。UML 代表了面向对象方法的软件开发技术的发展方向。

1998 年发布了 UML 1.2 版本,一年后发布了 UML 1.3 版本,2003 年 3 月发布了 UML 1.5 版本。当前最新版本为 2005 年发布的 UML2.0,其基本思想与方法与 UML 1.X 一脉相承。

# 第一节　UML 的基本概念

统一建模语言 UML(Unified Modeling Language)是一种定义良好、易于表达、功能强大且普遍适用的、用于构建软件系统和文档的可视化建模语言。UML 是一个标准的图形表示法,是建立系统模型的一种语言,其本身不能被编译、执行,属于系统分析工具。但支持 UML 语言的工具软件可以提供从 UML 到各种编程语言的代码生成,也可以通过现有程序逆向构建 UML 模型。

一个 UML 模型主要由构造块、语义规则和公共机制三部分组成,如图 9—1 所示。构造块,就是建模元素,是模型的主体;语义规则,是支配构造块如何放在一起的规则;公共机制,是运用于整个 UML 模型中的公共机制、扩展机制。

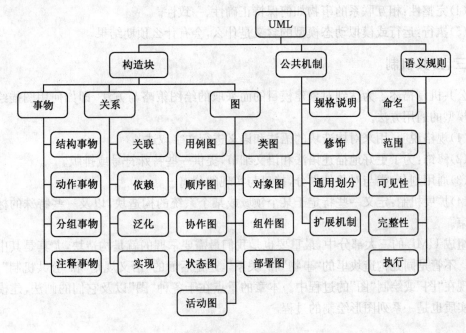

**图 9—1　UML 的组成**

## 一、构造块

构造块有三种:事物(Things)、关系(Relationships)和图(Diagrams)。

(1)事物:是模型中最静态的部分,代表概念上或物理上的建模元素,又可分为结构事物(类、接口、协作、用例、组件、活动类、节点)、动作事物(交互、状态机)、分组事物(包)和注释事物。

(2)关系:是系统中各事物之间有意义的联系,是将事物紧密组合在一起的纽带,分为关联、依赖、泛化、实现 4 种类型。

(3)图:是相关事物通过它们之间的关系形成的组,是事物与关系的表现形式,包括类图、对象图、用例图、顺序图、协作图、状态图、活动图、组件图、部署图 9 种。

## 二、语义规则

语义规则就是如何将图正确地描述出来的一些约束,相当于 UML 语言的语法。

(1)命名:如何为事物、关系和图命名。

(2)范围:与类的作用域相似,包括所有者作用域(Owner Scope)和目标作用域(Target Scope)。

(3)可见性:如何让其他人使用或者看见,有 public、protected、private 等。

(4)完整性:相互联系的事物如何保持正确性、一致性。

(5)执行:运行或模拟动态模型的含义是什么,会有什么预期结果。

### 三、公共机制

公共机制描述了为达到对象建模目的而采取的绘图策略与方法,即如何用图描绘出系统模型的通用方法。

(1)规格说明:用来对构造块的语法和语义进行文字叙述。

(2)修饰:为了更好地描述语法和语义细节,提供一些特殊符号或排版。

(3)通用划分:类与对象的划分,接口与实现的分离。

(4)扩展机制:定义一些特定于某个领域或某个系统的构造块,以及一些特殊的标记和约束。

组成 UML 的三大部分中,最重要也是我们最需要掌握的就是构造块,尤其是其中的"图"。不管是同处构造块里的"事物"和"关系",还是后面的"语义规则"和"公共机制",都会体现在"图"或绘制"图"的过程中。本章的重点在于各种"图"以及它们的画法,建模过程的实质也是一系列图形绘制的过程。

# 第二节　事物和关系的图形表示

## 一、事物

### (一)结构事物(Structural Things)

总共有七种结构化事物。第一种是类(Class),类是描述具有相同属性、方法、关系和语义的对象的集合。一个类实现一个或多个接口。在 UML 中类被画为一个矩形,通常包括它的名字、属性和方法(如图 9-2 所示)。

第二种是接口(Interface),接口是指类或组件提供特定服务的一组操作的集合。因此,一个接口描述了类或组件的对外的可见的动作。一个接口可以实现类或组件的全部动作,也可以只实现一部分。接口在 UML 中以一个圆和它的名字来表示(如图 9-3 所示)。

第三种是协作(Collaboration),协作定义了交互的操作,描述了一组事物间的相互作用的集合。一个给定的类可能是几个协作的组成部分。协作在 UML 中用一个虚线椭圆和它的名字来表示(如图 9-4 所示)。

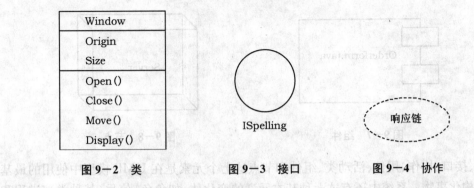

图9—2　类　　　　　　　图9—3　接口　　　　　　图9—4　协作

　　第四种是用例（Use Case），用例代表一个系统或系统的一部分行为，是一组动作序列的集合。这些动作是系统对一个特定角色执行，产生值得注意的结果的值。在模型中用例通常用来组织动作事物。在 UML 中，将用例画为一个实线椭圆，通常还有它的名字（如图9—5所示）。

图9—5　用例

　　第五种是活动类（Active Class），它的对象有一个或多个进程或线程。活动类和类很相象，只是它的对象代表的元素的行为和其他的元素是同时存在的。在 UML 中，活动类的画法和类相同，只是边框为粗线条（如图9—6所示）。

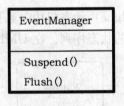

图9—6

　　第六种是组件（Component），组件是物理上或可替换的系统部分，它实现了一个接口集合。在一个系统中，你可能会遇到不同种类的组件，例如 COM＋或 JAVA BEANS。组件在 UML 中如图9—7所示。
　　第七种是节点（Node），节点是一组运行资源，如计算机、设备或存储器。在节点内部，放置可执行部件（组件）和对象，以显示节点与可执行软件单元的对应关系。节点在UML中通常如图9—8所示。

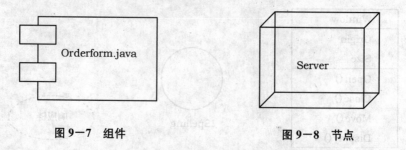

图 9—7    组件                              图 9—8    节点

类、接口、协作、用例、活动类、组件和节点这七个元素是在 UML 模型中使用的最基本的结构化事物。系统中还有这七种基本元素的变化体,如角色、信号(某种类)、进程和线程(某种活动类)、应用程序、文档、文件、库、表(组件的一种)。

**(二)动作事物(Behavioral Things)**

动态事物是 UML 模型中的动态部分。它们是模型的动词,代表时间和空间上的动作。总共有两种主要的动作事物。

第一种是交互(Interaction),交互是实现某功能的一组事物之间进行的一系列消息交换而组成的动作集合。在交互中组成动作的对象的每个操作都要详细列出,包括消息、动作次序(消息产生的动作)、连接(对象之间的连接)。在 UML 中消息表示为带箭头的直线,通常加上操作的名字(如图 9—9)。

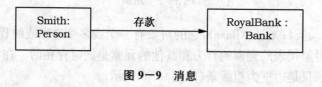

图 9—9    消息

第二种是状态机(State Machine),状态机由一系列对象的状态组成,描述事物或交互在生命周期内响应事件所经历的状态序列。在 UML 中状态如图 9—10 所示。

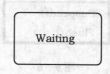

图 9—10    状态

交互和状态机是 UML 模型中最基本的两个动态事物元素,它们通常和其他的结构元素、主要的类、对象连接在一起。

**(三)分组事物(Grouping Things)**

分组事物是 UML 模型中组织的部分,可以把它们看成一个盒子,模型可以在其中被分解。总共只有一种分组事物,称为包(Package)。

　　包是一种将有组织的元素分组的机制。结构事物、动作事物甚至其他的分组事物都有可能放在一个包中。与组件(存在于运行时)不同的是,包纯粹是一种概念上的东西,只存在于开发阶段。在 UML 中以图 9—11 表示包。

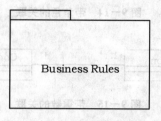

图 9—11　包

### (四)注释事物(Annotational Things)

注释事物是 UML 模型的解释部分,在 UML 中如图 9—12 所示。

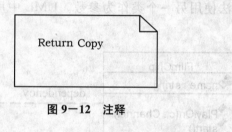

图 9—12　注释

## 二、关系

### (一)关联(Association)

关联是一种结构化的关系,指一种对象和另一种对象有联系。给定有关联的两个类,可以从一个类的对象得到另一个类的对象。关联有二元关系和多元关系。二元关系是指一对一的关系,多元关系是一对多或多对一的关系。一般用实线连接有关联的同一个类或不同的两个类。有一些修饰可以应用于关联。

(1)名字:可以给关系取名字(如图 9—13 所示)。

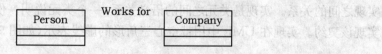

图 9—13　取名的关联

(2)角色:关系的两端代表两种不同的角色(如图 9—14 所示)。

(3)重数:表示有多少对象通过一个关系的实例相连接(如图 9—15 所示)。

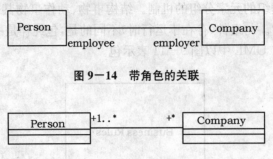

图9-14 带角色的关联

图9-15 带重数的关联

## (二)依赖(Dependency)

依赖关系是一种使用关系,特定事物的改变有可能会影响到使用该事物的事物,反之不成立。在你想表示一个事物使用另一个事物时,使用依赖关系。通常情况下,依赖关系体现在某个类的方法使用另一个类作为参数。UML 中用虚线箭头表示依赖关系(如图9-16所示)。

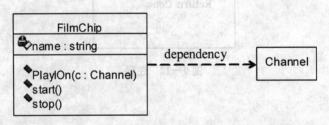

图9-16 依赖关系

## (三)泛化(Generalization)

泛化是一种特殊/一般的关系,是"is-a-kind-of"的关系,即常说的继承关系。泛化在 UML 中用带空心三角形的实线表示(如图9-17 所示)。

## (四)实现(Realization)

实现是依赖的一种,但由于它具有特殊意义,所以将它独立讲述。实现是连接说明和实现之间的关系。实现是类元之间的语义关系,一个类元说明一份契约,另一个类元保证实现该契约。实现在 UML 中用带空心三角形的虚线表示(如图9-18 所示)。

## 三、Hello World 示例

在学习 C 语言的时候,教科书上的第一个程序就是 Hello World,即一个在屏幕上简单地打印出"Hello World!"语句的例子。在初步学习了事物与关系的图形表示后,我们就可以用 UML 来为这个 Hello World 例子进行面向对象建模,让大家有一个直观的认识。

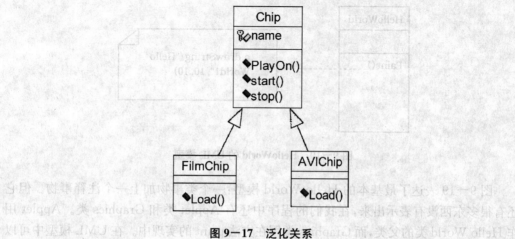

图 9-17 泛化关系

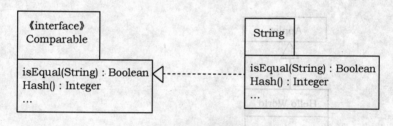

图 9-18 实现关系

在 java 中,一个在浏览器中显示"Hello World!"的 Applet 代码如下:

```
import   java. awt. Graphics;
class   HelloWorld extends java. applet. Applet{
    public   void paint(Graphics g ){
        g. drawString("Hello World!", 10,10 );}}
```

第一行代码"import java. awt. Graphics;"使得程序可以使用 Graphics 类。前缀 java. awt 指出了类 Graphics 所在的包。

第二行代码"class HelloWorld extends java. applet. Applet{"从 Applet 类派生出新的类 HelloWorld,Applet 类在 java. applet 包中。

接下来的代码:

```
    public void paint(Graphics g ){
        g. drawString("Hello World!", 10,10 );}}
```

声明了类 Hello World 的方法 paint,它用了一个 Graphics 对象 g 为参数,通过调用 g 的方法 drawString 来在屏幕上输出"Hello World!"。我们用 UML 为这个程序建立模型,如图 9-19 所示。

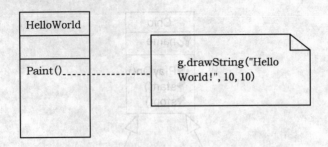

图 9－19　**HelloWorld 的 UML 模型**

图 9－19 表达了最基本的 Hello World 模型：一个类事物加上一个注释事物。但它还有很多东西没有表示出来，在我们的程序中还有 Applet 类和 Graphics 类。Applet 用作 Hello World 类的父类，而 Graphics 类用在方法 paint 的实现中。在 UML 模型中可以将这些关系表示为图 9－20。

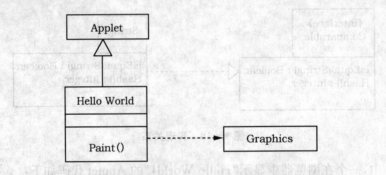

图 9－20　**HelloWorld 的类及其关系模型**

在图 9－20 中，我们用简单的矩形图标表示类 Applet 和 Graphics，没有将它们的属性和方法显露出来是为了简化。图中的空心箭头表示 Hello World 类是 Applet 类的子类，代表一般化。Hello World 和 Graphics 之间的虚线箭头表示依赖关系，表示 Hello World 类使用了 Graphics 类。

到这里或许你认为已经结束了，其实不然，如果认真研究 java 库中的 Applet 类和 Graphics 类，会发现它们都是一个庞大的继承关系中的一部分。追踪 Applet 的实现可以得到另外一个类关系图，如图 9－21 所示。其中的 Component 类通过 Image Observer 接口来接收有关 Image 信息的通知。

通过上面的 Hello World 示例，我们可以大致了解 UML 模型的搭建。事物、关系在模型中均用统一规范的图标直接表示，这些图标相互连接起来就构成了图，而图正是模型的表现形式。语义规则主要体现在模型中各个图标的命名、定义等工作上。公共机制则主要体现在图标间的相互连接上，旨在让连接更加清晰明了，让读者看得更加清楚，方便

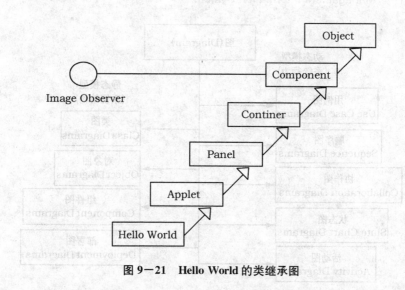

图 9—21　Hello World 的类继承图

交流与查看。

　　建模实际上是对真实世界进行简化，从而可以更好地理解你要开发的系统。使用 UML 中基本的构造块如类、接口、组件、关联、依赖、继承等，可以建立简单的系统模型。

# 第三节　UML 的九种图

　　系统代表着你要开发的事物，可以用一组来自不同视角的模型来进行描述。模型是对系统进行语义上的抽象，是整个真实系统的简化，是为了更好地理解系统而创建的。通过不同的模型从不同的视角来观察系统，这些视角以图的形式表达。图是一系列的元素，这些元素常常被画成用点(事物)和弧(关系)相连的形状。

　　上节介绍的只是一些最基本的 UML 构造块的图标表示，要想更好地描述系统，需要学习更多、更完善的图。在对真实系统进行建模的时候，你可以发现不管你的问题处于什么样的领域，你都会创建一些相同的图，因为它们代表着系统的通用视角。通常，UML 使用如图 9—22 所示的九种图来观察系统，分为静态模型与动态模型两大部分。

## 一 UML 动态模型

### (一)用例图(Use Case Diagram)

　　用例图从用户角度描述系统功能，并指出各功能的操作者。它将系统功能划分为对用户有意义的事务，这些事务称为用例 Use Case，用户称为执行者。用例图就是描述执行者在各个用例中的参与情况，它指导所有的行为视图。

　　执行者是与系统、子系统或类交互的外部人员、进程或事务。在运行时，具体人员会

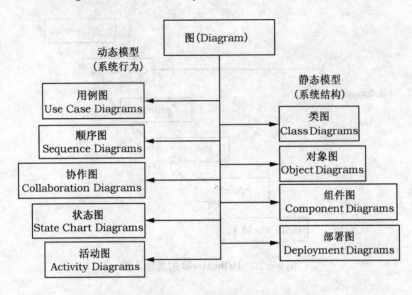

图 9—22 UML 中的图

充当系统的多个执行者,不同用户可能会成为一个执行者。在 UML 中,执行者用如图 9—23所示的人形图加名字表示。

图 9—23 执行者

用例是系统提供的外部可感知的功能单元,用例的目的是定义清晰的系统行为,但不解释系统的内部结构。内部的具体动作行为可以用交互视图来进一步描述,比如顺序图、协作图。用例用椭圆来表示,用例名标在椭圆下方,用实线与同自身通信的执行者相连,如图 9—24 所示。

图 9—24 用例图示例

**(二)顺序图(Sequence Diagram)**

顺序图显示对象之间的动态合作关系。它强调对象之间消息发送的顺序,同时显示对象之间的交互。顺序图用二维表来表示交互,纵向是时间轴,横向是参与的角色以及它们交换的消息,如图 9－25 所示。

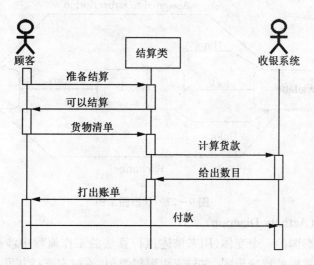

图 9－25　结算用例的顺序图

## (三)协作图(Collaboration Diagram)

协作图描述对象间的协作关系。协作图与顺序图相似,显示对象间的动态协作关系。如果强调时间和顺序,则使用顺序图;如果强调上下级关系,则选择协作图。这两种图合称为交互视图。顺序图和协作图是同构的,它们相互之间可以转化而不损失信息。图 9－25 中顺序图对应的协作图如图 9－26 所示。

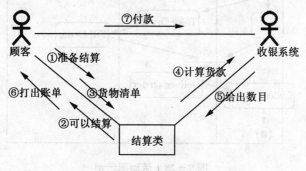

图 9－26　协作图示例

## (四)状态图(State Chart Diagram)

状态图是一个类对象可能经历的所有历程的模型图,由对象的各个状态和连接这些状态的转换组成。状态图是对单个类的对象的生命周期进行建模,描述了对象时间上的动态行为,如图 9－27 所示。

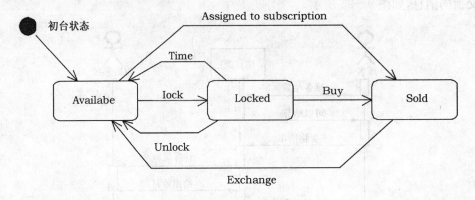

图 9－27　状态图示例

**(五)活动图(Activity Diagram)**

活动图是状态图的一个变体,用来描述执行算法的工作流程中涉及的活动。活动图是对工作流进行建模的特殊形式,它与流程图很类似,不过它支持并发控制。活动图描述了一组顺序的或并发的活动,如图 9－28 所示。

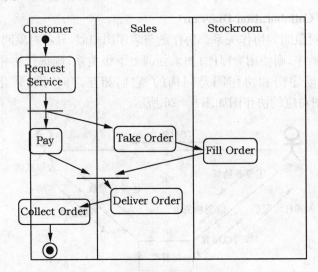

图 9－28　活动图示例

## 二、UML 静态模型

### (一)类图(Class Diagram)

类图是描述系统中类的静态结构。类图应该是我们最熟悉的一个图,在面向对象程序设计的所有课本里均有介绍,只不过没有进行标准化规范,不同课本间可能存在一些差异。在 UML 中,类图不仅需要定义系统中的类,表示类之间的联系如关联、依赖、泛化、实现等,还要定义类的内部结构(类的属性和操作)。类图主要用来描述类以及类之间的关系,图 9—29 为类图的一个示例。

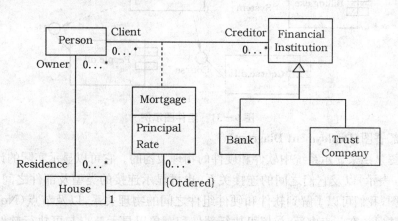

图 9—29　类图示例

## (二)对象图(Object Diagram)

对象图是类图的一个实例,几乎使用与类图完全相同的标识。它们的不同点在于,对象图显示类的多个对象实例,而不是实际的类。对象图是系统在某一时刻的快照,图 9—30为对象图的一个示例。

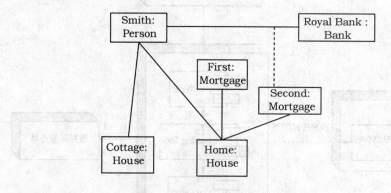

图 9—30　对象图示例

## (三)组件图(Component Diagram)

组件是可重用的系统片段,具有良好定义接口的物理实现单元。每个组件包含了系统设计中某些类的实现。一个组件可能是源代码、可执行程序或动态库。组件设计的原则为:良好的组件不直接依赖于其他组件,而是依赖于其他组件所支持的接口。这样的好处是,系统中的组件可以被支持相同接口的组件所取代。组件图描述可重用的系统组件(含接口)以及组件之间的依赖,图 9—31 为组件图的一个示例。

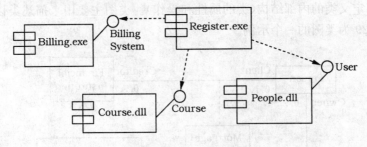

图 9—31  组件图示例

### (四)部署图(Deployment Diagram)

部署图是用来显示系统中软件和硬件的物理架构的。它可以显示实际的计算机和设备(用节点表示)以及它们之间的连接关系,也可显示连接的类型及部件之间的依赖性。通过部署图,我们可以了解到软件和硬件组件之间的物理关系,以及节点(Node)内部组件的分布情况。在节点内部,放置可执行部件和对象以显示节点与可执行软件单元的对应关系。图 9—32 为部署图的一个示例。

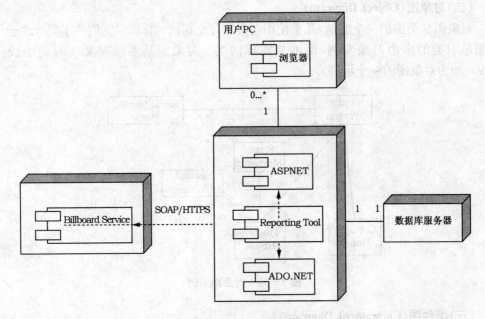

图 9—32  部署图示例

## 三、UML 建模过程

学习完 UML 的九种图之后,我们就可以开始学习如何利用 UML 来开发一个管理信息系统了。一般从用例图开始,由动入静,一步步搭建起系统模型。从确定系统基本需求(用例图)入手,完成用例图之后,再分析各个用例具体实现的动态模型——顺序图、状态图等。然后通过这些动态模型来确定系统的静态模型——类、对象图等,最后得到整个系统的组件图、部署图。

**(一)确定用例以及用例之间的关系**

用例模型主要由以下模型元素构成:

1. 执行者(Actor)

执行者是指存在于被定义系统外部并与该系统发生交互的人或其他系统,他们代表的是系统的使用者或使用环境。

2. 用例(Use Case)

用例用于表示系统所提供的服务,它定义了系统是如何被执行者所使用的,它描述执行者为了使用系统所提供的某一完整功能而与系统之间发生的一段对话。

3. 通信关联(Communication Association)

通信关联用于表示执行者和用例之间的对应关系,它表示执行者使用了系统中的哪些服务(用例),或者说系统所提供的服务(用例)是被哪些执行者所使用的。

这三种模型元素在 UML 中的表述如图 9—33 所示。

**图 9—33 UML 的用例模型**

以银行自动提款机(ATM)为例,它的主要功能可以由图 9—34 来表示。ATM 的主要使用者是银行客户,客户主要使用自动提款机来进行银行账户的查询、提款和转账交易。

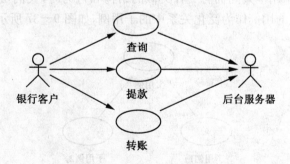

**图 9—34 银行 ATM 用例图**

用例之间除了一般的通信关联(Communication Association)关系之外,还包含(include)、扩展(extend)和泛化(generalization)这三种关系。

(1)包含:包含关系是通过在关联关系上应用《include》构造型来表示的,如图 9—35 所示。

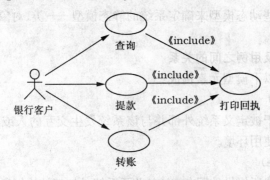

图9—35　用例的包含关系

(2)扩展:是指将扩展用例(Extension)的事件流在一定的条件下按照相应的扩展点插入到基础用例(Base)中,如图9—36所示。

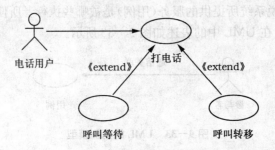

图9—36　用例的扩展关系

(3)泛化:当多个用例共同拥有一种类似的结构和行为时,我们可以将它们的共性抽象成为父用例,其他的用例作为泛化关系中的子用例,如图9—37所示。

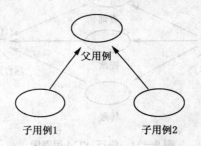

图9—37　用例的泛化关系

(二)确定执行者和用例的细节描述

参照图9—34中描述的银行ATM用例图,以其中的执行者"银行客户"和用例"提款"为例来说明执行者和用例的细节描述。

## 1. 执行者(如图 9－38 所示)

```
执行者：银行客户
执行者职责：
    插入信用卡
    输入密码
    输入交易额
执行者识别问题：
    (1) 使用系统主要功能
    (2) 对系统运行结果感兴趣
```

**图 9－38　执行者细节描述示例**

## 2. 用例(如图 9－39 所示)

```
用例编号：002
用例名：    提款
用例描述：银行客户使用银联卡，在ATM机上取出现金
执行者：    银行客户，后台服务器
前置条件：ATM机器处于正常状态，与后台服务器连接正常
后置条件：若成功，银行客户取出钱，后台服务器账户上扣除钱；
          若失败，银行客户没有取到钱，后台服务器账户不变。
基本路径：
    1. 银行客户将卡插入ATM机；
    2. ATM机提示输入用户密码；
    3. 银行客户输入密码；
    4. ATM机连接后台服务器验证密码通过，提示输入钱数；
    5. 银行客户输入钱数；
    6. ATM机连接后台服务器进行钱数有效性检查；
    7. 提示操作成功，吐出卡和钱，后台服务器修改账户；
    8. 银行客户取走卡和钱；
    9. ATM机恢复为初始状态。
```

**图 9－39　用例细节描述示例**

### (三)根据用例详述,给出系统动态模型

参照图 9－39 里描述的"提款"用例详述,可以将"提款"过程用顺序图描述出来,如图 9－40 所示。注意:提款过程除了"银行客户"和"后台服务器"两个执行者之外,还有 ATM 机参与。

动态模型除了顺序图之外,还有协作图、状态图和活动图,本章前面均已做过介绍。动态模型中的图主要为系统分析之用,在具体管理信息系统时,可以灵活选择,搭配使用。

### (四)根据系统动态模型,给出系统静态模型

参照图 9－40 里描述的系统动态模型,可以确定银行 ATM 系统的"提款"功能中需

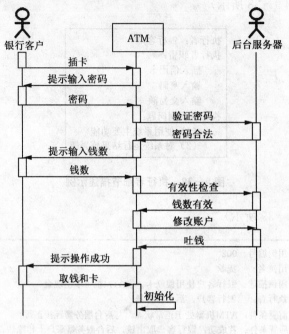

**图 9—40　"提款"用例的顺序图**

要用到的两个类（ATM 类和后台服务器类），以及它们之间的关系。图 9—41 为"提款"用例的类图。

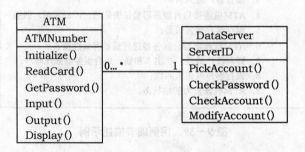

**图 9—41　"提款"用例的类图**

静态模型除了类图之外，还有对象图、组件图、部署图，本章前面也都做过讲解。静态模型中的图相当于系统设计图纸和施工蓝图，对简单管理信息系统来说，用类图就可以清晰表达了。

## 四、UML 图例汇总

UML 的图例繁多，为了方便读者，特将 UML 图例汇总展示，如图 9—42 所示。

| 类 | 是对一组具有相同属性、相同操作、相同关系和相同语义的对象的描述 |  NewClass |
| 对象 | |  对象名：类名　：类名　　类名 |
| 接口 | 是描述了一个类或构件的一个服务的操作集 | 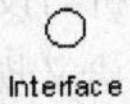 ○ Interface |
| 协作 | 定义了一个交互，它是由一组共同工作以提供某种协作行为的角色和其他元素构成的一个群体 |  |
| 用例 | 是对一组动作序列的描述 | 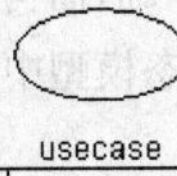 usecase |
| 主动类 | 对象至少拥有一个进程或线程的类 | 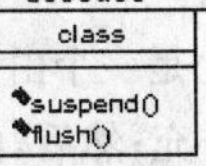 class ◆suspend() ◆flush() |
| 构件 | 是系统中物理的、可替代的部件 | 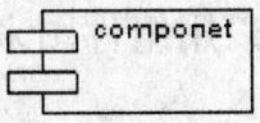 componet |
| 参与者 | 在系统外部与系统直接交互的人或事物 |  actor |
| 节点 | 是在运行时存在的物理元素 |  NewProcessor |
| 交互 | 它由在特定语境中共同完成一定任务的一组对象间交换的消息组成 | → |
| 状态机 | 它描述了一个对象或一个交互在生命期内响应事件所经历的状态序列 |  state |
| 包 | 把元素组织成组的机制 |  NewPackage |
| 注释事物 | 是UML模型的解释部分 |  |
| 依赖 | 一条可能有方向的虚线 | 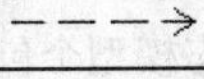 ⤍ |
| 关联 | 一条实线，可能有方向 | |
| 泛化 | 一条带有空心箭头的实线 | ▷ |
| 实现 | 一条带有空心箭头的虚线 | 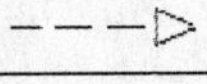 ⤍▷ |

**图 9—42　UML 图例汇总**

## 本章小结

UML 是面向对象的系统建模方法,是一个标准的图形表示法,是建立系统模型的一种语言。UML 不能被编译、执行,属于系统分析与设计工具。

UML 模型主要由构造块、语义规则和公共机制三部分组成。构造块就是建模元素,是模型的主体;语义规则是支配构造块如何放在一起的规则;公共机制是运用于整个 UML 模型中的公共机制、扩展机制。

其中,构造块是最重要的基础,而构造块中最重要的内容就是图。UML 中一共有九种图,分为动态模型和静态模型两大部分。动态模型中包括用例图、顺序图、协作图、状态图、活动图;静态模型中包括类图、对象图、组件图、部署图。

UML 建模的过程实质上是一个由动入静的过程。从动态模型的用例图入手,接着生成顺序图、协作图,状态图和活动图作为补充;然后,由顺序图、协作图就可以过渡到静态模型的类图、对象图,当系统中类、对象较多的时候,还可以用组件图来安排,直至用部署图来安排整个系统的物理结构。

## 关键概念

UML(Unified Modeling Language)　　　　事物(Things)

关系(Relationship)　　　　　　　　　　　图(Diagram)

关联(Association)　　　　　　　　　　　依赖(Dependency)

泛化(Generalization)　　　　　　　　　　实现(Realization)

用例图(Use Case Diagram)　　　　　　顺序图(Sequence Diagram)

类图(Class Diagram)　　　　　　　　　组件图(Component Diagram)

## 复习思考题

1. UML 由哪些部分组成,各部分具体含义是什么?

2. 事物间有哪几种关系? 各举一例说明。

3. UML 的动态模型和静态模型个包括哪些图?

4. 用例(Use Case)间有哪几种关系?

5. 用例图可以用来分析用户需求吗? 为什么?

6. 简述 UML 的建模过程。

## 本章案例

### 选课系统的 UML 建模

某大学 ESU 希望构建信息化的选课系统,要求如下:

◆ 注册管理员首先设置一个学期课程表

◆ 学生可以选择 4 门主课以及 2 门选修课

◆ 一旦学生们选择了学期课程,计费系统间会提示学生本学期的课程费用

◆ 学生们可以在注册后的一定期限内使用系统去添加或者删除所选课程

◆ 教师使用系统接受课程学生名单

◆ 使用系统的用户需要在登陆时提供密码

1. 寻找执行者

(1)谁使用选课系统的主要功能?

答:学生、教授、注册管理员

(2)谁使用选课系统的支持以完成日常工作任务?

答:注册管理员

(3)谁来维护、管理并保持系统正常运行?

答:注册管理员

(4)该系统需要与哪些系统交互?

答:计费系统

(5)选课系统需要处理哪些设备?

答:无

(6)谁对选课系统运行的结果感兴趣?

答:学生、教授、注册管理员

根据以上答案,可以得出与系统交互的执行者,如图 9—43 所示。

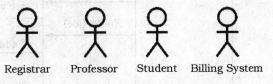

Registrar　　Professor　　Student　　Billing System

**图 9—43　选课系统的执行者**

2. 寻找用例

执行者的行为决定了他们的需求:

◆ 注册管理员:管理和维护课程表

◆ 教师:请求学生名单

◆ 学生:维护自己的课程安排

◆ 计费系统:从注册系统获取费用信息

根据以上需求,可以得出选课系统的用例图,如图 9—44 所示。

3. 顺序图

给出学生选课的顺序图,如图 9—45 所示。

4. 协作图

给出注册管理员增加课程的协作图,如图 9—46 所示。

5. 状态图

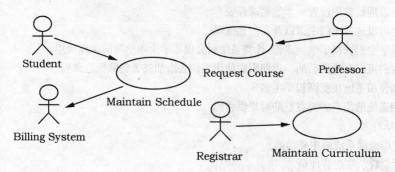

**图 9—44　选课系统的用例图**

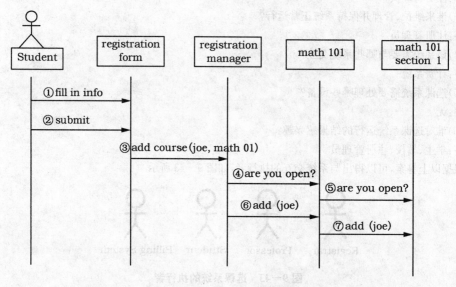

**图 9—45　学生选课顺序图**

给出课程对象的状态图,如图 9—47 所示。

6. 类图

通过考察前面的顺序图、协作图、状态图中的对象,总结、抽象出类图,如图 9—48 所示。

7. 组件图

将类图转换为待开发的具体的组件,即链接库、可执行文件等,图 9—49 为选课系统的组件图。

8. 部署图

根据组件图,可以进行系统物理架构的安排,图 9—50 为选课系统的部署图。

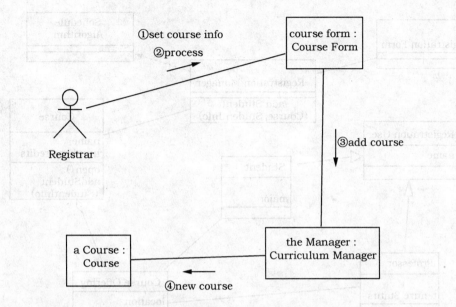

图9-46 注册管理员增加课程协作图

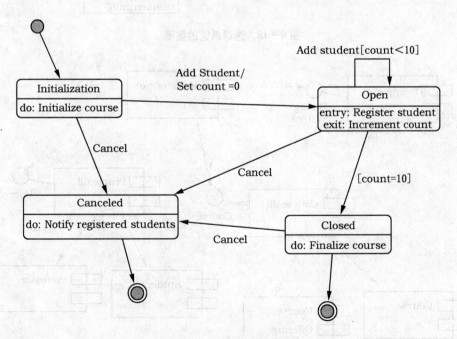

图9-47 课程对象状态图

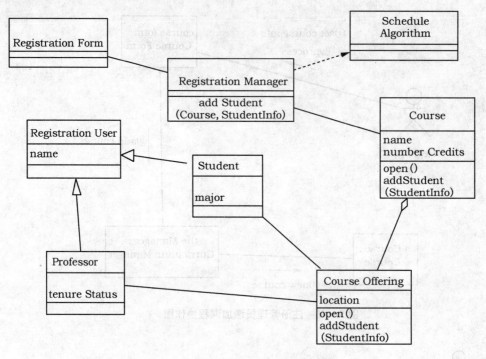

图 9—48 选课系统的类图

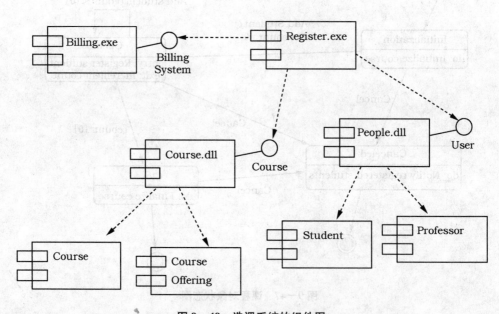

图 9—49 选课系统的组件图

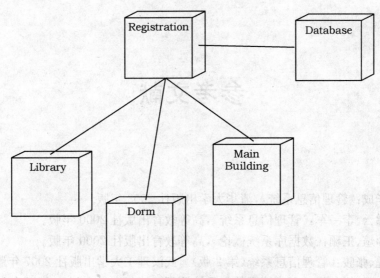

**图 9－50　选课系统的部署图**

# 参考文献

[1]薛华成:《管理信息系统》,清华大学出版社 2003 年版。

[2]黄梯云、李一军:《管理信息系统》,高等教育出版社 2000 年版。

[3]萨师煊、王珊:《数据库系统概论》,高等教育出版社 2000 年版。

[4]王虎、张骏:《管理信息系统(第 2 版)》,武汉理工大学出版社 2007 年版。

[5]郭东强、傅冬绵:《现代管理信息系统原理》,清华大学出版社 2006 年版。

[6]林杰斌、刘明德:《MIS 管理信息系统》,清华大学出版社 2006 年版。

[7]陈京民:《管理信息系统》,清华大学出版社、北京交通大学出版社 2006 年版。

[8]郭宁、郑小玲:《管理信息系统》,人民邮电大学出版社 2006 年版。

[9]倪庆萍:《管理信息系统原理》,清华大学出版社、北京交通大学出版社 2006 年版。

[10]高阳:《计算机原理与实用技术》,中南工业大学出版社 2002 年版。

[11](美)奥布赖恩、马拉卡斯著,李红、姚忠译:《管理信息系统(第 7 版)》,人民邮电出版社 2007 年版。

[12](美)K. C. 劳顿、J. P. 劳顿著,薛华成译:《管理信息系统(第 9 版)》,机械工业出版社 2003 年版。

[13]吴琼璠、谢清佳:《管理信息系统》,复旦大学出版社 2003 年版。

[14]甘仞初、颜志军、杜晖:《信息系统分析与设计》,高等教育出版社 2003 年版。

[15]何荣勤:《CRM 原理、设计、实践》,电子工业出版社 2003 年版。

[16]罗鸿:《ERP 原理、设计、实施(第 3 版)》,电子工业出版社 2005 年版。